"十二五"普通高等教育本科国家级规划教材

# 工 程 材 料

## 第 2 版

王正品　李　炳　要玉宏　编

机械工业出版社

本书主要讲述材料科学与工程的基础知识、工程材料学的专业知识及各种工程材料的特点与应用，即介绍材料的成分、结构、组织与性能之间的关系及材料的设计、选用、制造、加工和应用等相关知识。具体内容包括材料的力学性能、金属的晶体结构与缺陷、金属的结晶与二元相图、金属的塑性变形及再结晶、钢的热处理、工业用钢、铸铁、有色金属及其合金、高分子材料、陶瓷材料、复合材料和工程材料的选用。

本书编写的目的是使学生掌握在特定应用环境下正确选择材料所需要的基础知识和专业知识，即弄清楚材料的性质和材料的内部结构、材料的内部形态和加工工艺与服役环境下材料的使用性能之间的关系，并使学生初步具备根据零件工作条件和失效方式合理地选择与使用材料及正确制定零件的冷、热加工工艺路线的能力。

本书适合作为工科类及综合类院校的机械类、材料类、近机械类及近材料类专业的专业基础课教材。

### 图书在版编目（CIP）数据

工程材料/王正品，李炳，要玉宏编. —2 版. —北京：机械工业出版社，2020.9（2024.6重印）

"十二五"普通高等教育本科国家级规划教材

ISBN 978-7-111-66073-6

Ⅰ.①工⋯ Ⅱ.①王⋯ ②李⋯ ③要⋯ Ⅲ.①工程材料-高等学校-教材 Ⅳ.①TB3

中国版本图书馆 CIP 数据核字（2020）第 122699 号

机械工业出版社（北京市百万庄大街 22 号　邮政编码 100037）

策划编辑：丁昕祯　责任编辑：丁昕祯　王勇哲

责任校对：王明欣　封面设计：张　静

责任印制：常天培

北京机工印刷厂有限公司印刷

2024 年 6 月第 2 版第 8 次印刷

184mm×260mm・15.25 印张・376 千字

标准书号：ISBN 978-7-111-66073-6

定价：45.00 元

| 电话服务 | 网络服务 |
| --- | --- |
| 客服电话：010-88361066 | 机 工 官 网：www.cmpbook.com |
| 　　　　　010-88379833 | 机 工 官 博：weibo.com/cmp1952 |
| 　　　　　010-68326294 | 金 书 网：www.golden-book.com |
| 封底无防伪标均为盗版 | 机工教育服务网：www.cmpedu.com |

# 第2版前言

材料是制造业的基石，是国计民生的保障，是社会发展的梁柱，是科学和工程技术水平的重要标志。新材料、新技术、新工艺和新设备正在越来越快地改变人们的生活方式和生活质量。

产品的设计与选材、制造与加工、质量控制与检测、工程应用及失效分析的每个环节都与材料的微观组织结构和宏观性能表现密切相关，能否有效、经济地控制材料的结构、性能和形状是每个工程师必须具备的基本技能。

为满足机械类、设计类等非材料类专业学习者的需求，本书将材料性能、组织结构、成形加工、热处理、典型材料等内容进行系统梳理、有机融合，提升内容的可读性，便于学习者快速了解材料科学知识体系构架，掌握材料科学核心知识点，提升解决复杂问题的综合能力和高级思维。

《工程材料》自2012年出版以来，被评为陕西省优秀教材一等奖，入选教育部"十二五"普通高等教育本科国家级规划教材，也得到了广大用书院校教师的支持和学生的肯定。

为了更好地服务学习者，此次修订主要做了以下三项工作：①纠错补漏，保证内容的科学性。因编者水平有限，虽认真撰写、严格审核，但在第1版中仍然存在一些错误和疏漏，在广泛征求使用院校意见和建议的基础上，对其进行了修订。②增添题解，满足主动性学习需求。为方便学生更深刻地理解和掌握相关知识，提升对知识的应用能力，每章增加了例题详解，便于学生自主学习。③提供在线资源，服务个性化需求。在重点、难点章节中增加了二维码，学习者可根据个人需求进入"工程材料学"慕课（https://www.icourse163.org/course/XATU-1206585808），观看教学视频，获取课件、教案等教学资料，或进入在线题库进行强化训练。

本书此次修订是基于二十大报告中关于"深入实施科教兴国战略、人才强国战略、创新驱动发展战略"的要求，在详细讲授基础理论知识的同时融入探索性实践内容，以增强学生的自信心和创造力，即用学科理论知识促进学生活跃思维、敢于创新，尽可能地将新思路在实践中进行创造性的转化，推动科学技术实现创新性发展。此次修订由西安工业大学王正品教授、李炳副教授和要玉宏教授共同完成，西安工业大学对本书的修订给予了大力支持。编者在修订过程中参阅了大量国内外相关教材及文献资料。在此，向为本书付出辛勤劳动的人员及所参考的文献的作者表示衷心的感谢！

由于编者水平有限，书中仍难免有错误和疏漏之处，恳请广大读者批评指正。

编　者

# 第1版前言

材料是一切产品制造的基础,是保障生产安全、提高生活质量的核心之一,是人类社会繁荣进步的物质基础和先导,材料的开发和使用能力标志着社会的技术水平。

一个产品的设计与选用、制造与加工、质量控制与检测、工程应用及失效分析全过程的每个环节都与材料密切相关,既经济又为社会所能接受的控制材料的结构、性能和形状是每个工程师必须具备的基本技能。因此,国内所有工科类院校,几乎所有机械类、材料类、近机械类和近材料类专业都开设"工程材料"课程,这些专业涉及重工业、轻工业、航空、航天、航海、国防和民生等领域。

本书编写的目的是使学生明确材料的组织、结构、性能、加工及使用性能之间的关系,了解材料在整个工程系统设计中的作用。本书按照知识体系结构以由基础到专业、由简单到复杂的顺序编写,便于学生循序渐进地掌握相关知识。

为了激发学生的学习兴趣,本书每章开篇前都提出了一些与本章专业知识相关的日常生活问题,通过对这些问题的思考,也有利于提高学生理论与实际相结合的能力。

目前高校的国际合作项目越来越多,与国外高校联合培养学生已成为一种趋势,在校生有更多的机会去国外高校继续深造。为此,本书引入了专业词汇的英文表述形式,以便学生能较早地打下必要的专业英语基础,也有利于学生阅读英文文献及专业资料。

本书由西安工业大学王正品教授和李炳副教授编写,其中第1~6章由王正品编写,第7~12章由李炳编写。编者特邀西安工业大学严文教授为本书撰写了绪论。西安工业大学对本书的编写和出版给予了大力支持。另外,本书也参考了一些图书、期刊等资料的有关内容。在此,编者对为本书付出辛勤劳动的人员及所参考的文献的作者表示衷心的感谢!

西安工业大学石崇哲教授审阅了本书的全部内容,并提出了许多宝贵意见和建议,在此,表示深切的谢意。

由于编者水平有限,书中难免有错误和疏漏之处,恳请广大读者批评指正。

编　者

# 目 录

第 2 版前言
第 1 版前言
绪论 ……………………………………………… 1
第 1 章　材料的力学性能 …………………… 7
  1.1　材料在静载下的力学性能 ……………… 7
    1.1.1　拉伸试验 …………………………… 7
    1.1.2　硬度试验 ………………………… 10
  1.2　材料在动载下的力学性能 …………… 12
    1.2.1　冲击试验 ………………………… 12
    1.2.2　材料的疲劳 ……………………… 14
  1.3　应力强度因子和断裂韧度 …………… 15
    1.3.1　应力强度因子 …………………… 15
    1.3.2　断裂韧度 ………………………… 16
  思考题与习题 ………………………………… 16
第 2 章　金属的晶体结构与缺陷 ………… 18
  2.1　材料的结合方式 ……………………… 18
    2.1.1　离子键 …………………………… 18
    2.1.2　共价键 …………………………… 19
    2.1.3　金属键 …………………………… 19
    2.1.4　分子键（范德华键）……………… 20
  2.2　晶体结构的基本概念 ………………… 21
    2.2.1　晶体与非晶体 …………………… 21
    2.2.2　晶格与晶胞 ……………………… 21
    2.2.3　立方晶系的晶面和晶向表示
           方法 ………………………………… 22
  2.3　纯金属的晶体结构 …………………… 24
    2.3.1　常见的金属晶体结构 …………… 24
    2.3.2　描述晶胞的指标 ………………… 25
    2.3.3　金属晶格的密排面和密排方向 … 26
  2.4　金属的实际结构与晶体缺陷 ………… 28
    2.4.1　点缺陷 …………………………… 28
    2.4.2　线缺陷 …………………………… 29
    2.4.3　面缺陷 …………………………… 30

  2.5　合金的相结构 ………………………… 31
    2.5.1　固溶体 …………………………… 32
    2.5.2　金属化合物（中间相）…………… 33
  思考题与习题 ………………………………… 35
第 3 章　金属的结晶与二元相图 ………… 37
  3.1　纯金属的结晶 ………………………… 37
    3.1.1　结晶的热力学条件 ……………… 37
    3.1.2　纯金属的结晶过程 ……………… 38
    3.1.3　结晶后晶粒的大小及控制 ……… 40
    3.1.4　金属铸锭（铸件）的宏观组织及
           控制 ………………………………… 40
  3.2　合金的结晶 …………………………… 42
    3.2.1　相图的基本知识 ………………… 43
    3.2.2　匀晶相图 ………………………… 45
    3.2.3　共晶相图 ………………………… 46
    3.2.4　包晶相图 ………………………… 50
    3.2.5　其他类型的二元合金相图 ……… 52
    3.2.6　二元相图的分析方法 …………… 55
    3.2.7　相图与金属性能之间的关系 …… 55
  3.3　铁碳合金的结晶 ……………………… 57
    3.3.1　铁碳合金的基本相 ……………… 57
    3.3.2　铁碳相图分析 …………………… 58
    3.3.3　铁碳合金平衡结晶过程 ………… 60
    3.3.4　碳对铁碳合金的组织与性能的
           影响 ………………………………… 65
  思考题与习题 ………………………………… 66
第 4 章　金属的塑性变形及再结晶 ……… 70
  4.1　金属的塑性变形 ……………………… 70
    4.1.1　单晶体的塑性变形 ……………… 70
    4.1.2　多晶体的塑性变形 ……………… 75
    4.1.3　塑性变形对金属组织和性能的
           影响 ………………………………… 77
  4.2　冷变形金属在加热时组织和性能的

变化 …………………………………… 79
 4.2.1 回复 …………………………… 79
 4.2.2 再结晶 ………………………… 79
 4.2.3 晶粒长大 ……………………… 80
 4.2.4 再结晶退火后的晶粒度 ……… 81
 4.2.5 金属的热加工 ………………… 82
思考题与习题 …………………………… 83

## 第 5 章 钢的热处理 …………………… 86
5.1 热处理概述 ……………………… 86
 5.1.1 热处理的分类 ………………… 86
 5.1.2 钢的临界温度 ………………… 87
5.2 钢在加热时的组织转变 ………… 87
 5.2.1 奥氏体的形成 ………………… 87
 5.2.2 奥氏体的晶粒大小及控制 …… 89
5.3 钢在冷却时的组织转变 ………… 90
 5.3.1 过冷奥氏体的等温转变图和连续
    冷却转变图 …………………… 91
 5.3.2 珠光体转变 …………………… 94
 5.3.3 马氏体转变 …………………… 95
 5.3.4 贝氏体转变 …………………… 98
5.4 钢的普通热处理 ………………… 99
 5.4.1 钢的退火与正火 ……………… 99
 5.4.2 钢的淬火 ……………………… 101
 5.4.3 钢的回火 ……………………… 104
5.5 钢的表面热处理 ………………… 108
 5.5.1 钢的表面淬火 ………………… 108
 5.5.2 钢的化学热处理 ……………… 109
 5.5.3 几种常用的表面热处理工艺
    比较 …………………………… 113
思考题与习题 …………………………… 113

## 第 6 章 工业用钢 ……………………… 116
6.1 合金元素在钢中的作用 ………… 116
 6.1.1 合金元素与铁和碳的相互作用 … 116
 6.1.2 合金元素在钢中的存在形式 … 118
 6.1.3 合金元素对钢的相变的影响 … 118
6.2 钢的分类与编号 ………………… 120
 6.2.1 钢的分类 ……………………… 120
 6.2.2 钢的牌号 ……………………… 121
6.3 结构钢 …………………………… 121
 6.3.1 普通碳素结构钢 ……………… 121
 6.3.2 优质碳素结构钢 ……………… 123
 6.3.3 低合金高强度结构钢 ………… 124
 6.3.4 渗碳钢 ………………………… 126

 6.3.5 调质钢 ………………………… 127
 6.3.6 弹簧钢 ………………………… 129
 6.3.7 滚动轴承钢 …………………… 132
 6.3.8 耐磨钢 ………………………… 133
6.4 工具钢 …………………………… 134
 6.4.1 刃具钢 ………………………… 134
 6.4.2 模具钢 ………………………… 141
6.5 特殊性能钢 ……………………… 143
 6.5.1 不锈钢 ………………………… 143
 6.5.2 耐热钢 ………………………… 145
思考题与习题 …………………………… 148

## 第 7 章 铸铁 …………………………… 151
7.1 概述 ……………………………… 151
 7.1.1 铸铁的特点 …………………… 151
 7.1.2 铸铁的分类 …………………… 152
 7.1.3 铸铁的石墨化及其影响
    因素 …………………………… 152
7.2 常用普通铸铁 …………………… 154
 7.2.1 灰铸铁 ………………………… 154
 7.2.2 可锻铸铁 ……………………… 155
 7.2.3 球墨铸铁 ……………………… 157
 7.2.4 蠕墨铸铁 ……………………… 159
7.3 合金铸铁 ………………………… 160
 7.3.1 耐热铸铁 ……………………… 160
 7.3.2 耐磨铸铁 ……………………… 161
 7.3.3 耐蚀铸铁 ……………………… 161
思考题与习题 …………………………… 162

## 第 8 章 有色金属及其合金 …………… 164
8.1 铝及铝合金 ……………………… 164
 8.1.1 纯铝的基本特性 ……………… 164
 8.1.2 铝的合金化及分类 …………… 165
 8.1.3 铝合金的时效强化 …………… 165
 8.1.4 铝合金的细化组织强化 ……… 167
 8.1.5 各类铝合金简介 ……………… 168
8.2 铜及铜合金 ……………………… 171
 8.2.1 工业纯铜的基本特性 ………… 171
 8.2.2 铜的合金化及分类 …………… 172
 8.2.3 各类铜合金简介 ……………… 172
8.3 钛及钛合金 ……………………… 176
 8.3.1 纯钛的基本特性 ……………… 176
 8.3.2 钛的合金化及热处理原理 …… 178
 8.3.3 钛合金类型、牌号及应用 …… 181
思考题与习题 …………………………… 181

## 第9章 高分子材料 …………… 183
### 9.1 概述 …………………………… 183
#### 9.1.1 高分子材料分类 ………… 183
#### 9.1.2 高分子材料的命名 ……… 184
#### 9.1.3 高分子材料的力学状态 … 184
#### 9.1.4 常用高分子材料的化学反应 ………………………… 185
### 9.2 常用高分子材料 ……………… 186
#### 9.2.1 工程塑料 ………………… 186
#### 9.2.2 橡胶 ……………………… 193
#### 9.2.3 合成纤维 ………………… 197
#### 9.2.4 合成胶黏剂 ……………… 197
#### 9.2.5 涂料 ……………………… 198
### 思考题与习题 ……………………… 199

## 第10章 陶瓷材料 ………………… 202
### 10.1 概述 …………………………… 202
#### 10.1.1 陶瓷材料的特点 ………… 203
#### 10.1.2 陶瓷的分类 ……………… 203
#### 10.1.3 陶瓷的制造工艺 ………… 204
### 10.2 常用工程结构陶瓷材料 ……… 205
#### 10.2.1 普通陶瓷 ………………… 205
#### 10.2.2 特种陶瓷 ………………… 206
### 10.3 金属陶瓷 ……………………… 209
#### 10.3.1 粉末冶金方法及其应用 … 210
#### 10.3.2 硬质合金 ………………… 210
### 思考题与习题 ……………………… 213

## 第11章 复合材料 ………………… 215
### 11.1 概述 …………………………… 215
#### 11.1.1 复合材料的概念 ………… 215
#### 11.1.2 复合材料的分类 ………… 215
#### 11.1.3 复合材料的命名 ………… 217
### 11.2 复合材料的增强机制及性能 … 217
#### 11.2.1 复合材料的增强机制 …… 217
#### 11.2.2 复合材料的性能特点 …… 219
### 11.3 常用的复合材料 ……………… 221
#### 11.3.1 纤维增强复合材料 ……… 221
#### 11.3.2 叠层复合材料 …………… 225
#### 11.3.3 粒子增强复合材料 ……… 226
### 思考题与习题 ……………………… 226

## 第12章 工程材料的选用 ………… 228
### 12.1 材料选用时要考虑的因素 …… 228
#### 12.1.1 使用性能因素 …………… 228
#### 12.1.2 工艺性能因素 …………… 229
#### 12.1.3 经济性因素 ……………… 229
#### 12.1.4 环境因素 ………………… 229
### 12.2 材料的选用内容及方法 ……… 230
#### 12.2.1 材料的选用内容 ………… 230
#### 12.2.2 材料的选用方法 ………… 230
### 12.3 典型零件的材料选用举例 …… 232
#### 12.3.1 金属材料的选用举例 …… 232
#### 12.3.2 高分子材料的选用举例 … 234
### 思考题与习题 ……………………… 235

## 参考文献 …………………………… 236

# 绪 论

### 1. 材料的重要地位与作用

材料（materials）是人类用来制造各种有用器件的物质（substances）。它是人类生存与发展、征服自然和改造自然的物质基础，也是人类社会现代文明的重要支柱。因此，历史学家将人类发展按照材料的发展划分了七个时代：

| | |
|---|---|
| 石器时代（Stone Age） | 大约开始于公元前 10 万年 |
| 青铜时代（Bronze Age） | 大约开始于公元前 3000 年 |
| 铁器时代（Iron Age） | 大约开始于公元前 1000 年 |
| 水泥时代（Cement Age） | 大约开始于公元元年 |
| 钢时代（Steel Age） | 大约开始于 1800 年 |
| 硅时代（Silicon Age） | 大约开始于 1950 年 |
| 新材料时代（New Materials Age） | 大约开始于 1990 年 |

20 世纪的四大发明——原子能、半导体、计算机、激光器，都离不开材料的发展。仅以计算机为例，1946 年由美国研制的现代电子计算机埃尼阿克（ENIAC，Electronic Numerical Integrator And Computer，电子数字积分计算机），共用 18000 多支电子管，重量达 30t，占地 170m$^2$，功率为 150kW。半导体材料出现后，特别是 1967 年大规模集成电路的问世，使计算机微型化，才使计算机这个"旧时王谢堂前燕"真正"飞入寻常百姓家"。

材料、能源与信息是构建现代文明的三大支柱，而材料又是一切现代工程技术的基础和源泉。材料不仅是人类进化的标志，而且是社会现代化的物质基础与先导。自 20 世纪 80 年代，人们又把新材料、生物工程和信息作为产业革命的重要标志。材料，尤其是新材料的研究、开发和应用反映了一个国家的科学技术与工业化水平，它关系到国家的综合国力与国防安全。因此，各发达国家无不把材料科学与工程的研究和发展放在重要地位。1978 年全国科学大会将材料科学技术列为八个新兴的综合性的科学技术领域之一。此后，各个五年计划中，材料科学技术一直作为重点发展的领域之一。

无论是为制造某种产品选择合适的材料、选择最佳的加工工艺（processing）、正确地使用材料，还是改善现有材料（improve existing materials）或研制新材料（invent new materials），都需要相关人员掌握材料化学成分、内部结构与各种性能之间相互关系的知识，都需要以材料科学与工程的理论作为指导。特别是新材料的研究与开发，其主要特点是以科学为基础，与新技术、新工艺的发展相互依存、相互促进。

### 2. 材料科学的发展与进步

"材料科学"（materials science）这个术语最早出现于 20 世纪 60 年代。材料科学是研究材料的组织结构、性质、生产流程和使用效能以及它们之间的相互关系，集物理学、化学、冶金学于一体的科学。因此，材料科学的核心问题是结构和性能。为了深入理解和有效控制材料的结构和性能，需要处理各种过程，如屈服过程、断裂过程、导电过程、磁化过程和相变过程等。材料中各种结构的形成都涉及能量。因此，外界条件的改变将会引起结构的改变，从而导致性能的改变。过程是理解性能和结构的重要环节，结构是深入理解性能和计算能量的中心环节，而能量控制结构和过程的进行。

材料的性能（properties）是由材料的化学成分（compositions）和内部结构（structures）决定的。材料的结构表明材料的组元、排列和运动方式。材料的组元指组成材料的物质组元，如原子（atoms）、分子（molecules）和离子（ions）等。材料的排列（arrangement）方式取决于组元间的结合类型，如金属键、离子键、共价键、分子键等。组元不是固定不动，而是在运动的，如电子的运动、原子的热运动等。材料的结构根据不同的尺度可以划分为不同的层次，包括原子结构、原子排列、相结构和显微组织。晶体中的结构缺陷也包括在结构之中，每个层次的结构都以不同的方式决定着材料的性能。

结构是理解和控制性能的中心环节。结构最微细的水平是组成材料的原子结构。电子围绕着原子核运动的情况对材料的电学、磁学、热学、光学乃至耐蚀性能都有重大影响，尤其是电子的运动会影响原子的键合，使材料表现出金属、陶瓷和高分子的性质。第二个水平是原子在空间的排列。金属、许多陶瓷和某些高分子材料在空间上均具有非常规则的原子排列，或者说晶体结构。晶体结构会影响材料的力学性能，如强度、硬度、塑性、韧性等。如，石墨和金刚石都是由碳原子组成的，但其原子排列方式不同，因此其强度、硬度及其他物理性能差别极大。当材料处于非晶态（即玻璃态）时，与晶体材料相比，性能差别很大，如呈玻璃态的聚乙烯是透明的，而呈晶态的聚乙烯是半透明的。非晶态金属比晶态金属具有更高的强度和耐蚀性能。在晶体材料中存在的某些排列的不完美性，即晶体结构缺陷，也对材料性能产生重大的影响。第三个水平则是材料的显微组织。显微组织就是在显微镜下所观察到的构成材料的各个相的组合图像，或者可以说材料的显微组织是材料中各个相的量及形貌所构成的图像。

在研究晶体结构与性能的关系时，除了考虑其内部原子排列的规则性以外，还必须考虑其尺寸的影响。从原子尺度看，把在三维方向上尺寸都很大的材料称为块体材料；在一维、二维或三维方向上尺寸很小的材料称为低维材料。低维材料具有目前块体材料所不具备的性质，其中，零维的纳米粒子（尺寸小于100nm）具有很强的表面效应、尺寸效应和量子效应，从而使其具有独特的物理、化学性能。如，纳米级金属颗粒是电的绝缘体及吸光的黑体；以纳米微粒制成的陶瓷具有较高的韧性和超塑性；纳米级金属铝的硬度为块体金属铝的8倍等。作为一维材料的高强度有机纤维、光导纤维，以及作为二维材料的金刚石薄膜、超导薄膜都具有特殊的物理性能。

材料的性能是一种参量，用于表征材料在给定外界条件下的行为。材料的性能只有在外界条件下才能表现出来，外界条件是指温度、载荷、电场、磁场和化学介质等。如，用来表征材料在外力作用下拉伸变形行为的拉伸力-伸长曲线或应力-应变曲线，采用屈服、颈缩、断裂等行为作为判据，便分别有屈服强度、抗拉强度、断裂强度等力学性能。又如，用来表征材料在外磁场作用下，磁化及退磁行为的磁滞回线，采用不同的行为判据，便分别有矫顽力、剩余磁感、储藏磁能等磁学性能。

材料的性能可分为两大类，即简单性能和复杂性能。简单性能包括材料的物理性能、力学性能和化学性能，复杂性能包括复合性能、工艺性能和使用性能等。材料的复杂性能是其不同简单性能的组合。

将异质、异性或异形材料复合而形成的复合材料，可以具备组元材料所不具备的性能，这是"复合"的结果。物理现象之间的转换是相当普遍的，人们利用这些现象制备了一些功能元器件或控制元器件，如光电管、热电偶、电阻应变片、压电晶体等。近年来，对性能的转换与复合进行综合利用，并提出了复合的相乘效应，获得了若干具有新性能的元器件。若对材料甲施加 X 作用，可以得 Y 效果，则这个材料甲具有 X/Y 性能。压电性能中，X 为压力，Y 为电位差，而若材料乙具有 Y/Z 性能，则甲与乙复合后就具有 X/Y/Z 性能。如，自控发热功能复合材料就是利用相乘效应的一种复合材料，已广泛应用于石油、化工等领域。这种材料由一种导电粉末（如炭粉）分散在高分子树脂中而形成，导电粉末构成导电通道，用该材料加上电极制成扁形电缆即可缠在管道外面通电加热。材料发热使高分子膨胀，拉断一些导电粉末通道，使材料电阻值增大，降低发热量，温度降低后高分子收缩又使导电通道复原，从而产生恒温控制的效果。这种热和变形与变形和变阻的相乘效果成为热变阻的方式。

材料科学的形成是科学技术发展的结果。首先，随着固体物理、无机化学、有机化学、物理化学等学科的发展，对物质结构和性能的研究更加深入，推动了对材料本质的了解；同时，随着冶金学、金属学、陶瓷学、高分子科学等学科的发展，对材料本身的研究也大大加强，而对材料的制备、结构和性能及它们之间相互关系的研究也越来越深入，为材料科学的形成打下了较坚实的基础。

其次，在材料科学这个名词出现以前，金属材料、高分子材料和陶瓷材料都已自成体系，目前复合材料也正形成学科体系。材料是多种多样的，如金属、陶瓷、高分子和复合材料，但在它们的制备和使用过程中，许多概念、现象和转变都惊人的相似。诸如相变机理（如马氏体相变最先是金属学家提出来的，被广泛地用作热处理的理论基础，但在氧化锆陶瓷中也发现了马氏体相变，并被用作陶瓷增韧的一种有效手段）、缺陷行为、平衡热力学、扩散、塑性变形和断裂机理、界面的精细结构与行为、晶体和玻璃的结构及它们之间的关系等，在各种材料中都会有所涉及。材料中电子的迁移与禁锢、原子聚集体的统计力学与磁自旋等概念，不仅用于说明最早研究过的单一材料的行为，而且也用于说明初看起来毫不相干的其他材料的行为。正是由于各种材料之间的相互有机联系，才使得诞生不久的材料科学成为一门独立的学科。另外，各类材料的研究设备与生产手段也有颇多共同之处。虽然不同类型的材料各有其专用的测试设备与生产装置，但许多方面是相同或相近的，如光学显微镜、电子显微镜、表面测试设备、物理性能与力学性能的测试设备等。在材料生产中，许多加工装置也是通用的，如挤压机，对金属材料可以用于成形及冷加工以提高强度；而某些高分子材料在采用挤压成丝工艺以后，可使其有机纤维的比强度和比刚度大幅度提高。随着粉末成形技术和热致密化技术的发展，粉末冶金技术和现代陶瓷制造技术之间，已经很难找出明显的区别了。研究各种材料研制和测试设备的通用性，不但可以缩短生产周期、节约资金，更重要的是可以相互启发和借鉴，加速材料科学学科的发展。发展材料科学，对各种材料有一个更深入的了解，是研究开发各种新材料，以及充分挖掘现有各种材料使用潜力的必要基础。在制备、使用各种材料时获得的丰富经验，以及对各种材料规律性的认识，使其有可能以统一的观点来对待已经出现的各种材料，形成能够适用于各种材料的材料科学。

材料工程是工程领域，其目的在于经济地而又为社会所能接受地控制材料的结构、性能和形状。材料科学的核心问题是结构与性能的关系；材料工程则要全面考虑材料的五个判据，"经济"是经济判据；"为社会所能接受"包括资源判据、环保判据和能源判据；"结构、性能和形状"则分别是质量判据中的内在质量和表观质量。

一般来说，科学是研究"为什么"的问题的学问，而工程是解决"怎样做"的问题的学问。材料科学的基础理论为材料工程各方面工作的开展指明了方向，为更好地选择材料、使用材料、发挥现有材料的潜力、发展新材料提供了理论基础，可以节约时间、少走弯路、提高质量，降低成本和能耗，减少对环境的污染。

对材料的新理解往往是新材料实验优化最好的定性指导，现举几例说明。1906年德国工程师威尔姆（Wilm A.）偶然发现铝铜合金的自然时效硬化现象。威尔姆把一种铝铜镁锰合金进行淬火，希望这种合金也能够像钢那样淬硬，然而合金并未淬硬。测量工作被周末打断了，经过一个周末以后，继续测量的结果表明，合金确实硬化了。这种奇特的现象在1919年以前一直得不到解释。1919年麦瑞卡（Meriea P. D.）等指出，铜在铝中的固溶度随温度的降低而下降，时效只不过是显微镜所看不见的（在当时）某种新相的延迟沉淀。从威尔姆的发现到麦瑞卡理论出现的这段时间内，再也没有出现新的时效合金，因为谁也不知道应该用什么样的合金成分。可是在麦瑞卡理论之后，在固溶体延迟沉淀理论的指导之下，这样的合金就大量涌现了，如Cu-Be、Cu-Co、Al-Zn-Mg等合金，并且还发现了时效早期阶段的过渡相。再如，随着对马氏体本质和对时效强化的深入了解，人们发明了一种超高强度钢——马氏体时效钢。还比如，在位错理论的指导下，人们通过消除位错或提高位错密度使材料得到强化。我国某研究所在研究非线性光学晶体（光电子工业的一种基础材料）的过程中，根据实践中的规律得出了非线性光学效应的阴离子基团理论，并应用此理论来代替大规模的筛选，先后开发了多种性能优越、具有实用价值的新型紫外线非线性光学晶体。

事实说明，对新材料来说，材料的合成制作已非单凭经验就可完成，"炒菜"式的筛选材料的方法基本上已成为过去，必须十分重视材料科学的基础研究。不重视材料科学的基础研究，是无法步入世界先进行列的。

另一方面，材料科学与材料工程是紧密联系、互相促进的。材料工程不仅为材料科学提出了丰富的研究课题，而且材料工程和技术又为材料科学的发展提供了物质基础。材料科学与材料工程之间的区别主要在于着眼点的不同或者说各自强调的中心不同，它们之间并没有一条明确的分界线。

新材料技术已成为当代技术发展的重要前沿。1981年日本的国际贸易和工业部选择了优先发展的三个领域：新材料、新装置和生物技术。

材料科学技术的发展趋势是：从均质材料向复合材料发展；材料结构的尺度向越来越小的方向发展；由被动性材料向具有主动性的智能材料的方向发展；高性能结构材料的研究与开发是永恒的主题；生物材料将有很大发展。

### 3. 工程材料的分类

工程材料（engineering materials）是指具有一定性能，在特定条件下能够发挥某种功能，用于制造零件和元器件的材料。

材料的分类方法很多，可按照成分、结合键、性能和用途进行分类。

(1) 按化学成分及结合键分类

1) 金属材料（metals, metallic materials）。

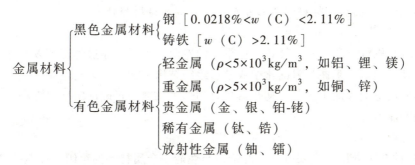

2) 无机非金属材料（硅酸盐材料）（inorganic nonmetallic materials）。

$$\text{无机非金属材料（以硅酸盐矿物为主要原料）} \begin{cases} \text{水泥} \\ \text{玻璃} \\ \text{陶瓷} \\ \text{耐火材料} \end{cases}$$

3) 高分子材料（polymers）。

$$\text{高分子材料} \begin{cases} \text{天然高分子材料（如蛋白质、淀粉、纤维素等）} \\ \text{人工合成高分子材料（如合成塑料、合成橡胶等）} \end{cases}$$

按性能及用途又可分为塑料、橡胶、纤维、胶粘剂、涂料。

4) 复合材料（composite materials）。把两种（或两种以上）不同材料组合起来，使之取长补短、相得益彰构成的材料。

$$\text{复合材料（按基体材料分）} \begin{cases} \text{金属基复合材料} \\ \text{高分子基复合材料} \\ \text{陶瓷基复合材料} \end{cases}$$

按增强材料又可分为纤维、无机化合物颗粒。

(2) 按材料的使用性能分类

1) 结构材料（structural materials）。以强度、刚度、塑性、韧性、硬度、疲劳强度、耐磨性等力学性能（mechanical properties）为指标，用于制造承受载荷、传递动力的零件和构件的材料（如工字梁、汽车主轴、钢结构桥梁、手动工具）。

2) 功能材料（functional materials）。以声、光、电、磁、热等物理性能为指标，用于制造具有特殊性能的元器件的材料，一般不承受或承受很小的力（如电线、测温热电偶、形状记忆合金）。

(3) 按材料的物理形态分类

1) 晶体材料。原子或分子在三维空间有规律、周期性地排列。

2) 非晶态材料。原子或分子在三维空间无规排列。

3) 纳米材料。至少有一维尺寸为 1~100nm 的固体物质。

(4) 按材料的几何形态分类

按材料的几何形态可分为三维材料、二维材料、一维材料和零维材料。

（5）按材料的发展分类

按材料的发展可分为传统材料（如钢铁、铜、铝、水泥、塑料、陶瓷等）和新材料（如金属间化合物、高温超导材料、非晶态合金、纳米材料等）。

### 4. 本课程的任务与内容

工程材料是机械类和近机械类各专业重要的专业基础课，通过学习可以使学生了解工程材料的基本理论知识，掌握材料的化学成分、组织结构、加工工艺与性能之间的关系，了解常用材料的应用范围和加工工艺，初步具备合理选用材料、正确确定加工方法、妥善安排加工工艺路线的能力。

本课程主要分为以下三大部分：

1）材料的基本理论，主要讲材料的结构与性能、金属材料的组织与性能控制。

2）常用材料，包括金属材料、高分子材料、复合材料、纳米材料、新型功能材料。

3）机械零件的失效、强化、选材及工程材料的应用。

# 第 1 章 材料的力学性能

> 曾经思考过这些问题吗？
> 1. 与材料相关的导致"泰坦尼克号"沉没的主要原因是什么？
> 2. 1986 年"挑战者号"航天飞机失事的主要原因是什么？
> 3. 为什么有些金属和塑料在低温下会变脆？
> 4. 为什么不同长度的玻璃纤维具有不同的性能？
> 5. 为什么飞机、汽车上的零部件都有使用期限？

在选用材料时，首先必须考虑材料的有关性能，使之与构件的使用要求匹配。材料的性能一般分为使用性能和工艺性能两大类。使用性能是指材料在使用过程中所表现的性能，包括力学性能、物理性能和化学性能等；工艺性能是指材料在加工过程中所表现的性能，包括铸造、锻压、焊接、热处理和切削加工性能等。由于力学性能是结构件选材的主要依据，因此本章主要介绍材料的力学性能，对材料的物理性能、化学性能及工艺性能作简单介绍。

材料的力学性能（mechanical properties）是工程材料在外力作用下所表现出来的性能，主要有强度、塑性、硬度、冲击韧度、疲劳强度和断裂韧度等，可通过各种不同的标准试验来测定。材料的力学性能可用来判断材料在实际服役环境下将表现出来的具体效能（performance）。因此，了解材料的力学性能可为工件的选材提供依据。

## 1.1 材料在静载下的力学性能

### 1.1.1 拉伸试验[⊖]

圆形拉伸试样如图 1-1 所示。对试样沿轴向缓慢施加拉伸力，会得到拉伸力 $F$-伸长量 $\Delta L$ 的关系曲线。为了消除试样尺寸的影响，可用拉伸力 $F$ 除以试样的原始截面积 $A_0$ 得到拉应力 $\sigma$，用试样的伸长量 $\Delta L$ 除以试样原始长度 $L_0$ 得到应变 $\varepsilon$，即可得到工程应力-应变曲线图（engineering stress-strain curve）。从工程应力-应变曲线图中可以直接获得材料的一些力学性能。图 1-2 所示为退火低碳钢和铸铁的工程应力-应变曲线图。

---

⊖ 金属材料室温拉伸试验方法中，新旧标准中名称和符号差异比较大，本书采用了旧标准。按照 GB/T 6397—1986 制作试样，名称和符号符合 GB/T 228—1987 的规定。

1. 弹性与刚度

如图 1-2a 所示，若加载后的应力不超过 $\sigma_e$，则卸载后试样会恢复原状，这种变形被称为弹性变形（elastic deformation）。$\sigma_e$ 为材料在弹性变形阶段所能承受的最大应力，被称为弹性极限（elastic limit）。在弹性变形阶段，应力与应变成正比关系，其比值 $E(=\sigma/\varepsilon)$ 为材料的弹性模量（modulus of elasticity）。$E$ 越大，产生一定量的弹性变形所需要的应力越大，因此，弹性模量 $E$ 是衡量材料弹性变形难易程度的指标，在工程上称为材料的刚度（stiffness），表征材料对弹性变形的抗力。

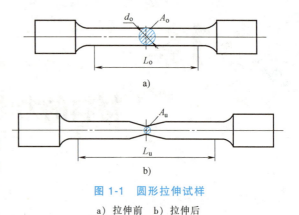

图 1-1 圆形拉伸试样

a) 拉伸前　b) 拉伸后

弹性模量 $E$ 与原子间的作用力有关，决定于金属原子的本性和晶格类型。合金化、热处理、冷塑性变形、加载速率等对其影响都不大。提高零件刚度的方法是增大横截面积或改变截面形状。

2. 强度

材料在外力作用下抵抗变形和断裂的能力称为强度（strength）。根据外力的作用方式，有多种强度指标，如抗拉强度、抗弯强度、抗剪强度、抗扭强度等。其中拉伸试验所得的屈服强度 $\sigma_s$ 和抗拉强度 $\sigma_b$ 的应用最为广泛。材料的强度越高，材料所能承受的外力越大，使用越安全。

如图 1-2a 所示，若加载应力超过 $\sigma_e$，则卸载后，试样不会完全恢复原状，会留下一部分永久变形，这种永久变形被称为塑性变形（plastic deformation）。塑性变形分为三个阶段：屈服阶段、均匀塑性变形阶段和不均匀塑性变形阶段。

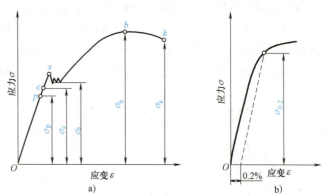

图 1-2 低碳钢和铸铁的应力-应变曲线

a) 低碳钢　b) 铸铁

（1）屈服强度　图 1-2a 中，当应力值到达 $s$ 点时，曲线上出现了水平的波折线，表明即使外力不增加试样仍能继续伸长，这就是屈服现象。发生屈服所对应的应力值即为屈服强度（yield strength），用 $\sigma_s$ 表示。

许多具有连续屈服特征的材料，在拉伸试验时看不到明显的屈服现象，对于这类材料用规定微量塑性伸长应力表征材料对微量塑性变形的抗力。如规定微量塑性伸长率为 0.2% 时所对应的应力 $\sigma_{0.2}$，生产上把 $\sigma_{0.2}$ 称为条件屈服强度（offset yield strength）。屈服强度反映材料抵抗永久变形的能力,是最重要的零件设计指标之一。

(2) 抗拉强度 图 1-2a 中的 $b$ 点是拉伸曲线的最高点,对应的应力是材料在破断前所能承受的最大应力,称为抗拉强度(tensile strength),用 $\sigma_b$ 表示。应力到达 $b$ 点时,试样开始出现"颈缩(necking)"现象,即塑性变形集中在试样的局部位置发生,因此 $b$ 点也是均匀塑性变形和非均匀塑性变形的分界点,$\sigma_b$ 可看成是材料产生最大均匀塑性变形的抗力,也反映材料抵抗断裂破坏的能力。它也是零件设计和材料评定时的重要指标。

(3) 断裂强度 超过 $b$ 点后,颈缩处迅速伸长,应力明显下降,在 $k$ 点处断裂。所对应的应力值为断裂强度(fracture strength),用 $\sigma_k$ 表示。对于脆性材料,如图 1-2b 所示,拉伸过程中没有颈缩现象,此时材料的抗拉强度就是脆性材料在静载下抵抗断裂的能力,相当于断裂强度。

### 3. 塑性

塑性(ductility, plasticity)是指金属材料断裂前发生永久变形的能力。常用的塑性指标为断后伸长率(percentage elongation)和断面收缩率(percentage reduction of area)。

断后伸长率为试样被拉断后,标距部分的残余伸长与原始标距之比的百分率,用 $\delta$ 表示,有

$$\delta = \frac{L_1 - L_o}{L_o} \times 100\%$$

式中,$L_o$ 为原始标距长度;$L_1$ 为断裂后标距长度。

断面收缩率为试样断裂后,横截面积最大缩减量与原始横截面积之比的百分率,用 $\psi$ 表示,有

$$\psi = \frac{A_o - A_1}{A_o} \times 100\%$$

式中,$A_o$ 为试样的原始截面积;$A_1$ 为断口处的截面积。

材料的断后伸长率和断面收缩率越大,材料的塑性越好,越有利于进行压力加工。但是塑性好的材料其强度通常会较低,使用过程中容易发生变形,导致失效。因此,对材料的强度和塑性的要求要综合考虑,不能顾此失彼。

【例 1-1】 在零件设计和材料评定时,最重要的两种强度指标是什么?分别在什么情况下选用?

答:屈服强度和抗拉强度。零件发生塑性变形(即失效)的情况下选用屈服强度来作为设计和评定依据,如紧固螺栓、连杆和销轴等;而对于产生塑性变形要求不严格,但要保证不产生断裂的零件,选用抗拉强度作为设计和评定指标更为合理。

【例 1-2】 是不是刚度越大的材料其塑性越差?

答:刚度越高的材料通常其弹性模量 $E$ 越大,材料弹性模量的大小主要取决于原子间结合力的强弱,与其内部组织关系不大;而材料的塑性是指其断裂前承受永久变形的能力,与内部组织有密切的关系,可见二者无直接关系。所以刚度越大的材料其塑性越差的说法不合理。

### 1.1.2 硬度试验

材料抵抗表面局部塑性变形的能力称为硬度（hardness），是表征材料软硬程度的一个指标。

硬度试验

硬度试验与轴向拉伸试验同是应用最为广泛的力学性能试验。硬度试验方法很多，大体上可分为弹性回跳法（如肖氏硬度）、压入法（如布氏硬度、洛氏硬度、维氏硬度等）和划痕法（如莫氏硬度）三类。硬度测试获得广泛应用与其优点是分不开的：仅在金属表面产生很小的压痕，因此很多机件可在成品上进行试验，无需专门加工试样；易于检查金属表面层的质量（如脱碳）、表面淬火和化学热处理后的表面性能；设备简单，操作方便迅速；材料的硬度值与其他的力学性能及工艺性能有密切的关系。

#### 1. 布氏硬度（HBW）

如图 1-3 所示，用直径为 $D=10mm$、$5mm$、$2.5mm$、$1mm$ 的硬质合金球，施加试验力 $F$ 将其压入试样表面，经过规定的保持时间后卸除试验力，在试样表面留下球形压痕。测量压痕平均直径，求出球形面积，用试验力除以球冠面积，可得单位面积所承受的平均应力值，即为布氏硬度（Brinell hardness）。实际测试时，根据载荷 $F$ 及测出的压痕直径 $d$ 查表，即可得到硬度值。

硬度试验时，其硬度值用 HBW 表示，测量范围为小于 650HBW。如 600HBW1/30/20 表示用直径为 1mm 的硬质合金球在 30kgf（1kgf = 9.80665N）试验力下保持 20s 测定的布氏硬度值为 600HBW。

由于布氏硬度试验方法的压痕面积大，其硬度值能反映金属在较大范围内各组成相的平均性能，而不受个别组成相及微小不均匀性的影响，故试验数据稳定，重复性强。其缺点是压痕面积大，不能用于薄片件（试样厚度至少应为压痕深度的 8 倍）、

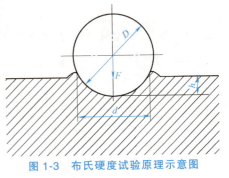

图 1-3 布氏硬度试验原理示意图

成品件及硬度大于 650HBW 的材料；此外，由于测试过程较繁琐，不宜用于大批量检验。布氏硬度试验法主要用于测定铸铁、有色金属及其合金、低合金结构钢，以及各种退火、正火及调质钢的硬度。

#### 2. 洛氏硬度（HR）

如图 1-4 所示，洛氏硬度（Rockwell hardness）并非以测定压痕的面积来计算硬度值，而是以测量压痕深度来表示材料的硬度。压头有两种：一种是圆锥角 $\alpha$ 为 120° 的金刚石圆锥体，用于测试较硬的材料；另一种是一定直径的小淬火钢或硬质合金球，用于测试较软的材料。

测量时，为保证压头与试样表面接触良好，先加初始试验力，在试样表面得到一个压痕，此时测量压痕深度的指针在表盘上指零。然后加主试验力，随着弹性变形的恢复，指针顺时针方向转动，转动停止时所指的数值就是压痕深度 $h$。实际使用时，压痕深度已经换算成硬度值，可以直接在表盘上读出。根据不同的压头和试验力，洛氏硬度可分为 HRA、HRB、HRC 等 15 种，常用的为 HRA、HRB 和 HRC 三种。常用洛氏硬度试验的标尺、试验

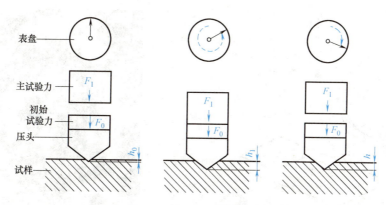

图 1-4 洛氏硬度试验原理

规范及应用见表 1-1。

表 1-1 常用洛氏硬度试验的标尺、试验规范及应用

| 标尺 | 硬度符号 | 压头类型 | 初始试验力 $F_0$/N | 主试验力 $F_1$/N | 总试验力 $F$/N | 测量硬度范围 | 应用举例 |
|---|---|---|---|---|---|---|---|
| A | HRA | 120°金刚石圆锥 | 98.7 | 490.3 | 588.4 | 20~88HRA | 硬质合金、硬化薄钢板、表面薄层硬化钢 |
| B | HRB | φ1.588mm球 | 98.7 | 882.6 | 980.7 | 20~100HRB | 低碳钢、铜合金、铁素体可锻铸铁 |
| C | HRC | 120°金刚石圆锥 | 98.7 | 1373 | 1471 | 20~70HRC | 淬火钢、高硬度铸件、珠光体可锻铸铁 |

洛氏硬度试验法的优点是操作简便迅速，硬度值可直接读出；压痕面积较小，不会损伤零件表面，可在工件上进行测试；采用不同的标尺，可测出从极软到极硬材料的硬度。其缺点是由于压痕小，其结果代表性差、所测硬度值重复性差、分散度大。

3. **维氏硬度（HV）**

如图 1-5 所示，维氏硬度（Vickers hardness）的测试原理与布氏硬度相同，也是根据压痕单位面积所承受的试验力计算硬度值。压头为两对面夹角 α 为 136°的金刚石四棱锥体，用试验力 F 压入试样表面，保持规定时间后，卸除试验力，测定压痕对角线长度，查表确定硬度值。

维氏硬度的优点是保留了布氏硬度和洛氏硬度的优点，既可测量由极软到极硬材料的硬度，又能相互比较；既可测量大块材料、表面硬化层的硬度，又可测量金相组织中不同相的硬度，测量精度高，如图 1-6 所示。缺点是需要在显微镜下测量压痕尺寸，工作效率低。

维氏硬度可用于测试各种硬度的材料。

4. **其他硬度**

(1) **努氏硬度（HK）** 用于表面淬硬层、渗碳层、镀层等薄层区域的硬度测试。

(2) **肖氏硬度（HS）** 使用手提式设备，可在施工现场测量大型工件的硬度。但试验结果的准确性受人为因素的影响较大，精度较低。

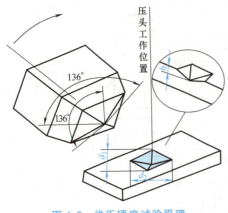

图 1-5 维氏硬度试验原理

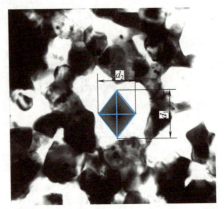

图 1-6 维氏硬度应用示意图

【例 1-3】 下列零件选择哪种硬度测试方法来检查其硬度最合适？
（1）库存钢材　（2）硬质合金刀头　（3）锻件

答：1）选择洛氏硬度法测量库存钢材的硬度。因为钢材的硬度范围很大，而洛氏硬度法能够测量硬度值的范围较宽。

2）选择维氏硬度法测量硬质合金的硬度。因为硬质合金的硬度较高，而维氏硬度的特点之一是可测量极硬材料的硬度。

3）选择布氏硬度法测量锻件。因为锻件的塑性一般较好，硬度值不高，且通常是毛坯件。

## 1.2 材料在动载下的力学性能

动载荷的主要形式有两种：一种是冲击载荷，即以很大的初速度在短时间内迅速作用在零件上的载荷；另一种是交变载荷，即载荷的大小和方向作周期性的变化。材料对动载荷的抗力，不能简单地用静载荷下的力学性能指标来衡量，必须引入新的力学性能指标。

### 1.2.1 冲击试验

许多机械零件、构件或工具在服役时，会受到冲击载荷的作用，如活塞销、冲模和锻模等。材料抵抗冲击载荷作用而不破坏的能力称为冲击韧度（impact toughness）。为了评定材料的冲击韧度，需要进行冲击试验。

**1. 摆锤式一次冲击试验**⊖

图 1-7 所示为摆锤式一次冲击试验示意图，图 1-8 所示为标准冲击试样示意图。试验时将带缺口的试样安放在试验机的机架上，如图 1-7a 所示，将具有一定质量 $m$ 的摆锤提高至距试样高度 $h$ 的位置，使其获得势能 $mgh$。然后使其下落，冲断试样后摆锤又上升到距试样高度 $h_1$ 位置，摆锤剩余的势能 $mgh_1$。则摆锤冲断试样失去的势能为二者之差 $mgh-mgh_1$，

---

⊖ 符合标准 GB/T 229—2007。

此即为试样变形和断裂所消耗的功,称为 冲击吸收功(impact energy),以 $A_k$ 表示,单位为 J。

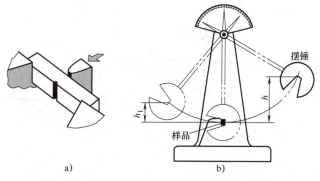

图 1-7 摆锤冲击试验示意图

a)试样放置示意图  b)冲击试验机工作示意图

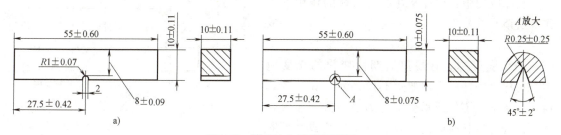

图 1-8 标准冲击试样示意图

a)U 型缺口试样  b)V 型缺口试样

摆锤将试样冲断时,试样缺口处横截面面积为 $A$,则单位面积上所消耗的功为 $A_k/A$,称为冲击韧度,用 $a_k$ 表示,单位为 $J/cm^2$。

国家标准规定的冲击弯曲试验标准试样是 U 型缺口或 V 型缺口试样,如图 1-8 所示。

冲击韧度值对材料的内部组织及存在的缺陷十分敏感,因此常被用来检验材料的品质和工艺质量。温度对其影响也很显著,如图 1-9 所示,当试验温度低于某一温度 $T_k$ 时,其冲击韧度急剧下降,材料由韧性状态变为脆性状态,$A_k$-$T$ 曲线的转折温度 $T_k$ 被称为韧脆转变温度(ductile to brittle transition temperature,缩写为 DBTT)。$T_k$ 越低表明材料的低温冲击韧度越好。经常在低温下服役的船舶、桥梁等结构材料的使用温度应高于其韧脆转变温度。若使用温度低于韧脆转变温度,则材料处于脆性状态,可能发生低应力脆性破坏。

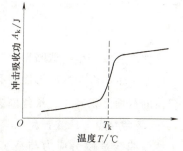

图 1-9 韧脆转变温度曲线

**2. 小能量多次冲击试验**

在实际生产中,大多数承受冲击载荷的零件都是在小能量多次冲击作用下破坏的,衡量零件抵抗小能量多次冲击能力的试验是在落锤试验机上进行的,如图 1-10 所示。带有双冲点的锤头以一定的冲击频率(如 400 次/min)冲击试样,直至冲断。多次冲击抗力指标,一般是在一定冲击能量 A 的作用下开始出现裂纹或断裂的冲击次数 N 来表示,可作出材料的多冲抗力曲线,称 A-N 线,如图 1-11 所示。

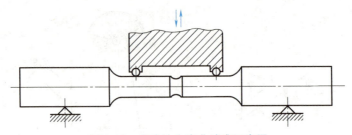

图 1-10　多次冲击弯曲试验示意图

### 1.2.2　材料的疲劳

**1. 交变载荷与疲劳断裂**

实际应用中,构件常在交变载荷的作用下工作。所谓**交变载荷(repetitive load)是指大小或方向随时间而变化的载荷,其在单位面积上的平均值为交变应力**。有规律周期性变化的交变应力,可称为循环应力,如图 1-12 所示。在这种载荷的作用下,零件所承受的应力虽然低于屈服强度,但经过较长时间的工作会产生裂纹或突然断裂,这种现象称为材料的疲劳(fatigue)。实际服役的金属材料有 70% 以上因为疲劳而破坏。

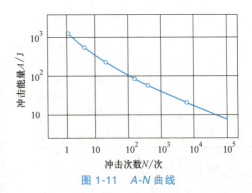

图 1-11　A-N 曲线

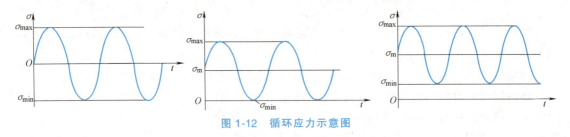

图 1-12　循环应力示意图

零件之所以产生疲劳断裂,是由于材料表面或内部有缺陷。这些地方的应力大于屈服强度,从而产生局部塑性变形而开裂。这些微裂纹随着应力循环次数的增加而逐渐扩展,使承受载荷的截面面积减小,最终断裂。

**2. 疲劳曲线与疲劳强度**

疲劳曲线是疲劳应力与疲劳寿命的关系曲线,是确定疲劳极限和建立疲劳应力判据的基础。典型的金属疲劳曲线如图 1-13 所示。当应力低于某一临界值时,曲线变为水平线,表明**试样经无限次应力循环也不会发生疲劳断裂,所对应的应力称为疲劳极限**(fatigue limit)。但是,实际测试时不可能做到无限次

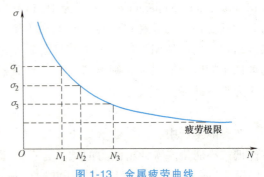

图 1-13　金属疲劳曲线

应力循环,并且对于某些材料,它们的疲劳曲线上也没有水平部分,通常就规定某一循环周次下不发生断裂的应力为条件疲劳极限,也称为疲劳强度(fatigue strength)。通常规定普通钢的循环周次为 $10^7$,有色金属、不锈钢等的循环周次为 $10^8$。

### 3. 疲劳断裂特点及改进措施

疲劳是低应力循环延时断裂,即有寿命的断裂。这种寿命随应力不同而变化的关系,可用疲劳曲线来说明,即应力高则寿命短,应力低则寿命长。当应力低于疲劳极限时,寿命可以无限长;疲劳是一个长期累积损伤的过程,由于疲劳的应力水平一般比屈服强度低,不管是韧性材料还是脆性材料,都是脆性断裂;疲劳对缺陷(缺口、裂纹及组织缺陷)十分敏感;疲劳断裂也是裂纹萌生和扩展的过程,断口上有明显的疲劳源和疲劳扩展区。

提高疲劳强度的措施有:改善零件结构形状,避免出现尖角、缺口等易于产生应力集中的部位;降低零件表面粗糙度值,尽可能减少表面损伤和表面缺陷;采用表面强化处理,如喷丸和滚压,在表面产生残余压应力,降低疲劳裂纹扩展时产生的拉应力,提高疲劳强度。

> 【例 1-4】 在哪些情况下,即使零件的工作应力低于材料的屈服强度,材料也会发生塑性变形甚至断裂?这些场合中应考虑材料的哪些性能?
>
> 答:1) 在经过较长时间循环应力的作用下,即使零件所承受的应力低于其屈服强度值,工作时也会发生塑性变形甚至断裂,这种现象称为材料的疲劳,此时应考虑的性能为材料的疲劳强度。
>
> 2) 在高温条件下长期工作,即使零件所承受的应力低于其屈服强度值,也有可能发生蠕变或断裂,此时应考虑的性能为材料的蠕变强度和持久强度。
>
> 3) 在低于韧脆转变温度的温度下工作,则材料处于脆性状态,也有可能发生低应力脆性破坏,此时应考虑的性能为材料的韧脆转变温度。

## 1.3 应力强度因子和断裂韧度

实际生产中,有的大型转轴、高压容器、船舶、桥梁等常在其工作应力远低于屈服强度的情况下突然发生脆性断裂。这种在屈服强度以下发生的脆断称为低应力脆断。

研究表明,低应力脆断与零件本身存在裂纹有关,是由裂纹在应力的作用下瞬间发生失稳扩展引起的。零件及其材料本身不可避免地存在各种冶金和加工缺陷,这些缺陷都相当于裂纹源或在使用中发展为裂纹源。在应力的作用下,这些裂纹源进行扩展,一旦达到失稳状态,就会发生低应力脆断。因此,裂纹是否易于失稳扩展,就成为衡量材料是否易于断裂的一个重要指标。这种材料抵抗裂纹失稳扩展的性能被称为断裂韧度(fracture toughness)。

### 1.3.1 应力强度因子

在外力作用下,裂纹尖端前沿附近会存在着应力集中系数很大的应力场,张开型裂纹的应力场如图 1-14 所示。通过

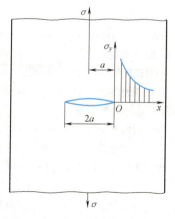

图 1-14 张开型裂纹的应力场

建立的应力场数学解析模型可知，裂纹尖端区域各点的应力分量除由其所处的位置决定以外，还与强度因子 $K_I$ 有关。对于某一确定的点，其应力分量就由 $K_I$ 决定。$K_I$ 越大，则应力场中各应力分量也越大。因此，$K_I$ 就可以表示应力场的强弱程度，故称为应力强度因子（stress intensity factor）。$K_I$ 的大小与裂纹尺寸（$2a$）和外加应力（$\sigma$）有如下关系

$$K_I = Y\sigma\sqrt{a}$$

式中，$Y$ 为形状因子，为与裂纹形状、加载方式、试样几何形状有关的系数；$\sigma$ 为外加应力。

### 1.3.2 断裂韧度

从 $K_I$ 的关系式中可见，随着应力 $\sigma$ 的增大或裂纹扩展伸长，$K_I$ 不断增大，当 $K_I$ 增大到某一临界值时，可使裂纹前沿某一区域内的内应力达到材料的断裂强度，从而导致裂纹突然失稳扩展而发生断裂。这个 $K_I$ 的临界值，称为材料的平面应变断裂韧度，用 $K_{IC}$ 表示。

材料的 $K_{IC}$ 越高，则裂纹体断裂前能承受的应力越大，发生失稳扩展的临界裂纹尺寸也越大，则材料难以断裂，因此 $K_{IC}$ 表征了材料抵抗断裂的能力。

$K_I$ 和 $\sigma$ 对应，都是力学参量，只与载荷及试样尺寸有关，与材料无关；而 $K_{IC}$ 和 $\sigma_s$ 对应，都是力学性能指标，只和材料的成分、组织结构有关，与载荷及试样尺寸无关。

## 思考题与习题

一、名词解释

弹性变形、塑性变形、冲击韧度、疲劳强度、$\sigma_b$、$\sigma_s$、$\delta$、HBW 和 HRC。

二、选择题

1. 在设计拖拉机缸盖螺钉时应选用的强度指标为____。
    A. $\sigma_s$        B. $\sigma_{0.2}$        C. $\sigma_b$        D. $\sigma_p$
2. 在做疲劳试验时，试样承受的载荷是____。
    A. 静载荷        B. 冲击载荷        C. 交变载荷
3. 洛氏硬度 HRC 标尺使用的压头是____。
    A. 淬硬钢球        B. 金刚石圆锥体        C. 硬质合金球
4. 表示金属密度、热导率、磁导率的符号依次是____、____和____。
    A. $\mu$        B. HBW        C. $\delta$        D. $\rho$
    E. HV        F. $\lambda$
5. 低碳钢拉伸应力-应变图中对应的最大应力值称为____。
    A. 弹性极限        B. 屈服强度        C. 抗拉强度        D. 条件屈服强度
6. 低碳钢拉伸时，其变形过程可简单分为____阶段。
    A. 弹性变形、塑性变形、断裂        B. 弹性变形、断裂
    C. 塑性变形、断裂        D. 弹性变形、条件变形、断裂
7. 材料开始发生塑性变形的应力值称为材料的____。
    A. 弹性极限        B. 屈服强度        C. 抗拉强度        D. 条件屈服强度
8. 测量淬火钢件及某些表面硬化件硬度时，一般应用____。
    A. HRA        B. HRB        C. HRC        D. HBW
9. 具有利于切削加工性能的材料的硬度范围为____。
    A. <160HBW        B. >230HBW        C. 160~230HBW        D. 60~70HRC

## 第1章 材料的力学性能

10. 材料的____值主要决定于其晶体结构特性，一般处理方法对其影响很小。
   A. $\sigma_{0.2}$    B. $\sigma_b$    C. $K_{IC}$    D. $E$

### 三、是非题

1. 材料的强度越高，其硬度越高，所以刚度越大。（　）
2. 所有的金属都具有磁性，能被磁铁吸引。（　）
3. 钢的铸造性能比铸铁好，故常用于铸造形状复杂的工件。（　）
4. 屈服就是材料开始塑性变形失效，所以屈服强度就是材料的断裂强度。（　）
5. 材料的断裂强度一定大于其抗拉强度。（　）
6. 强度是材料抵抗变形和破坏的能力，塑性是材料在外力作用下产生塑性变形而不破坏的能力，所以两者的单位是一样的。（　）
7. 冲击韧度和断裂韧度都是材料的韧性指标，所以其单位是相同的。（　）

### 四、综合题

1. 从低碳钢的应力-应变曲线上可以得到哪些强度指标和塑性指标？在工程上具有什么指导意义？
2. 比较布氏硬度与洛氏硬度试验的优缺点，明确其使用对象和适用范围。
3. 冲击韧度和断裂韧度有何不同？
4. 材料的屈服强度、抗拉强度和断裂强度是否越接近越好？
5. 材料为什么会产生疲劳？如何提高材料的疲劳强度？
6. 零件设计时，选取 $\sigma_{0.2}$（$\sigma_s$）或者 $\sigma_b$，应以什么为依据？
7. 在测量强度指标时，$\sigma_{0.2}$ 和 $\sigma_s$ 有什么不同？
8. $\delta$ 与 $\psi$ 这两个指标，哪个能够更准确地表达材料的塑性？为什么？
9. 有一碳素钢制支架刚性不足，有人要用热处理强化的方法改进，有人要另选合金钢，有人要改变零件的截面形状来解决。哪种方法合理？为什么？
10. $K_{IC}$ 和 $K_I$ 两者有什么关系？在什么情况下两者相等？
11. "泰坦尼克号"是20世纪初由英国白星航运公司制造的一艘巨大豪华客轮。1912年4月10日，"泰坦尼克号"从英国南安普敦出发，目的地为纽约，开始了其处女航。4月14日晚11时40分，"泰坦尼克号"在北大西洋撞上冰山，造成6个小伤口，受损面积不到 $4m^2$。2小时40分钟后，4月15日凌晨2时20分沉没，1503人葬身海底。请从材料失效的角度分析悲剧发生的原因。
12. 著名的1943年美国T-2油轮的破坏事故，是由于焊在甲板上的小托架处出现微小裂纹，导致油轮停泊在码头时断裂成两半，当时甲板所受应力为68.6MPa，远低于其抗拉强度300~400MPa。请问，应该用哪个力学性能指标来进行评价？
13. 2000年7月25日晚上10点45分法国航空一架协和式客机起飞后不久坠毁，撞上巴黎附近的一家旅馆。机上113人、地面4人遇难。事故是由轮胎上的脱落碎片击中油箱引起的。这起事故导致2003年10月10日英国航空与法国航空同时宣布协和式客机正式退役。请问油箱失效的原因是什么？
14. A force of 100000N is applied to a 10mm×20mm iron bar having a yield strength of 400MPa and a tensile strength of 480MPa. Determine

   a. Whether the bar will plastically deform;
   b. Whether the bar will experience necking.

# 第 2 章

# 金属的晶体结构与缺陷

曾经思考过这些问题吗？
1. 什么是纳米技术？
2. 钻石和石墨都是由碳原子构成的，为什么钻石是最硬的材料之一，而石墨却非常软从而可用作固体润滑剂？
3. 为什么铜和铝的塑性比钢的塑性好很多？
4. 为什么钢的强度和硬度比纯铁高？
5. 为什么金属是良导体，而陶瓷和塑料通常是绝缘体？
6. 缺陷真的是缺点，给材料带来的都是负面影响吗？
7. 为什么宝石会有各种美丽的颜色？

材料的原子级结构分为三个层次：构成材料的原子（或离子、分子）自身的结构、原子与原子之间的结合方式及大量原子的排列方式或聚集状态。原子自身的结构由原子核和核外电子构成；原子之间的结合有共价键、金属键、离子键等键合方式；而原子的聚集状态分为晶体和非晶体等不同的排列方式。它们都极大地影响和决定着材料的性能。

## 2.1 材料的结合方式

组成物质的质点（原子、分子或离子）间的相互作用力称为结合键（bonding）。主要有共价键、离子键、金属键和分子键四种。

### 2.1.1 离子键

正、负离子靠静电引力结合在一起而形成的结合键称为离子键（ionic bonding）。
当周期表中相隔较远的正电性元素原子和负电性元素原子相互接近时，正电性原子失去外层电子变为正离子，负电性原子获得电子变为负离子。正负离子通过静电引力相互吸引，当离子间的引力与斥力相等时便形成稳定的离子键。Na 原子与 Cl 原子形成离子键的过程，如图 2-1 所示。

由离子键构成的典型材料有 NaCl、KCl 等，这类材料的共同特点如下：
1) 结合力大，因此通过离子键结合的材料强度高、硬度高、熔点高、脆性大。
2) 离子难以移动输送电荷，故此类材料都是绝缘体。

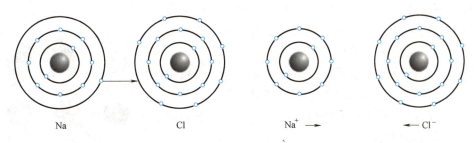

图 2-1  NaCl 离子键的形成过程

3) 离子的外层电子被牢固束缚，难以被光激发，所以离子键结合的材料一般不能吸收可见光，是无色透明的。

## 2.1.2 共价键

由共用电子对产生的结合键称为共价键（covalent bonding）。

周期表中ⅢA～ⅦA族同种元素的原子或电负性相差不大的异种元素原子相互接近时，不可能通过电子转移来获得稳定的外层电子结构，但可以通过共用电子对来达到这一目的。图 2-2a 所示为两个氯原子通过共用一个电子对形成氯分子的示意图。共价键中的电子对数因元素种类不同而不同，如 N 分子中存在三个电子对。一个原子也可以与几个原子同时共用外层电子，如金刚石中的一个 C 原子与周围的四个 C 原子各形成一个电子对，如图 2-2b 所示。

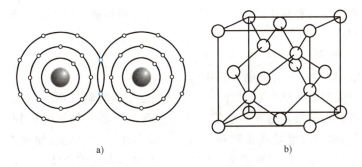

图 2-2  共价键示意图

a）由共价键形成氯分子示意图  b）金刚石中的共价键

共价键构成的典型材料有金刚石、SiC、$Si_3N_4$、BN 等，这类材料的共同特点如下：

1) 结合力很大。
2) 导电性依共价键的强弱而不同。如弱共价键的锡是导体，而硅是半导体，金刚石则是绝缘体。
3) 强度高、硬度高、脆性大。

## 2.1.3 金属键

金属正离子与电子云之间相互作用的结合方式称为金属键（metallic bonding）。

金属原子的外层电子少，很容易失去电子，因此金属原子之间不可能通过电子转移或共用电子对来获得稳定的外层电子结构。当金属原子相互靠近时，其外层电子脱离原子，成为自由电子，而金属原子则成为正离子，自由电子在正离子之间自由运动，为各原子所共有，形成电子云或电子气，金属原子通过正离子和自由电子之间的引力而相互结合，如图2-3所示。

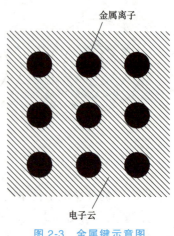

图2-3 金属键示意图

金属键构成的各种金属（灰锡除外）的共同特点如下：
1）良好的导电性及导热性（有大量的自由电子存在）。
2）正的温度系数，即温度升高，电阻增大。
3）良好的强度及塑性。金属键无方向性，当金属原子间发生相对位移时，金属键不被破坏。
4）特有的金属光泽。

### 2.1.4 分子键（范德华键）

一个分子的正电荷部位与另一个分子的负电荷部位间以微弱的静电引力结合在一起而形成的结合键称为分子键（van der Waals bonding）。

由于分子中共价电子的非对称分布，使分子的某一部分比其他部分更偏于带正电或带负电（称为极化），因此在某些分子中可能存在偶极矩。在分子键中，一个分子的带正电部分会吸引另一个分子的带负电部分，如图2-4所示。

分子键构成的典型材料有干冰、各种气体等，这类材料的共同特点如下：
1）结合力很低。
2）熔点低、硬度低。
3）良好的绝缘材料（无自由电子存在）。

除了上述单一类型键构成的材料外，还有一部分工程材料是由多种类型的结合键组成的。绝大多数金属材料的结合键是金属键，少数具有共价键（如灰锡）和离子键（金属间化合物）；陶瓷材料的结合键是离子键和共价键；高分子材料的结合键是共价键和分子键。以四种键为顶点作四面体，把材料的结合键范围示意地表示在四面体上，如图2-5所示。

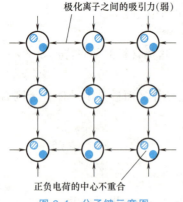

图2-4 分子键示意图

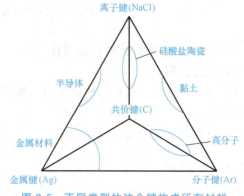

图2-5 不同类型的结合键构成所有材料

## 2.2 晶体结构的基本概念

### 2.2.1 晶体与非晶体

原子沿三维空间呈周期性重复排列的一类物质称为晶体（crystalline），几乎所有的金属、大部分的陶瓷、部分聚合物都具有晶体结构（crystal structure）。其特点如下：
1) 原子排列结构有序。
2) 具有各向异性。
3) 有固定的熔点。
4) 在一定的条件下有规则的几何外形。

原子在其内部沿三维空间呈紊乱、无序排列的一类材料称为非晶体（noncrystalline 或 amorphous），如石蜡、松香、玻璃、高分子材料等。其特点如下：
1) 原子排列结构无序。
2) 具有各向同性。
3) 没有固定的熔点。
4) 热导率和热膨胀性小。
5) 相同应力下，非晶体比晶体的塑性变形大。
6) 化学组成成分变化大。

晶体和非晶体有时候是可以相互转化的：金属液体高速冷却（>10⁷℃/s）可得到非晶体，即金属玻璃；玻璃经高温长时间加热也可形成晶体玻璃（称为晶化）。

### 2.2.2 晶格与晶胞

如果把组成晶体的原子（或离子、分子）看做刚性球体，那么晶体就是由这些刚性球体按一定规律周期性地堆垛而成的，不同晶体的堆垛规律不同。为了便于研究，将原子抽象为纯粹的几何点，得到一个由无数几何点在三维空间规律排列而成的阵列，称为空间点阵（space lattice）。为了便于观察，用一些假想的直线把这些点连接起来，构成一个空间几何格架，称为晶格（lattice），如图 2-6 所示。

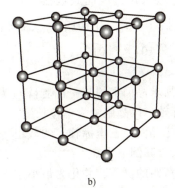

a)　　　　　　　　　　　　　b)

图 2-6　简单立方晶体示意图

a) 原子排列示意图　b) 晶格示意图

晶体的原子排列是有规律的，因此可以<u>从晶格中选取一个能够完全反映晶体特征的最小几何单元，称为晶胞</u>（unit cell），如图 2-7 所示。<u>晶胞各棱边的尺寸 a、b、c 称为晶格常数</u>（lattice parameters）；<u>沿三条棱边所作的坐标轴 x、y、z 称为晶轴；晶轴间的夹角 α、β、γ 称为轴间角</u>。根据晶胞的三条棱边是否相等、三个夹角是否相等，以及是否为直角等关系，晶体学将所有晶体分为七个晶系（crystal systems）。1848 年，法国结晶学家布拉菲用数学方法证明：在 7 个晶系中，只能有 14 种空间点阵，这 14 种点阵称为布拉菲点阵（Bravais lattices）。

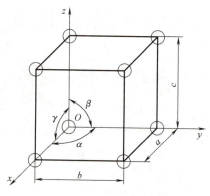

图 2-7　晶胞示意图

## 2.2.3　立方晶系的晶面和晶向表示方法

<u>晶体中，由一系列原子所组成的平面称为晶面</u>（crystallographic plane）。任意两个原子之间的连线称为原子列，其所指方向称为晶向（crystallographic direction）。为便于研究，常用符号来表示不同的晶面和晶向，<u>表示晶面的符号称为晶面指数</u>（Miller indices of planes），<u>表示晶向的符号称为晶向指数</u>（Miller indices of directions）。

晶向与晶面

**1. 晶向指数的确定方法**

立方晶系的晶向指数可用 [u v w] 来表示，其确定步骤如下：

1) 以晶胞的某一阵点为原点，以晶胞的三条棱边为坐标轴，棱边长度为单位长度。

2) 若所求晶向未通过坐标原点，则过原点作一平行于所求晶向的有向直线。

3) 求出该有向直线上一个阵点的坐标值。

4) 将坐标值的三个数化为最小整数比，依次放入方括号 [　] 内，如图 2-8 所示。

注意如下几点：

1) 三个数之间没有逗号，负号放在数字上面。

2) 晶向指数所表示的是一组相互平行的晶向。如方向相反，则数值相同，符号相反。

3) 某些晶向上的原子排列相同但空间位向不同，属等同晶向，可归并为一个晶向族，用 <u v w> 表示。如 <100> 晶向族包括 [100]、[010]、[001]、[$\bar{1}$00]、[0$\bar{1}$0]、[00$\bar{1}$]；<110> 晶向族包括 [110]、[101]、[011]、[$\bar{1}$10]、[$\bar{1}$01]、[0$\bar{1}$1]、[1$\bar{1}$0]、[10$\bar{1}$]、[01$\bar{1}$]、[$\bar{1}$$\bar{1}$0]、[$\bar{1}$0$\bar{1}$]、[0$\bar{1}$$\bar{1}$]。

**2. 晶面指数的确定方法**

1) 选不在所求晶面上的某一晶胞阵点为坐标原点（避免出现零截距），以三条相互垂直的棱边为坐标轴，以晶胞棱为单位长度。

2) 求出待定晶面在三坐标轴上的截距，若晶面与某一轴平行，则认为该晶面在该轴上的截距为无穷大，其倒数为 0。

3) 取各轴截距的倒数，并化为最小整数比，放入圆括号（）内，如图 2-9 所示。

注意如下几点：

1) (hkl) 代表空间中一组相互平行的晶面，如图 2-10 所示。

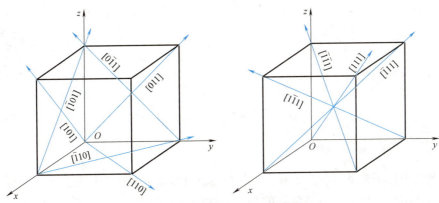

图 2-8 立方晶系的晶向指数

2）空间位向不同但原子排列相同的晶面，可归并为一个晶面族，用 $\{hkl\}$ 表示，如图 2-11 所示。如 $\{100\}$ 晶面族包括（100）、（010）、（001）；$\{111\}$ 晶面族包括（111）、（$\bar{1}$11）、（1$\bar{1}$1）、（1 1$\bar{1}$）；$\{110\}$ 晶面族包括（110）、（101）、（011）、（1$\bar{1}$0）、（$\bar{1}$01）、（0$\bar{1}$1）。

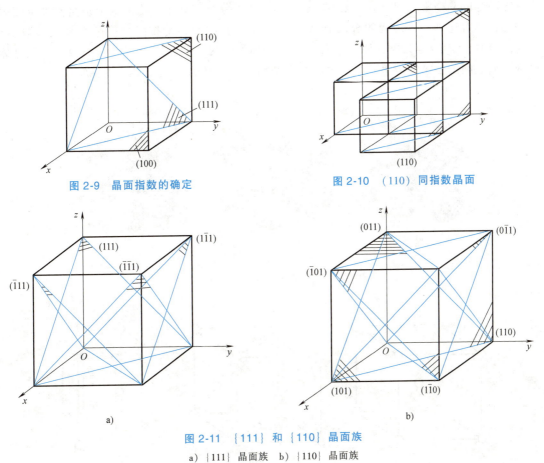

图 2-9 晶面指数的确定　　图 2-10 （110）同指数晶面

图 2-11 $\{111\}$ 和 $\{110\}$ 晶面族
a) $\{111\}$ 晶面族　b) $\{110\}$ 晶面族

3）在立方晶系中，具有相同指数的晶面与晶向必定是互相垂直的，如 [111] 和 (111)。

## 2.3 纯金属的晶体结构

纯金属的晶体结构

金属材料包括纯金属（metal）及合金（alloy）。所谓合金是指由两种或两种以上的金属或金属与非金属经过熔炼、烧结或其他方法组合而成，具有金属特性的一类物质，如铝-铜合金、铝-硅合金、铂-铑合金等。

### 2.3.1 常见的金属晶体结构

工业上使用的金属虽然有几十种，但除少数具有复杂的晶体结构外，绝大多数均具有比较简单的晶体结构。最典型、最常见的金属晶体结构有三种：体心立方（body-centered cubic structure，简称 bcc）、面心立方（face-centered cubic structure，简称 fcc）和密排六方（hexagonal close-packed structure，简称 hcp）。三种晶体结构的物理模型如图 2-12 所示，晶胞示意图如图 2-13 所示。体心立方晶胞的晶格常数 $a=b=c$，$\alpha=\beta=\gamma=90°$，原子分布在立方晶胞的八个顶角及其体心位置，具有这种晶体结构的金属有 Cr、V、Mo、W、α-Fe 等；面心立方晶胞的晶格常数 $a=b=c$，$\alpha=\beta=\gamma=90°$，原子分布在立方晶胞的八个顶角及六个侧面的中心，具有这种晶体结构的金属有 Al、Cu、Ni、γ-Fe 等；密排六方晶胞的晶格常数 $a=b\neq c$，$\alpha=\beta=90°$，$\gamma=120°$，原子分布在六方晶胞的十二个顶角、上下底面的中心及晶胞体内两底面之间的三个间隙里，具有这种晶体结构的金属有 Mg、Zn、Cd、Be 等。

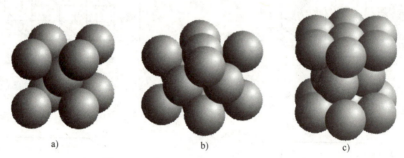

图 2-12 常见三种晶体结构的物理模型
a）体心立方 b）面心立方 c）密排六方

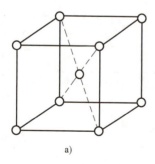 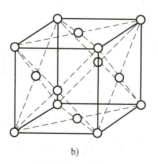 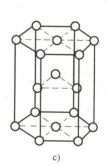

图 2-13 三种常见晶体结构的晶胞示意图
a）体心立方 b）面心立方 c）密排六方

## 2.3.2 描述晶胞的指标

描述晶胞的特征时除了用晶格类型和晶格常数以外，还常用以下几个指标。

### 1. 晶胞原子数

晶胞原子数（number of atoms per cell）是指一个晶胞内真正包含的原子数目。晶胞内的原子可分为三类：

1）晶胞顶角处的原子同时为相邻的八个晶胞共有。
2）面心的原子同时属于两个相邻晶胞。
3）晶胞内的原子完全属于该晶胞。

三种典型晶体结构的晶胞原子数 $n$ 为

bcc： $n = 8 \times 1/8 + 1 = 2$

fcc： $n = 8 \times 1/8 + 6 \times 1/2 = 4$

hcp： $n = 12 \times 1/6 + 2 \times 1/2 + 3 = 6$

### 2. 原子半径

原子半径 $r$（atomic radius）是指晶胞中原子密度最大方向上相邻两原子间距离的一半，与晶格常数 $a$ 有一定的关系。

在 bcc 中，体对角线是原子排列最紧密的方向，$4r = \sqrt{3}a$，因此 $r = \dfrac{\sqrt{3}}{4}a$。

在 fcc 中，面对角线是原子排列最紧密的方向，$4r = \sqrt{2}a$，因此 $r = \dfrac{\sqrt{2}}{4}a$。

在 hcp 中，底面上中心原子与周围六个原子相切，$2r = a$，因此 $r = \dfrac{1}{2}a$。

### 3. 配位数

配位数（coordination number）是晶格中任一原子周围与其最近邻且等距离的原子的数目。

bcc 中，体心原子与八个顶角原子等距离且最近，配位数为 8。

fcc 中，面心原子与其周围 12 个原子等距离且最近，配位数为 12。

hcp 中，底面中心的原子不仅与周围六个顶角上的原子相接触，还与其下面的位于晶胞之内的三个原子以及其上面相邻晶胞的三个原子相接触，配位数为 12。

配位数越大，原子排列的紧密程度越高。

### 4. 致密度

致密度 $K$（packing factor）是指一个晶胞中包含的原子所占有的体积与该晶胞体积之比，即

$$K = \frac{nv}{V}$$

式中，$n$ 为晶胞原子数；$v$ 为原子体积；$V$ 为晶胞体积。故可知

bcc： $K = \dfrac{2 \times \dfrac{4}{3}\pi r^3}{a^3} = \dfrac{2 \times \dfrac{4}{3}\pi \times \left(\dfrac{\sqrt{3}}{4}a\right)^3}{a^3} \approx 0.68$

fcc：
$$K = \frac{4 \times \frac{4}{3}\pi r^3}{a^3} = \frac{4 \times \frac{4}{3}\pi \times \left(\frac{\sqrt{2}}{4}a\right)^3}{a^3} \approx 0.74$$

hcp：
$$K = \frac{6 \times \frac{4}{3}\pi r^3}{6 \times \frac{\sqrt{3}}{4}a \times a \times c} = \frac{2 \times \frac{4}{3}\pi \times \left(\frac{1}{2}a\right)^3}{6 \times \frac{\sqrt{3}}{4} \times 1.633a^3} \approx 0.74$$

配位数和致密度通常用来表示原子在晶体内排列的紧密程度。面心立方和密排六方的配位数及致密度完全相同；它们的不同之处是密排面的堆垛次序不同，面心立方密排面的堆垛次序为 ABCABCABC…，而密排六方密排面的堆垛次序为 ABABAB…。

【例2-1】 在912℃时，γ-Fe向α-Fe转变过程中体积膨胀约1%，而已知γ-Fe的晶格常数（$a=0.3591\text{nm}$）大于α-Fe的晶格常数（$a=0.2863\text{nm}$），为什么体积反而增大？

答：晶格常数的大小，只能说明单个晶胞的体积大小，而总体积的大小与密度有关。在晶体中，晶胞的致密度小，说明未被原子占据的空间大，晶体的密度小。在原子总数不变的情况下，密度小的晶体具有更大的体积。γ-Fe为面心立方结构，致密度为0.74；α-Fe为体心立方结构，致密度为0.68。在912℃时，γ-Fe向α-Fe转变过程中，由于致密度降低使得晶体的密度减小，所以体积发生了膨胀。

【例2-2】 How to verify that the atomic packing factor for the fcc structure is 0.74 by using a calculation?

Solution：

In a fcc, there are four lattice points per cell, if there is one atom per lattice point, there are also four atoms per cell. The volume of one atom is $4\pi r^3/3$, the volume of the unit cell is $a^3$ and for fcc unit cell, $r = \frac{\sqrt{2}}{4}a$. So packing factor

$$K = \frac{4 \times \frac{4}{3}\pi r^3}{a^3} = \frac{4 \times \frac{4}{3}\pi \times \left(\frac{\sqrt{2}}{4}a\right)^3}{a^3} \approx 0.74$$

### 2.3.3　金属晶格的密排面和密排方向

在晶体中，不同位向晶面和不同方向晶向上的原子密度是不同的。晶面原子密度是指单位面积晶面上的原子数，晶向原子密度是指单位长度晶向上的原子数。原子密度最大的晶面和晶向分别称为密排面（close-packed plane）和密排方向（close-packed direction）。密排面和密排方向对于晶体的塑性变形有重要意义。

体心立方和面心立方晶格的主要晶面和主要晶向的原子排列和密度见表2-1和表2-2。

## 第 2 章　金属的晶体结构与缺陷

表 2-1　体心立方和面心立方晶格的主要晶面的原子排列和密度

| 晶面指数 | 体心立方晶格 | | 面心立方晶格 | |
|---|---|---|---|---|
| | 晶面原子排列示意图 | 晶面原子密度（原子数/面积） | 晶面原子排列示意图 | 晶面原子密度（原子数/面积） |
| {100} | | $\dfrac{4\times\dfrac{1}{4}}{a^2}=\dfrac{1}{a^2}$ | | $\dfrac{4\times\dfrac{1}{4}+1}{a^2}=\dfrac{2}{a^2}$ |
| {110} | | $\dfrac{4\times\dfrac{1}{4}+1}{\sqrt{2}\,a^2}=\dfrac{1.4}{a^2}$ | | $\dfrac{4\times\dfrac{1}{4}+2\times\dfrac{1}{2}}{\sqrt{2}\,a^2}=\dfrac{1.4}{a^2}$ |
| {111} | | $\dfrac{3\times\dfrac{1}{6}}{\dfrac{\sqrt{3}}{2}a^2}=\dfrac{0.58}{a^2}$ | | $\dfrac{3\times\dfrac{1}{6}+3\times\dfrac{1}{2}}{\dfrac{\sqrt{3}}{2}a^2}=\dfrac{2.3}{a^2}$ |

表 2-2　体心立方、面心立方晶格的主要晶向的原子排列和密度

| 晶面指数 | 体心立方晶格 | | 面心立方晶格 | |
|---|---|---|---|---|
| | 晶向原子排列示意图 | 晶向原子密度（原子数/长度） | 晶向原子排列示意图 | 晶向原子密度（原子数/长度） |
| <100> | | $\dfrac{2\times\dfrac{1}{2}}{a}=\dfrac{1}{a}$ | | $\dfrac{2\times\dfrac{1}{2}}{a}=\dfrac{1}{a}$ |
| <110> | | $\dfrac{2\times\dfrac{1}{2}}{\sqrt{2}\,a}=\dfrac{0.7}{a}$ | | $\dfrac{2\times\dfrac{1}{2}+1}{\sqrt{2}\,a}=\dfrac{1.4}{a}$ |
| <111> | | $\dfrac{2\times\dfrac{1}{2}+1}{\sqrt{3}\,a}=\dfrac{1.16}{a}$ | | $\dfrac{2\times\dfrac{1}{2}}{\sqrt{3}\,a}=\dfrac{0.58}{a}$ |

三种常见晶体结构的密排面示意图如图 2-14 所示。

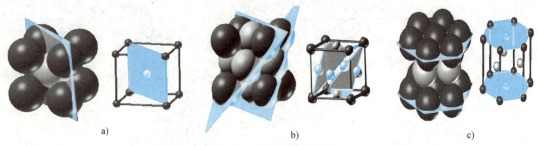

图 2-14 晶胞中的密排面

a）体心立方晶胞 b）面心立方晶胞 c）密排六方晶胞

由于不同晶面和晶向上的原子排列方式和密度不同，原子间结合力大小也不同，因而金属晶体不同方向上性能不同，这种性质叫晶体的各向异性（anisotropy）。

## 2.4 金属的实际结构与晶体缺陷

晶体缺陷

金属的实际晶体结构不像理想晶体那样规则和完整，总是不可避免地存在一些原子排列偏离理想状态的不完整区域，称为晶体缺陷（crystal defect）。它对金属的性能有很大影响。实际晶体中的缺陷按照几何特征可分为三类：点缺陷、线缺陷和面缺陷。

### 2.4.1 点缺陷

点缺陷（point defect）是指在三维尺度上都很小且不超过几个原子直径的缺陷。空位、间隙原子和置换原子都属于点缺陷。空位（vacancy）是指晶格中的某些结点未被原子占据留下的位置；间隙原子（interstitial atom）是指晶格空隙处被原子占据，原子处在晶格空隙之间。间隙原子可以是基体金属原子，也可以是外来原子；置换原子（substitutional atom）是指占据基本原子平衡位置的异类原子。点缺陷如图 2-15 所示。

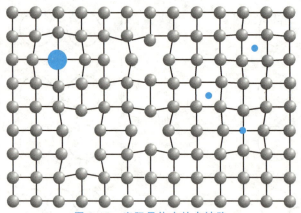

图 2-15 实际晶体中的点缺陷

点缺陷的存在，破坏了原子的平衡状态，使晶格发生了扭曲，产生了晶格畸变（lattice distortion），从而引起性能变化，使金属的电阻率增大，强度、硬度提高，塑性、韧性下降。

## 2.4.2 线缺陷

线缺陷（linear defect）是指在晶体中呈线性分布的缺陷。晶体中的线缺陷即位错（dislocation）。位错是指晶体中的一部分相对于另一部分发生一列或若干列原子有规律错排的现象。

### 1. 刃型位错

刃型位错相当于在正常排列的晶体中额外插入半个原子面，使周围的晶格发生畸变，产生弹性应力场。由多余半原子面产生的"管道"状晶格畸变区称为刃型位错（edge dislocation），如图2-16所示。多余半原子面端部刃口的原子列称为刃型位错线（dislocation line）。多余半原子面在滑移面上方的称为正刃型位错，用"⊥"表示；反之，用"⊤"表示。

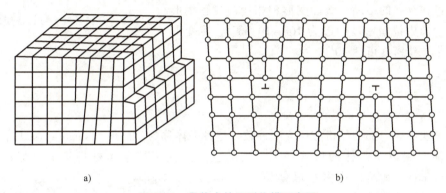

图 2-16　晶体中的刃型位错示意图
a）三维立体图　b）二维平面图

### 2. 螺型位错

另一种常见的线缺陷是螺型位错，如图2-17所示。相当于沿某一晶面部分切开后，切开的两部分错开一个原子间距后再重新对齐。在切开的根部位置出现"管状"晶格畸变区，称为螺型位错（screw dislocation）。根据位错区螺旋形（顺时针连接过渡区的上下两层原子）原子排列的旋转方向不同，螺型位错分左螺型位错和右螺型位错两种。

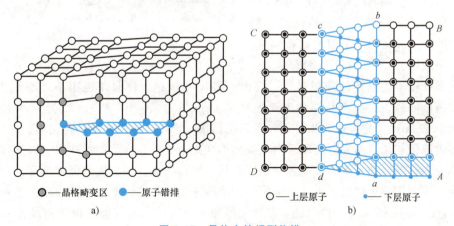

图 2-17　晶体中的螺型位错
a）三维立体图　b）二维平面图

### 3. 位错密度

单位体积中位错线的总长度为位错密度（dislocation density），即

$$\rho = \frac{\sum L}{V}$$

式中，$\rho$ 为位错密度（$m^{-2}$）；$\sum L$ 为位错线的总长度（m）；$V$ 为体积（$m^3$）。

金属的塑性变形主要是由位错运动引起的，因此，阻碍位错运动是强化金属的主要途径。图 2-18 所示是金属强度 $\sigma$ 与位错密度 $\rho$ 的关系曲线。可以看出，减小或增大位错密度都可能提高金属的强度。

位错可在金属的结晶、塑性变形和相变等过程中形成。退火金属中位错密度一般为 $10^9 \sim 10^{12} m^{-2}$，冷变形后的金属中位错密度可达 $10^{16} m^{-2}$。

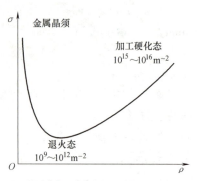

图 2-18 金属强度与位错密度的关系

## 2.4.3 面缺陷

面缺陷（planar defect）是指二维尺度很大而另一维尺度很小的缺陷。

如果一块晶体内部的晶格方位完全一致，这种晶体称为单晶体（single crystal），目前一些先进功能材料以单晶体的形式使用。实际生产中使用的金属材料基本上都是多晶体（polycrystalline），其是由许多小晶体组成的，各个小晶体称为晶粒（grain）。变形金属中的晶粒尺寸一般为微米级，铸造金属中的晶粒尺寸可达毫米级，特殊工艺下的晶粒可达厘米级或更大。晶粒与晶粒之间的界面称为晶界（grain boundary），主要包括晶界和亚晶界，如图 2-19 中可清楚地观察到纯铜中的晶界，图 2-20 所示则为晶界和亚晶界示意图。晶界的厚度一般为 5~10 个原子间距，晶界两侧晶粒的位向差一般为 20°~40°。晶界是两个晶粒的过渡部位，原子排列不规则。

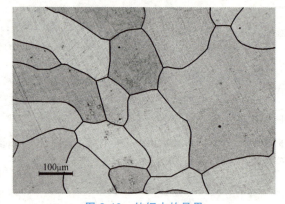

图 2-19 纯铜中的晶界

晶粒本身也不是完整的理想晶体，它由许多尺寸很小、位向差也很小（小于 1°~2°）的小晶块镶嵌而成，这些小晶块称为亚晶粒（subgrain）。亚晶粒之间的交界面称为亚晶界（subgrain boundary），它可以看作是由一系列位错按一定规律排列而成的位错墙。

与晶内原子相比，晶界上的原子由于排列不规则而处于较高的能量状态，因此有一系列不同于晶粒内部的特征。常温下晶界对位错运动起阻碍作用，使金属的强度提高，塑性和韧性也提高，因此实际生产过程中，常采取多种手段来细化晶粒，增加晶界面积，达到细晶强化（fine grain strengthening）的目的；晶界上的原子具有较高的动能，原子在晶界处的扩散速度比在晶内快得多，发生相变时，新相往往首先在母相的晶界上形核；高温条件下，晶界处由于原子活动能力强，会优先发生弱化；晶界也容易被优先腐蚀和氧化；那些能降低晶

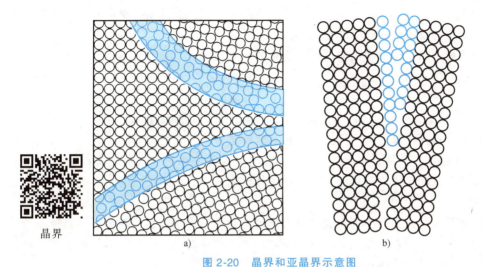

图 2-20　晶界和亚晶界示意图

a）晶界　b）亚晶界

能的元素，优先富集于晶界。

【例 2-3】　实际晶体中有哪些缺陷？对力学性能有什么影响？

答：实际晶体中的缺陷有三种，分别为点缺陷、线缺陷和面缺陷。晶体缺陷使晶格发生畸变，产生应力场。（下一章我们会学到）晶体的塑性变形主要是位错的滑移造成的，所有阻止位错滑移的因素都会带来材料强度的提高。而各种缺陷的存在均阻止位错的移动，尤其是面缺陷的存在，既能提高材料的强度，又能改善材料的塑性和韧性。这三种缺陷带来的材料强化分别称为固溶强化（点缺陷）、加工硬化（线缺陷）和细晶强化（面缺陷）。

## 2.5　合金的相结构

合金

纯金属虽然具有良好的物理性能，但是强度比较低，因此工业上广泛使用的金属材料绝大多数是合金，如合金钢、铝合金、钛合金、镁合金、镍合金等。组成合金的最基本的独立单元称为组元（component）。组成合金的元素可以全部是金属元素，如黄铜（Cu-Zn）；也可以由金属元素与非金属元素组成，如碳素钢（Fe-C）。

由两个组元组成的合金称为二元合金（binary alloy），如 Fe-C、Al-Mg、Cu-Ni、Ti-Ni、Ni-Cr 等；由三个组元组成的合金称为三元合金（ternary alloy），如 Al-Si-Mg、Al-Cu-Zn 等。现代钢材的发展趋势是合金元素多元微量化。

组成合金的元素相互作用会形成各种不同的相，相（phase）是指合金中具有同一化学成分、同一结构和原子聚集状态，并以界面限定的、均匀的组成部分。如钢中的 α-Fe 和 $Fe_3C$，其成分和结构都不相同，为不同的两相；铝合金中的 $Mg_2Si$ 和 $CuAl_2$ 也是如此。除了各个不同的相自身的成分和结构不同以外，这些相还会由于形成条件的不同，以不同的数量、形状、大小和分布方式组合，构成不同的组织。所谓组织（structure）是指用肉眼或显微镜观察到的不同组成相的形状、尺寸、分布及各相之间的组合状态。材料的性能决定于材料的组织,因此有必要了解组织中的相结构。

根据结构特点不同,合金中的相可以分为固溶体和金属化合物两大类。

### 2.5.1 固溶体

合金组元通过相互溶解形成的一种成分及性能均匀、结构和组元之一相同的固相,称为固溶体(solid solution)。像溶液一样,有溶剂、溶质之分,一般把与合金晶体结构相同的元素称为溶剂(solvent),其他元素称为溶质(solute)。实际使用的金属材料多数是单相、多相固溶体合金或是以固溶体为基体的合金。固溶体常用α、β、γ等符号表示。

#### 1. 固溶体的分类

按照溶质原子在溶剂晶格中的位置,固溶体可分为置换固溶体和间隙固溶体两种。若固溶体中溶质原子替换了一部分溶剂原子而占据着溶剂晶格中的某些结点位置,则这种类型的固溶体称为置换固溶体(substitutional solid solution)。若溶质原子处于溶剂晶格各结点间的间隙位置中,则这类固溶体称为间隙固溶体(interstitial solid solution)。两类固溶体的示意图如图2-21所示。一般情况下,金属和金属形成的固溶体都是置换式的(图2-21a),而金属和非金属元素H、B、C、N等形成的固溶体都是间隙式的(图2-21b)。

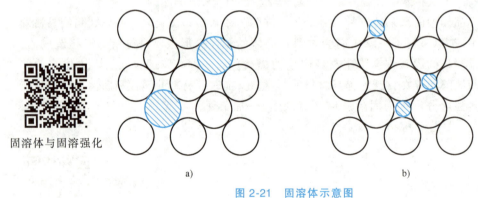

图2-21 固溶体示意图
a) 置换固溶体  b) 间隙固溶体

一般来说,固溶体都有一定的成分范围。在一定的温度、压力等条件下,溶质在溶剂中的最大含量称为固溶度(solid solubility)。按照溶质原子在固溶体中的固溶度,固溶体可分为有限固溶体和无限固溶体两种。如果溶质原子可以以任意比例溶入固溶体,即溶质原子的固溶度可达100%,则此种固溶体称为无限固溶体;如果溶质原子在固溶体中的固溶度有一定限度,即超出这个值就会有其他新相形成,则此种固溶体称为有限固溶体。大多数固溶体为有限固溶体。

按照溶质原子在固溶体内的分布是否有规律,还可将固溶体分为有序固溶体和无序固溶体两种。如果溶质原子在固溶体中的分布是有规律的,则此种固溶体称为有序固溶体(ordered solid solution);如果溶质原子在固溶体中的分布是无规律的,则此种固溶体称为无序固溶体(random solid solution)。有序固溶体和无序固溶体示意图如图2-22所示。

#### 2. 固溶体的性能

溶质原子的溶入使固溶体的晶格产生畸变,晶格畸变区会阻碍位错的运动,晶格畸变随

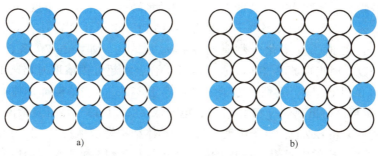

图 2-22 有序固溶体和无序固溶体示意图
a）有序固溶体 b）无序固溶体

溶质原子浓度的增大而增大，位错运动的阻力也增大，使塑性变形更加困难，从而提高了固溶体的强度和硬度，称为固溶强化（solid-solution strengthening）。固溶强化的同时其塑性和韧性会有所下降。如 Cu 中加入 1%（质量分数）的 Ni 形成单相固溶体后，其抗拉强度由 220MPa 提高到 390MPa，硬度由 40HBW 提高到 70HBW，断面收缩率由 70% 降到 50%。产生固溶强化的原因是溶质原子使晶格发生畸变及对位错的钉扎作用，阻碍了位错运动。

固溶体与纯金属相比，物理性能有较大变化，如电阻率上升、导电率下降、磁矫顽力增大等。

固溶体的强度、硬度与金属化合物相比要低得多，而塑性、韧性要高得多。所以固溶体常作为结构合金的基体相，保证材料具有一定的强度和良好的塑韧性。

### 2.5.2 金属化合物（中间相）

合金组元相互作用形成的晶格类型和特征完全不同于任一组元的新相即为金属化合物（intermetallic compound），或称中间相（intermediate phase）。

合金中的增强项

金属化合物的晶体结构与组元的晶格类型完全不同，具有熔点高、硬度高、脆性大等特点。金属化合物是许多合金的重要组成相，当金属化合物细小弥散地分布于合金的基体上时，可使合金的硬度、耐磨性显著提高；如果形态及分布不合理，会使合金的塑性、韧性显著降低。

根据形成条件和结构特点，可将金属化合物分为正常价化合物（valence compound）、电子化合物（electron compound）、受原子尺寸因素控制的化合物（size-factor compound）等几类。

**1. 正常价化合物**

在元素周期表中，一些金属与电负性较强的 ⅣA、ⅤA、ⅥA 族的一些元素按照化学上的原子价规律形成的化合物称为正常价化合物。它们具有严格的化合价，成分固定不变，一般有 AB、$A_2B$（$AB_2$）、$A_3B_2$ 三种类型，如 $Mg_2Si$、ZnS、SiC 等。正常价化合物的稳定性与组元间的电负性差的大小有关。随着电负性差的减小，分别形成离子键、共价键和金属键。正常价化合物通常具有较高的硬度和脆性。它们当中有一部分主要以共价键结合的化合物，具有半导体性质。

**2. 电子化合物**

由电子浓度决定晶体结构的化合物为电子化合物。可用化学式表示，但是不符合原子价规则。电子化合物的晶体结构与合金的电子浓度有如下关系：当电子浓度为 21/14 时，电子化合物多数具有体心立方结构；当电子浓度为 21/13 时，电子化合物具有复杂的立方结构；当电子浓度为 21/12 时，电子化合物具有密排六方结构。如：Cu-Zn 系合金在 Zn 超过 38.5%（原子分数）时出现的 β 相 CuZn，Cu-Al 系合金在超过固溶度时出现的 β 相 $Cu_3Al$，以及 Cu-Sn 系的 β 相 $Cu_5Sn$，它们的电子浓度都等于 3/2，晶体结构都是体心立方。Cu-Zn 系合金在 Zn 含量更高时出现的 γ 相 $Cu_5Zn_8$，电子浓度为 21/13，具有复杂的立方结构；Zn 含量再高时出现的 ε 相 $CuZn_3$，电子浓度为 7/4，晶体结构为密排六方。同样在 Cu-Al 和 Cu-Sn 系合金中也都有相应的中间相，其电子浓度也分别为 21/13 和 7/4，晶体结构也分别为复杂立方和密排六方。

电子化合物主要以金属键结合，具有明显的金属特性，可导电。其特点是熔点高、硬度高、塑性差，可作强化相使用。

### 3. 受原子尺寸因素控制的化合物

一些化合物的类型与组成元素的原子尺寸差别有关，当两种原子半径相差很大的元素形成化合物时，倾向于形成间隙相（简单间隙化合物）和间隙化合物（复杂间隙化合物）。当非金属原子（X）与金属原子（M）的原子半径比值 $R_X/R_M<0.59$，且电负性差较大时，化合物具有比较简单的晶体结构，称为间隙相；而当 $R_X/R_M>0.59$，且电负性差较大时，则形成具有复杂结构的化合物，称为间隙化合物。

（1）间隙相（简单间隙化合物） 过渡族金属元素与原子半径比较小的非金属元素（如 C、N、H、O、B）等形成的具有简单晶体结构的化合物称为间隙相。应当指出：间隙相和间隙固溶体之间有本质的区别，前者是一种中间相，其晶体结构与组元的晶格结构完全不同，而间隙固溶体则仍保持溶剂组元的晶格类型。在间隙相中金属原子组成简单点阵类型的结构，此结构与其为纯金属时的结构不相同，如 V 在纯金属时为体心立方点阵，而在间隙相 VC 中，金属 V 的原子形成面心立方点阵，C 原子存在于其间隙位置。间隙相一般可以用简单的化学式 MX、$MX_2$、$M_4X$、$M_2X$ 来表达，而且一定的化学表达式对应着一定的晶体结构类型，如 $M_4X$、$MX_2$ 对应于面心立方结构，$M_2X$ 对应于密排六方结构，MX 对应于面心立方、体心立方等结构。大多数间隙相的成分可以在一定范围内变化。在间隙相中虽然非金属元素含量较高，甚至可能超过 50%（原子分数），但它们仍具有明显的金属特性，如具有金属光泽，良好的导电性。正的电阻温度系数等。

间隙相具有极高的稳定性、硬度和熔点，脆性也很大。间隙相的高硬度使其成为一些合金工具钢和硬质合金中的重要相。有时通过化学热处理的方法在工件表面形成薄层的间隙相，以此达到表面强化的目的。间隙相的高稳定性可在合金钢的热处理过程中用于细化晶粒，保证钢的强韧性。

（2）间隙化合物（复杂间隙化合物） 当非金属原子半径与过渡族金属原子半径之比 $R_X/R_M>0.59$ 时所形成的具有复杂晶体结构的化合物称为间隙化合物。间隙化合物的类型较多，一般在合金钢中，常出现的间隙化合物有 $M_3C$ 型（如 $Fe_3C$）、$M_7C_3$ 型（如 $Cr_7C_3$）、$M_{23}C_6$ 型（如 $Cr_{23}C_6$）、$M_6C$ 型（如 $Fe_3W_3C$ 和 $Fe_4W_2C$）等。化学式中 M 可表示一种金属元素，也可以表示几种金属元素固溶在内。如，在渗碳体 $Fe_3C$ 中，若一部分 Fe 原子被 Mn 原子置换，则形成合金渗碳体 $(Fe, Mn)_3C$。间隙化合物的晶体结构都很复杂，其原子间的结合键为共价键和金属键。

间隙化合物的稳定性、硬度都没有间隙相高，在钢中常作为合金化元素以提高钢的淬透性、耐回火性及其他一些性能。

> 【例 2-4】 简单指出纯金属、固溶体和金属化合物在晶体结构和力学性能方面的区别。
>
> 答：1）晶体结构。纯金属为自身的晶体结构；固溶体保持溶剂原子的晶体结构，但由于溶质原子存在于间隙位置或置换于结点位置，会带来晶格畸变；金属化合物形成不同于任何构成化合物原子的新的晶体结构。
>
> 2）力学性能。与纯金属比较，固溶体的强度和硬度提高，塑性、韧性略有降低；而金属化合物通常会有比固溶体更高的硬度，更低的塑性和韧性。所以在合金化过程中，通过形成固溶体的固溶强化来强化基体，通过形成细小弥散的金属化合物的弥散强化（第二相强化）来提高材料的整体性能。

## 思考题与习题

一、名词解释

结合键、晶体、非晶体、空间点阵、晶格、晶胞、原子半径、配位数、致密度、空位、刃型位错、固溶体和间隙固溶体。

二、选择题

1. 在面心立方晶格中，原子密度最大的晶面是____。
   A．（100）　　　B．（110）　　　C．（111）　　　D．（121）
2. 在立方晶系中，指数相同的晶面与晶向____。
   A．互相垂直　　B．互相平行　　C．无必然联系　　D．晶向在晶面上
3. 晶体中的位错属于____。
   A．体缺陷　　　B．面缺陷　　　C．线缺陷　　　D．点缺陷
4. 两组元组成固溶体，则固溶体的结构____。
   A．与溶剂相同　　　　　　　　B．与溶剂、溶质都不同
   C．与溶质相同　　　　　　　　D．是两组元各自结构的混合
5. 间隙固溶体与间隙化合物的____。
   A．结构相同，性能不同　　　　B．结构不同，性能相同
   C．结构和性能都相同　　　　　D．结构和性能都不同
6. 金属键的一个基本特征是____。
   A．没有方向性　　B．具有饱和性　　C．具有择优取向性　　D．没有传导性
7. 亚晶界的结构____。
   A．由点缺陷堆积而成　　　　　B．由位错垂直排列而成
   C．由晶界间相互作用而成　　　D．由杂质和空位混合而成
8. 多晶体具有____。
   A．各向同性　　B．各向异性　　C．伪各向同性　　D．伪各向异性
9. 金属原子的结合方式是____。
   A．离子键　　　B．共价键　　　C．金属键　　　D．分子键
10. 固态金属的结构特征是____。
    A．近程有序排列　B．远程有序排列　C．完全无序排列　D．部分有序排列

11. 纯铁在912℃以下为α-Fe，它的晶格类型是____。
A. 体心立方　　　　B. 面心立方　　　　C. 密排六方　　　　D. 简单立方
12. 常见金属金、银、铜、铝、铅室温下的晶体结构类型____。
A. 与纯铁相同　　　B. 与α-Fe相同　　　C. 与δ-Fe相同　　　D. 与γ-Fe相同

### 三、是非题

1. 金属材料的结合键都是金属键。（　　）
2. 决定晶体结构和性能的最本质因素是原子间的结合能。（　　）
3. 金属键的特征是各向异性。（　　）
4. 因为晶体与非晶体在结构上不存在共同点，所以晶体与非晶体是不可互相转化的。（　　）
5. 金属晶体中最主要的面缺陷是晶界。（　　）
6. 一个晶面指数是指晶体中的某一个晶面。（　　）
7. 金属多晶体由许多结晶方向相同的多晶体组成。（　　）
8. 配位数大的晶体，其致密度也高。（　　）
9. 在立方晶系中，原子密度最大的晶面之间的间距也最大。（　　）
10. 形成间隙固溶体的两个元素可形成无限固溶体。（　　）
11. 因为单晶体具有各向异性特征，所以实际应用的金属晶体在各个方向上的性能也是不相同的。（　　）
12. 因为面心立方晶体和密排六方晶体的配位数相同，所以它们的原子排列的密集程度也相同。（　　）
13. 体心立方晶格中最密排的原子面是｛111｝。（　　）
14. 金属理想晶体的强度比实际晶体的强度高得多。（　　）
15. 金属面心立方晶格的致密度比体心立方晶格的致密度高。（　　）
16. 实际金属在不同方向上的性能是不一样的。（　　）
17. 在室温下，金属的晶粒越细，其强度越高，塑性越低。（　　）
18. 纯铁只可能是体心立方结构，而铜只可能是面心立方结构。（　　）
19. 实际金属中存在着点、线、面缺陷，从而使得金属的强度和硬度均下降。（　　）
20. 晶胞是从晶格中任意截取的一个小单元。（　　）

### 四、综合题

1. 画出三种典型金属晶体结构的晶胞示意图，并分别计算它们的晶胞原子数、原子半径（用晶格常数表示）、配位数和致密度。
2. 在面心立方结构的晶胞图中画出密排面和密排方向。
3. 固溶体合金的性能与纯金属相比有何变化？
4. 位错的存在对材料性能有何影响？
5. 简述金属晶体的缺陷类型和这些缺陷对金属性能的影响。
6. 实际晶体与理想晶体有何不同？
7. 从原子结合的观点来看，金属、陶瓷和高分子材料有何主要区别？在性能上有何表现？
8. 何谓同素异构现象？试以铁为例进行阐述。试分析γ-Fe向α-Fe转变过程中的体积变化情况。
9. Calculate the atomic radius for the following:
   a. bcc metal with $a = 0.3294$nm and one atom per lattice point;
   b. fcc metal with $a = 0.40862$nm and one atom per lattice point.

# 第 3 章

# 金属的结晶与二元相图

曾经思考过这些问题吗？
1. 人工造雪是怎么做的？
2. 水真的是在 0℃ 结冰、100℃ 沸腾吗？
3. 哪些因素决定了铸件的强度？
4. 对于任一材料来说，能否气态、液态及固态三相共存？
5. 为什么冰刀在冰上的滑动那么容易？
6. 二元合金凝固时，哪个元素先开始凝固？

## 3.1 纯金属的结晶

物质从液态到固态的转变过程称为凝固（solidification）。除天然材料外，绝大多数工程材料和构件的生产都要经过熔化、浇注成形及冷却的过程，此外还要进行其他一系列加工，如锻造、机械加工、热处理等。在这些加工过程中，凝固过程是第一步，也是决定材料最终性能好坏的基础。

材料的凝固分为两种类型：一种是形成晶体，称为结晶（crystallization），其突出的特点是材料的性能发生突变；另一种是形成非晶体，非晶体材料在凝固过程中是逐渐变硬的。金属材料在正常条件下通常是以结晶的形式凝固的。金属从一种原子排列状态转变为另一种原子规则排列状态的过程属于结晶过程。通常把金属从液体转变为固体晶态的过程称为一次结晶，而把金属从一种固体晶态转变为另一种固体晶态的过程称为二次结晶或重结晶。

### 3.1.1 结晶的热力学条件

热力学定律指出，在等压条件下，一切自发过程都向系统吉布斯自由能降低的方向进行。同一物质的液体和晶体吉布斯自由能随温度变化曲线如图 3-1 所示。可见，无论是液体还是晶体，其吉布斯自由能均随温度升高而降低，并且液体吉布斯自由能下降的速度更快。两条吉布斯自由能曲线的交点温度 $T_m$ 称为理论结晶温度（melting temperature），在该温度下，液体和晶体都处于热力学平衡状态。在 $T_m$ 以下，晶体的吉布斯自由能较低，因而物质处于晶体状态更稳定；在 $T_m$ 以上，则物质处于液体状态更稳定。可见，结晶只有在理论结晶温度以下才能发生，这种现象称为过冷（supercooling）。结晶的驱动力是实际结晶温度 $T_n$ 下晶体与液体的吉布斯自由能差 $\Delta G_V$，结晶的热力学条件是该吉布斯自由能差小于零。而

理论结晶温度 $T_m$ 与实际结晶温度 $T_n$ 的差值 $\Delta T$ 称为过冷度（degree of supercooling），即

$$\Delta T = T_m - T_n$$

通常，冷却速度越大，则开始结晶的温度越低，过冷度也就越大。

如图 3-2 所示是通过实验测定的液体金属在冷却时的温度-时间的关系曲线，称为冷却曲线（cooling curve）。由于结晶时放出结晶潜热（latent heat），故曲线上出现了水平线段。

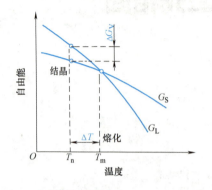

图 3-1 液体和晶体的吉布斯自由能-温度曲线

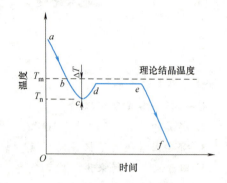

图 3-2 纯金属的冷却曲线

### 3.1.2 纯金属的结晶过程

任何一种物质的结晶过程都是由晶核形成（nucleation）和晶核长大（growth）两个基本过程组成的。液态金属的结构介于气体（短程无序）和固体（长程有序）之间，即长程无序，短程有序。因此，在液态金属中存在许多有序排列的小原子团，这些小原子团或大或小，时聚时散，称为晶胚（embryo）。在 $T_m$ 以上，由于液相吉布斯自由能低，这些晶胚不可能长大；而当冷却到 $T_m$ 以下后，液态金属便处于热力学不稳定状态，经过一段时间，那些达到一定尺寸的晶胚将开始长大，直到液体完全消失为止，这种晶胚称为晶核（nuclear）。每一个晶核最终长成一个晶粒，两晶粒接触后便形成晶界。纯金属的结晶过程如图 3-3 所示。

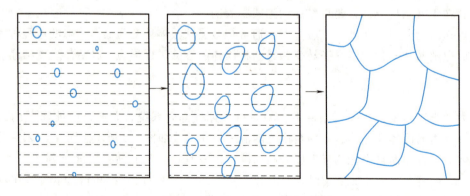

图 3-3 纯金属结晶过程示意图

**1. 晶核的形成方式**

液态金属中尺寸不同的短程有序的原子集团，在结晶温度以下，超过临界尺寸的原子集

团开始变得稳定，成为结晶核心，逐渐长大。这种由金属原子在液体内部自发、均匀地形成结晶核心的过程称为自发形核或均匀形核（homogeneous nucleation）。

实际的金属液体中常常不可避免地含有难熔杂质且金属液体会接触模具表面，这些位置常常会为新相的形成提供有利的表面，这种晶核优先在模具表面或难熔杂质表面处形核的过程称为非自发形核或非均匀形核（heterogeneous nucleation）。

#### 2. 晶核的长大方式

晶核的长大方式与液固界面前沿的温度梯度分布方式有关（图3-4）。在正的温度梯度下，晶核的长大方式为平面长大；而在负的温度梯度下，晶核的长大方式为树枝状长大。

正温度梯度是指距液固界面距离越远，液相的温度越高的一种温度分布。晶体生长时，液固界面始终保持平直状向液相推进。若有过冷度，界面就向前推进；没有过冷度，界面就停止向前推进。如果界面局部有小的凸起，就会进入过热的液相中，凸起被熔化，所以界面一直保持平直。晶粒在结晶过程中保持着规则的外形，只是在晶粒相互接触时，规则的外形才被破坏，如图3-5a所示。

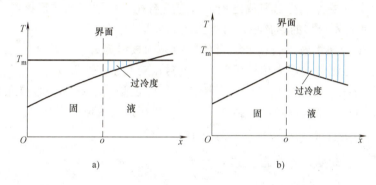

图 3-4 液固界面前沿的温度分布方式
a) 正温度梯度  b) 负温度梯度

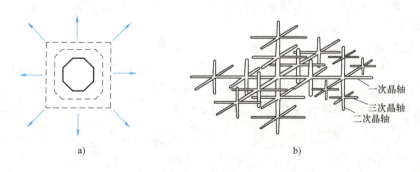

图 3-5 晶粒长大方式
a) 平面长大  b) 树枝状长大

负的温度梯度是指距液固界面距离越远，液相的温度越低的一种温度分布。当金属液被迅速过冷，靠近模壁的液体首先结晶并释放结晶潜热，此时液固界面温度最高，界面上任何小的凸起伸向过冷的液体中，将会迅速长大形成一次晶轴，一次晶轴的侧面又形成二次晶轴，直到各个枝晶相互碰撞，液相耗尽，晶核的长大方式为树枝状长大，如图3-5b所示。

### 3.1.3 结晶后晶粒的大小及控制

晶粒的大小用晶粒度表示，晶粒度级别与晶粒大小的关系为

$$n = 2^{N-1}$$

式中，$n$ 为放大 100 倍视野中单位面积内的晶粒数；$N$ 为晶粒度级别。

可见，晶粒度级别 $N$ 越大，放大 100 倍视野中单位面积内的晶粒数 $n$ 越多，晶粒越细小。通常，在常温工作环境下，晶粒细化会使材料的强度、硬度、塑性和韧性等都显著提高。因此，控制材料的晶粒大小具有非常重要的意义。可采取增大过冷度、变质处理、振动、搅拌等措施细化晶粒。

(1) 增大过冷度　过冷度越大，结晶时形核率越高，金属结晶后晶粒越多，晶粒越细小。增大过冷度的主要方法是提高液态金属的冷却速度，可以采用提高铸型吸热能力和导热能力等措施，也可采用降低浇注温度、慢浇注等方法。采用超高速急冷技术，可获得超细化晶粒的金属、亚稳态结构的金属或非晶态结构的金属。

(2) 变质处理　在金属熔液凝固之前加入变质剂（也称孕育剂或形核剂，catalyst or inoculants），提高非自发形核的形核率，可有效地细化晶粒。

(3) 振动　对金属熔液进行振动，可使已结晶的枝晶破碎，变成多个晶核，使形核增殖，以细化晶粒。振动方式可采用机械振动、电磁振动或超声波振动等。

(4) 搅拌　对正在结晶的金属液进行搅拌，目的也是使已结晶的枝晶破碎，变成多个晶核，使形核增殖，以细化晶粒。搅拌方式可采用机械搅拌或电磁搅拌等。

【例 3-1】　比较不同条件下铸件的晶粒大小：
1) 金属型铸件和砂型铸件。
2) 薄壁铸件和厚壁铸件。
3) 结晶过程中附加振动或搅拌和不加振动或搅拌。
4) 结晶过程中经合适的变质处理和不经变质处理。

答：1) 金属型铸件的冷却速度远大于砂型铸件的冷却速度，因此其过冷度大，形核率高，晶粒更细小。

2) 薄壁铸件的冷却速度大于厚壁铸件的冷却速度，晶粒更细小。

3) 结晶过程中附加振动或搅拌，都可使已结晶的枝晶破碎，变成多个晶核，使形核增殖，以细化晶粒。振动方式可采用机械振动、电磁振动或超声波振动等。

4) 结晶过程中经合适的变质处理可增加非自发形核的形核率，有效地细化晶粒。

### 3.1.4 金属铸锭（铸件）的宏观组织及控制

把金属液注入铸型中，冷却后获得具有一定形状的铸件的工艺称为铸造（casting）。在铸造过程中直接获得最终的形状和尺寸的零部件，称为铸件（castings）；浇注成中间过渡形态，还需后续工艺（如热锻、机械加工或热处理等）继续加工的半成品，称为铸锭（ingots）。对于铸件，铸态的组织和缺陷直接影响它的力学性能；对于铸锭来说，铸态的组织和缺陷直接影响它的加工性能，也有可能影响它的最终产品的力学性能。因此，铸锭（铸件）的质量非常重要。

1. 铸锭（铸件）的宏观组织

图 3-6 所示为铸锭的典型宏观组织示意图。铸锭由表层细晶区（chill zone）、柱状晶区（columnar zone）和中心等轴晶区（central zone）三部分组成，其形成机理与所处的位置及散热方向有关。当金属液注入铸型中时，由于铸型壁温度低，与其相接触的很薄的一层熔液产生强烈过冷，并且铸型壁也提供了非自发形核的基底，因此形成大量的晶核，并迅速长成细小、等轴、方向杂乱的晶粒，形成表层细晶区。由于接受熔液的热量，铸型壁的温度不断升高，结晶时又有潜热释放，细晶区前沿液体的过冷度减小，形核困难，只有细晶区中已生成的晶体继续向液体中长大，其长大是沿着与散热最快的方向相反的方向优先生长，形成柱状晶区。当柱状晶生长到一定程度时，由于冷却速度的不断下降和结晶潜热的进一步释放，剩余液体中的温差减小，柱状晶的生长被抑制，当整个熔液温度降低到熔点以下时，熔液中已有的晶核会沿各个方向生长成等轴晶，形成中心等轴晶区。铸锭中心等轴区晶核的来源可能是籽晶卷入、枝晶漂移或晶体下沉。铸锭宏观组织如图 3-7 所示。

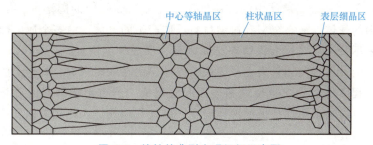

图 3-6 铸锭的典型宏观组织示意图

图 3-7 铸锭宏观组织图
a) 铸锭横截面组织图　b) 铸锭纵截面组织图

由于三个晶区的组织形貌、性能特点和形成条件各不相同，通过控制浇注条件，可调整各个晶区的相对厚度和晶粒大小。如，柱状晶的组织致密度高，各向异性，但是柱状晶界面易聚集低熔点杂质或非金属夹杂物，易产生裂纹及断裂；等轴晶无择优取向，没有脆弱分界面，裂纹不易扩展，但是致密度较低。通常快的冷却速度、高的浇注温度和定向散热有利于柱状晶区的形成，慢的冷却速度、低的浇注温度、变质处理、振动及搅拌等则有利于形成等轴晶区。

### 2. 铸锭（铸件）的缺陷

铸锭的缺陷主要有以下几种：

（1）缩孔　大多数金属结晶时会发生体积收缩。先结晶区域的体积收缩能够得到金属液的补充，后结晶的部分得不到补充就会形成缩孔（shrinkage），通常在最后结晶的部位会形成集中缩孔（pipes）。缩孔周围杂质多，在轧制时要切除，否则，在热加工中缩孔会沿变形方向伸长破坏材料的连续性。可通过设计合适的冒口（riser）进行补缩，冒口中的金属液体可及时补充金属结晶收缩所需要的金属液，最后结晶的部位在冒口中，可保证整个铸锭（铸件）无缩孔。

（2）疏松　先结晶形成的树枝晶体积收缩后，金属液未能及时补充到枝晶间，就会形成细小分散的缩孔，称为分散缩孔或疏松（interdendritic shrinkage）。它会降低材料的力学性能。通过锻造或轧制，大多数疏松都可以焊合。提高冷却速度有助于减小产生疏松的倾向；通过压力铸造方法也可以消除疏松。

（3）气孔　气体在金属液体中的溶解度大于在金属固体中的固溶度，结晶时会有气体析出；若铸型内的气体、液态金属和铸型材料反应产生的气体、液态金属内部熔解产生的气体等在结晶时来不及逸出，就会保留在金属内部，形成气泡（gas porosity）。铸锭内部的大多数气泡在轧制中可焊合。如果表面凝固快，气体停留在表面附近，就会形成皮下气孔。皮下气孔在轧制过程中易造成细微裂纹和表面起皱现象，严重影响材料的质量，如图3-8所示。铸造过程中可通过采用保持低的液体温度、低的气压或加入能和气体反应形成固体的材料等措施来减少气孔。

（4）偏析　铸锭中先结晶部位和后结晶部位的化学成分不同造成宏观区域性成分不均匀一致的现象称为成分偏析或宏观偏析（macrosegregation）。铸锭在结晶时由于各部位结晶顺序不同，使得低熔点元素易偏聚于最终结晶区，或液体与固体的密度相差较大，固相上浮或下沉都会产生偏析。成分偏析使材料各个部分的组织和性能不同，会影响材料的使用性能。适当控制浇注温度和结晶速度可减轻成分偏析。

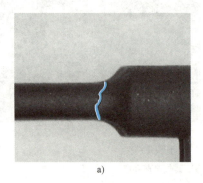 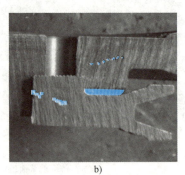

a)　　　　　　　　　　　　b)

图3-8　铸造缺陷

a）铸造裂纹　b）气孔

## 3.2 合金的结晶

合金因具有更优异的力学性能和加工性能，其实际应用更加广泛。由于

合金的结晶

多组元的加入，合金的结晶过程比纯金属复杂，这为材料性能的多变提供了条件。为研究方便，通常用以温度和成分作为独立变量的相图来分析合金的结晶过程。相图（phase diagrams）是表示合金系中各合金在极其缓慢的冷却条件下结晶过程的简明图解。合金系（alloy system）是指由两种或两种以上元素按不同比例制备的一系列不同成分的合金。相图中，组成合金的最简单、最基本、能独立存在的物质称为组元（components）。多数情况下，组元是指组成合金的元素（elements），但既不发生分解又不发生任何反应的化合物（compounds）也可看作组元，如铁碳合金中的 $Fe_3C$。

相图表示在缓慢冷却条件下，不同成分合金的组织随温度变化的规律，是制定熔炼、铸造、热加工及热处理工艺的重要依据。根据组元的多少，相图可分为二元相图（binary phase diagrams）、三元相图（ternary phase diagrams）和多元相图。

### 3.2.1 相图的基本知识

#### 1. 相律

相律（phase rule）是表示合金系在平衡条件下，系统的自由度（freedom）、组元数（number of components）和平衡相数（number of phases）三者之间关系的定律。可以证明，它们之间的关系为

$$f = C - P + 2$$

式中，$f$ 为自由度；$C$ 为组元数；$P$ 为平衡相数。

所谓自由度是表示合金系在不破坏平衡相数的条件下，可独立改变的影响合金状态的因素的数目，这些因素有压力、温度和合金成分，在恒压条件下，自由度就减少一个，相律变为

$$f = C - P + 1$$

根据相律可确定系统中可能存在的最多平衡相数。自由度最低为 0，则单元系的最多平衡相数为 2 个，二元系为 3 个。相律还可以用于解释纯金属与二元合金的结晶差别。纯金属结晶时两相共存，自由度为 0，只能在恒温下进行；而二元合金结晶时自由度为 1，可变温进行。

#### 2. 相图的表示与建立

二元相图通常用成分-温度坐标系表示，坐标系中的点称为表象点。相图可通过实验和计算等方法建立。图 3-9 所示为用热分析法绘制的 Cu-Ni 二元合金相图。

首先制备一系列不同成分的 Cu-Ni 合金，在非常缓慢的冷却条件下，测定这些合金在平衡结晶过程中从液态到固态的冷却曲线，如图 3-9a 所示。合金在结晶过程中会释放结晶潜热，因而在冷却曲线上会出现冷却速度减缓的阶段，这一阶段的起点和终点分别对应于结晶的开始点和结束点。将这些点标注在成分-温度坐标系中，将结晶开始点连起来构成液相线（liquidus），将结晶结束点连起来构成固相线（solidus），再把由这两条线分隔开的三个区间的相的状态——液相、液相+固相、固相标注在相区里，就得到了完整的 Cu-Ni 二元合金相图，如图 3-9b 所示。

相图中的纵坐标为温度，横坐标为质量分数，左端端点表示 100% 的纯铜，右端端点表示 100% 的纯镍，横坐标上的一点即代表一个成分的 Cu-Ni 合金。相图中的一点对应某一成

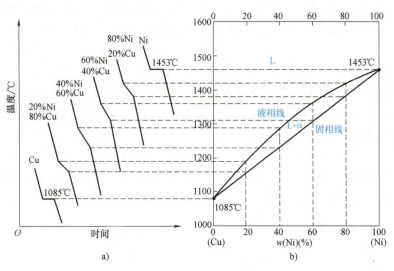

图 3-9 Cu-Ni 二元合金相图建立示意图
a) Cu-Ni 合金系冷却曲线　b) Cu-Ni 二元合金相图

分合金在某一温度下的相组成及相平衡关系，或者说该点代表某一合金在某一温度下所处的状态。液相线以上区域为单一的液相区，固相线以下区域为单一的固相区，两条线之间为液固两相共存区（freezing range）。

**3. 杠杆定律**

杠杆定律（lever rule）是用于确定两相平衡时两平衡相成分和其质量分数的计算工具。

当合金在某一温度下处于两相区时，由相图不仅可以知道两相的成分，还可用杠杆定律来确定两平衡相的质量分数。杠杆定律只适用于两相区。如图 3-10 所示，Ni 质量分数为 70% 的 Cu-Ni 合金在 $t$ 温度下，液固两相平衡，$t$ 温度的水平线与液相线和固相线分别交于 $a$、$b$ 两点，则 $a$、$b$ 所对应的成分就是液固两相在 $t$ 温度时的质量分数。如果将 $ab$ 线段作为杠杆，其全长代表合金总质量，$o'$ 为支点，则线段 $ao'$ 代表成分为 $w^{\alpha}(\mathrm{Ni})$ 的 $\alpha$ 相质量，$o'b$ 代表成分为 $w^{L}(\mathrm{Ni})$ 的液相质量，有

$$w^{\alpha}(\mathrm{Ni}) = \frac{ao'}{ab} \times 100\%,\ w^{L}(\mathrm{Ni}) = \frac{o'b}{ab} \times 100\%,\ \frac{w^{\alpha}(\mathrm{Ni})}{w^{L}(\mathrm{Ni})} = \frac{ao'/ab}{o'b/ab} = \frac{ao'}{o'b}$$

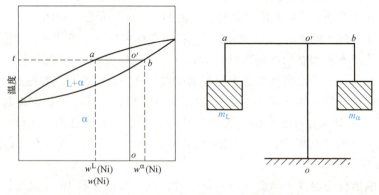

图 3-10 杠杆定律应用及其力学比喻

## 3.2.2 匀晶相图

两组元在液态和固态都能无限互溶，冷却时由液相结晶出单相固溶体的过程称为匀晶转变（isomorphous transformations）。具有单一的匀晶转变的相图称为匀晶相图（isomorphous phase diagrams）。Cu-Ni、Cu-Au、Au-Ag、Au-Pt、W-Mo、Fe-Ni等合金系均形成匀晶相图。

### 1. 固溶体合金的平衡结晶过程

金属自液态以极缓慢的速度冷却，使结晶过程的每一个阶段都达到热力学平衡，这种结晶过程称为平衡结晶（equilibrium crystallization）。

图 3-11 所示为 $w(Ni)=70\%$ 的 Cu-Ni 二元合金的平衡结晶过程。除纯组元外，其他成分的合金的结晶过程均相似。其平衡结晶过程为：当温度由液相区降至 1 点，即碰到液相线时，开始析出固溶体 α，此时液相和固相所对应的成分分别为液相线上的 1 点 [$w(Ni)=70\%$] 和固相线上的 $α_1$ 点；随着温度下降，α 相增加而液相减少，可用杠杆定律计算两相的相对量。同时，液相成分沿着液相线变化，固相成分沿着固相线变化。当温度降至 2 点时，液相全部消失，得到了成分为 $α_4$ [$w(Ni)=70\%$] 的全部固溶体。

由上可见，液、固相线不仅是相区分界线，也是结晶时两相的成分变化线。初晶 $α_1$ 与母液成分不同，其中含有比液相更多的高熔点组元原子，而且在不同的温度下形成的 α 固溶体成分也并不相同，在结晶过程中，液相的成分不断沿液相线变化，固相成分也不断沿固相线变化，且一直伴随着异类原子的相互扩散，进行着溶质在两相中的重新分配，由于是在平衡结晶的条件下，冷却速度非常缓慢，因此原子扩散得以充分进行，使得结晶出来的固溶体的成分一直均匀一致，直到平衡结晶结束时，获得与母液成分相同的 α 固溶体。这种现象称为选分结晶或异分结晶。

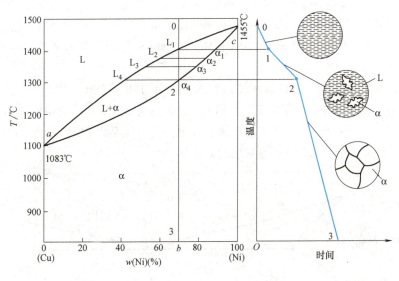

图 3-11 Cu-Ni 二元合金的结晶过程

### 2. 固溶体合金的非平衡结晶过程

通常在实际生产中不能达到平衡结晶所要求的非常缓慢的冷却条件，原子扩散不能充分进行，则选分结晶会导致先结晶的树枝晶枝晶含高熔点组元（Ni）较多，后结晶的树枝晶枝晶含低熔点组元（Cu）较多，如图 3-12 所示。这种<u>在一个晶粒内部化学成分不均匀的现象称为枝晶偏析</u>（interdendritic segregation）。枝晶偏析对材料的力学性能、耐蚀性能、工艺性能都不利。生产上常将铸件加热到固相线以下 100~200℃ 并长时间保温，通过原子的扩散使成分均匀，消除枝晶偏析，称为均匀化处理（homogenization heat treatment）。

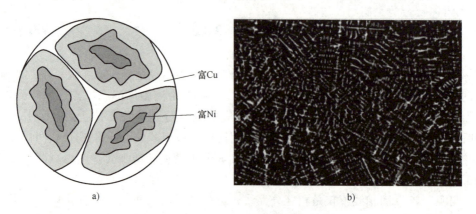

图 3-12 Cu-Ni 合金的非平衡结晶示意图
a）枝晶偏析示意图 b）枝晶偏析金相组织图

### 3.2.3 共晶相图

当两组元在液态下完全互溶，但在固态下有限互溶或不溶，并发生共晶反应时所构成的相图称为共晶相图（eutectic phase diagrams）。液相在冷却过程中同时结晶出两个结构不同、成分固定的固相的转变称为共晶反应（eutectic reaction）。转变所得的两相机械混合物称为共晶体（eutectics）。Pb-Sn、Al-Si、Ag-Cu、Mg-Al、Mg-Si 等合金均形成共晶相图。

**1. 相图分析**

图 3-13 所示为 Pb-Sn 二元共晶相图。左端点表示 100% 纯铅（质量分数），其熔点为 327.5℃；右端点表示 100% 纯锡（质量分数），其熔点为 231.9℃。两组元在液态下无限互溶，在固态下仅能有限溶解形成两个固溶体 α 和 β，其中 α 是以 Pb 为溶剂、以 Sn 为溶质的固溶体；β 是以 Sn 为溶剂、以 Pb 为溶质的固溶体。

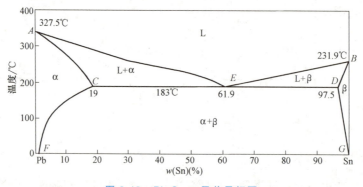

图 3-13 Pb-Sn 二元共晶相图

1) 相图中的 L+α 相区和 L+β 相区为两个不完整的匀晶相图的两相区，其中 $AE$ 线和 $EB$ 线为液相线，分别表示从液相中析出 α 和 β 的开始温度；$AC$ 线和 $BD$ 线为固相线，分别表示 α 和 β 的结晶终止温度。这一阶段的相分析和结晶过程与匀晶相图相同。

2) $CED$ 线为共晶转变线，表示具有 $E$ 点成分的液相，在恒温下发生共晶转变，同时结晶出成分为 $C$ 和 $D$ 的两个固溶体 α 和 β，即 $L_E \xrightleftharpoons{183℃} (α_C + β_D)$。转变产物用括号括起表示为 (α+β)，称为共晶体。$E$ 点为共晶点（eutectic point），转变温度 183℃ 称为共晶温度（eutectic temperature）。二元合金发生共晶转变时，三相共存，其自由度为 0，因而转变过程中温度和各相的成分都是固定不变的。

3) $CF$ 和 $DG$ 线为固溶线（solvus），分别表示 α 和 β 固溶体的固溶度。在冷却过程中由于固溶度降低，将发生脱溶转变，析出二次相（secondary phases），即 α→$β_{II}$ 和 β→$α_{II}$。$C$ 点和 $D$ 点表示 α 和 β 固溶体的最大固溶度。

4) 各线将相图分为若干相区，其中有三个单相区——L 相、α 相、β 相；三个两相区——L+α、L+β、α+β；以及一个三相区——$CED$ 线上的 L+α+β。

### 2. 合金的平衡结晶过程

(1) **共晶成分合金的平衡结晶**（$w(Sn) = 61.9\%$）　成分为共晶点 $E$ 的合金自液态冷至 183℃ 的温度时，因落在 L+α 相区和 L+β 相区的相交点上，同时发生 L→α 和 L→β 匀晶转变，反应式为

$$L_E \xrightleftharpoons{183℃} (α_C + β_D)$$

因其自由度为 0，因而转变过程中温度和各相的成分都是固定不变的。在恒温转变过程中，液体全部转变为 100% 的共晶体 $(α_C + β_D)$。运用杠杆定律可计算出共晶体中两相的质量分数为

$$w(α) = \frac{ED}{CD} \times 100\% = \frac{97.5 - 61.9}{97.5 - 19} \times 100\% = 45.35\%$$

$$w(β) = \frac{CE}{CD} \times 100\% = \frac{61.9 - 19}{97.5 - 19} \times 100\% = 54.65\%$$

从成分均匀的液相同时结晶出两个成分差异很大的固相，必然要有元素的扩散。假设首先析出富 Pb 的 α 相晶核，随着它的长大，必然导致其周围液体贫 Pb 而富 Sn，从而有利于 β 相的形核，而 β 相的长大又促进了 α 相的形核，就这样，两相相间形核，相互促进，因而共晶组织较细，呈片、针、棒或点球等形状。共晶组织中的相称为共晶相，如共晶 α、共晶 β。Pb-Sn 共晶合金的组织转变过程及室温下的 Pb-Sn 共晶组织如图 3-14 所示。

共晶转变结束后，随温度继续下降，α 和 β 的成分沿 $CF$ 线和 $DG$ 线变化，即从共晶 α 中析出 $β_{II}$，从共晶 β 中析出 $α_{II}$，由于共晶组织较细，使得二次相不易分辨，因此最终的室温组织仍然认为是 (α+β) 共晶体。

共晶体可看成是一种组织组成物（constituents）。组织组成物是指合金在结晶过程中，形成的具有特定形态特征的独立组成部分，而相组成物是指组成合金显微组织的基本相，因而共晶体的相组成为 α 和 β。

(2) **亚共晶合金的平衡结晶**　成分在 $C$ 和 $E$ 点之间的合金称为亚共晶合金（hypoeutectic alloys）。现以 $w(Sn) = 50\%$ 的合金为例，分析亚共晶合金的结晶过程。

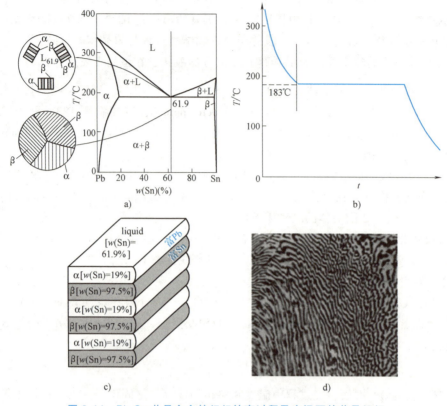

**图 3-14 Pb-Sn 共晶合金的组织转变过程及室温下的共晶组织**

a) Pb-Sn 合金平衡相图　b) Pb-Sn 共晶合金冷却曲线
c) Pb-Sn 共晶组织示意图　d) 室温下的 Pb-Sn 共晶组织

如图 3-15 所示，合金冷却到 1 点时，开始发生匀晶转变 L→α，该 α 称为初生 α（primary α）或先共晶 α（proeutectic α）。随着温度的降低，α 的成分沿着固相线 AC 变化，质量分数不断增加，L 的成分沿着液相线 AE 变化，质量分数不断减少，当冷却到 2 点时 α 的成分达到 C 点的成分，剩余液相的成分达到 E 点的成分，它们的质量分数可用杠杆定律计算

$$w(\alpha) = \frac{E2}{CE} \times 100\% = \frac{61.9-50}{61.9-19} \times 100\% = 27.7\%$$

$$w(L) = \frac{C2}{CE} \times 100\% = \frac{50-19}{61.9-19} \times 100\% = 72.3\%$$

或者

$$w(L) = 1 - w(\alpha) = 1 - 27.7\% = 72.3\%$$

在 2 点，液相发生共晶转变 $L_E \xrightarrow{183℃} (\alpha_C + \beta_D)$，剩余的液相全部转变为共晶体，因此 $w[(\alpha+\beta)] = w(L) = 72.3\%$。此时的组织为 α+(α+β)。继续冷却时，由于固溶体的固溶度减小，因此它们都要发生脱溶过程，α 的成分沿 CF 线变化析出二次相，即初生 α→$\beta_Ⅱ$，共晶 α→$\beta_Ⅱ$；β 的成分沿 DG 线变化析出二次相，即共晶 β→$\alpha_Ⅱ$。它们析出的二次相 $\alpha_Ⅱ$ 和 $\beta_Ⅱ$ 的成分也分别沿着 CF 线和 DG 线变化，质量分数逐渐增加。由于共晶体（α+β）中析出的二次相 $\alpha_Ⅱ$、$\beta_Ⅱ$ 与共晶体 α、β 混合在一起，在显微镜下分辨不出，所以该合金的室温组

织为 α+β$_{II}$+(α+β)，如图 3-16a 所示。

该合金在室温时的相组成物为 α 和 β 两相，它们的质量分数为

$$w(\alpha) = \frac{3G}{FG} \times 100\%$$

$$w(\beta) = \frac{F3}{FG} \times 100\%$$

另外由相图可以看出，所有亚共晶合金的凝固过程都与其合金的凝固过程相同，不同的是当合金成分靠近 C 点时，初生 α 的质量分数增加，析出的 β$_{II}$ 增加，其（α+β）的质量分数减少；而合金的成分靠近 E 点时，初生 α 的质量分数减少，析出的 β$_{II}$ 减少，（α+β）的质量分数增加。

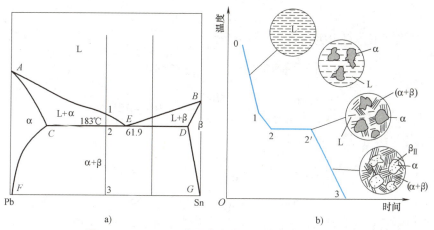

图 3-15　Pb-Sn 亚共晶合金的组织转变过程示意图

a）Pb-Sn 合金平衡相图　b）Pb-Sn 亚共晶合金的冷却曲线

（3）过共晶合金的平衡结晶　成分在 E 和 D 点之间的合金称为过共晶合金（hypereutectic alloys）。过共晶合金的结晶过程与亚共晶合金极为相似，不同的是其结晶过程发生共晶转变之前，先从液相中析出的初晶是 β 而不是 α，脱溶转变是 β→α$_{II}$，因而过共晶合金的组织是 β+(α+β)+α$_{II}$。亚共晶组织和过共晶组织图如图 3-16 所示。

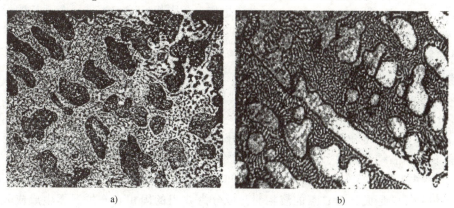

图 3-16　室温下的 Pb-Sn 亚共晶和过共晶组织图

a）Pb-Sn 亚共晶组织图　b）Pb-Sn 过共晶组织图

【例 3-2】 1）用冷却曲线表示 50% 的 Pb-Sn 合金的平衡结晶过程，画出室温平衡组织示意图，标上各组织组成物。

2）计算该合金室温组织中各组成相的质量分数。

3）计算该合金室温组织中各组织组成物的质量分数。

4）指出该合金系室温组织中含 $β_{II}$ 最多的合金成分。

5）指出该合金系室温组织中含共晶体最多和最少的合金成分或成分范围。

答：1）略，如图 3-15 所示。

2）室温下组织中组成相的质量分数

$$w(α) = \frac{98-50}{98-0.02} \times 100\% = 48.97\%$$

$$w(β) = 1 - α\% = 51\%$$

3）共晶温度下各组织组成物的质量分数

$$w(α) = \frac{E2}{CE} \times 100\% = \frac{61.9-50}{61.9-19} \times 100\% = 27.8\%$$

$$w(L) = \frac{C2}{CE} \times 100\% = \frac{50-19}{61.9-19} \times 100\% = 72.2\%$$

室温下各组织组成物的质量分数

$$w(α_{初}) = w(α'_{初}) \times \frac{98-19}{98-0.02} \times 100\% = 22.57\%$$

$$w(β_{II}) = w(α'_{初}) - w(α_{初}) = 5.43\%$$

4）该合金系室温组织中含 $β_{II}$ 最多的合金成分为 Sn，$w(Sn) = 19\%$。

5）该合金系室温组织中共晶体最多的成分为 Sn，$w(Sn) = 61.9\%$，共晶体最少的合金成分范围为 $w(C) < 19\%$ 和 $w(C) > 97.5\%$。

### 3.2.4 包晶相图

当两组元在液态下完全互溶，在固态下有限互溶，并发生包晶反应时所构成的相图称为**包晶相图**（peritectic phase diagrams）。一个液相和一个固相反应，生成一个固相的过程称为**包晶反应**（peritectic reaction）。Pt-Ag、Ag-Sn 等合金具有包晶相图，常见的 Fe-C、Cu-Zn、Cu-Sn 等合金相图中也包含这类相图。

#### 1. 相图分析

现以如图 3-17 所示的 Pt-Ag 合金相图为例分析包晶相图的特点。

1）相图中的 L+α 相区和 L+β 相区为两个不完整的匀晶相图的两相区，其中的 AC 线和 CB 线为液相线，分别表示从液相中析出 α 和 β 的开始温度；AD 线和 PB 线为固相线，分别表示 α 和 β 的结晶终止温度。

2）DPC 线为包晶转变线，成分在 DC 之间的合金在包晶温度下都将发生包晶反应：$α_D + L_C \leftrightarrow β_P$。包晶反应是成分为 C 点的液相 L 与成分为 D 点的固相 α 在恒温下生成成分为 P 点的新相 β，β 包围着 α 形核，并通过原子扩散分别向 L 和 α 两侧长大的过程。

二元合金发生包晶转变时,也是三相共存,其自由度为0,因而转变过程中温度和各相的成分都是固定不变的。

3) DE 线和 PF 线为固溶线,分别表示 α 和 β 固溶体的固溶度。在冷却过程中由于固溶度降低,将发生脱溶转变,析出二次相,即 α→β$_{II}$ 和 β→α$_{II}$。D 点和 P 点表示 α 和 β 固溶体的最大固溶度。

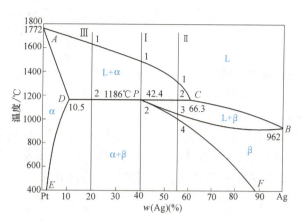

图 3-17  Pt-Ag 包晶相图

4) 各线将相图分为若干相区,其中有三个单相区——L 相、α 相、β 相;三个两相区——L+α、L+β、α+β;以及一个三相区——DPC 线上的 L+α+β。

### 2. 合金的平衡结晶过程

(1) 合金 I  [w(Ag)=42.4% 的 Ag-Pt 合金]的结晶过程  由图 3-17 可以看出,该合金冷却到 1 点开始匀晶转变 L→α,随着温度的降低,固溶体 α 不断增加,成分沿固相线 AD 变化;液相 L 不断减少,成分沿液相线 AC 变化,当冷却到 2 点时,L 的成分达到 C 点,α 相的成分达到 D 点,这时它们的质量分数可用杠杆定律计算

$$w(\text{L}) = \frac{DP}{DC} \times 100\% = \frac{42.4-10.5}{66.3-10.5} \times 100\% = 57.2\%$$

$$w(\alpha) = \frac{PC}{DC} \times 100\% = \frac{66.3-42.4}{66.3-10.5} \times 100\% = 42.8\%$$

在该温度时,具有 C 点成分的液相 L 和具有 D 点成分的 α 发生包晶转变:α$_D$+L$_C$↔β$_P$,完全转变为具有 P 点成分的单相 β 固溶体,因为 β 固溶体在 α 与液相的界面(α/L)处形核,并且包围着 α,通过消耗 L 和 α 相而生长,所以称为包晶转变。由于 β 相的含 Ag 量低于 L 相,高于 α 相,而含 Pt 量低于 α 相,高于 L 相,所以 β 相在生长时,α 相中的 Pt 原子须向 β 和 L 相中扩散,而 L 相中的 Ag 原子须向 β 和 α 相中扩散,如图 3-18 所示。

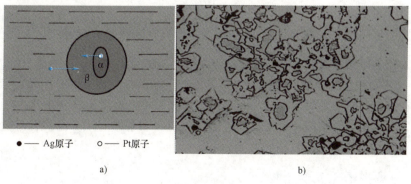

a)

b)

图 3-18  包晶反应时原子迁移示意及工业纯铁的包晶组织

a) 原子迁移示意图  b) 工业纯铁的包晶组织

在包晶转变完毕后 L 和 α 相完全消失，得到 100% 的生成相 β。L 和 α 相的含量比为

$$\frac{w(L)}{w(\alpha)} = \frac{DP}{PC}$$

随着温度的降低，Pt 在 β 相中的固溶达到过饱和，不断析出 $\alpha_{II}$，β 的成分沿 PF 线变化，$w(\beta)$ 逐渐减少，$\alpha_{II}$ 成分沿 DE 线变化，$w(\alpha_{II})$ 逐渐增加，最后在室温时的组织为 β+$\alpha_{II}$。

（2）合金Ⅱ ［42.4%<$w$(Ag)<66.3% 的 Pt-Ag 合金］的结晶过程　由相图可以看出，该合金在 1 点~2 点温度范围内的凝固过程与合金Ⅰ相同，当冷却到 2 点时 L 的成分达到 C 点，α 的成分达到 D 点，它们的质量分数分别为

$$w(L) = \frac{D2}{DC} \times 100\%$$

$$w(\alpha) = \frac{2C}{DC} \times 100\%$$

在 2 点发生包晶转变，由于 $\frac{w(L)}{w(\alpha)} = \frac{D2}{2C} > \frac{DP}{PC}$，所以，该合金在包晶转变结束时，液相有剩余，α 相消耗完全，这时合金由 β+L 组成。在 2~3 点温度范围内，随着温度的降低，剩余液相发生匀晶转变 L→β，L 的成分沿液相线 CB 变化，$w(L)$ 不断减少，β 的成分沿固相线 PB 变化，$w(\beta)$ 不断增加。当冷却到 3 点温度时凝固完毕，得到单相 β 固溶体；在 3~4 点随温度的降低，β 相自然冷却；在冷却到 4 点以下时，Pt 在 β 相中的固溶达到过饱和，发生 β→$\alpha_{II}$。这时随温度的降低，β 的成分沿 PF 线变化，$w(\beta)$ 逐渐减少，$\alpha_{II}$ 的成分沿 DE 线变化，$w(\alpha_{II})$ 逐渐增加，在冷却到室温时，得到的组织为 β+$\alpha_{II}$。由相图可以看出，成分在 P、C 点之间的合金的凝固过程都与该合金相同，只是成分越接近 P 点，包晶转变后剩余的液相越少，而成分越接近 C 点包晶转变后剩余的液相越多。

（3）合金Ⅲ ［10.5%<$w$(Ag)<42.4% 的 Pt-Ag 合金］的结晶过程　由相图可以看出，该合金 1~2 点范围的凝固与合金Ⅰ和合金Ⅱ相同，发生匀晶转变，当冷却到 2 点时，L 的成分达到 C 点，α 的成分达到 D 点，其质量分数为

$$w(L) = \frac{D2}{DC} \times 100\%$$

$$w(\alpha) = \frac{2C}{DC} \times 100\%$$

在 2 点发生包晶转变，由于 $\frac{w(L)}{w(\alpha)} = \frac{D2}{2C} < \frac{DP}{PC}$，所以在包晶转变结束时，L 消失，α 有剩余，组织为 α+β。继续冷却时，α 的成分沿 DE 变化，发生 α→$\beta_{II}$，β 的成分沿 PF 线变化，发生 β→$\alpha_{II}$，并随温度的降低，α 和 β 的质量分数不断减少，而 $\alpha_{II}$ 和 $\beta_{II}$ 的质量分数逐渐增加，因此在室温时它的组织为 α+β+$\alpha_{II}$+$\beta_{II}$。由相图可以看出，成分在 D、P 点之间的合金，凝固过程都与该合金相同，只是成分越接近 D 点，剩余的 α 成分越多，而越接近 P 点，剩余的 α 成分越少。

### 3.2.5　其他类型的二元合金相图

除了上述三种（匀晶、共晶、包晶）最基本的类型外，通常还有一些其他类型的二元

合金相图，现简要介绍如下。

### 1. 其他类型的恒温转变相图

二元合金中只要是三相平衡，其自由度为0，反应一定是在温度、成分都不变的条件下进行的，可能的方式有以下几种。

（1）**具有熔晶转变的相图**　合金在一定温度下，由一个一定成分的固相，同时转变成另一个一定成分的固相和一定成分的液相的过程，称为熔晶转变，即 α→L+β。在 Fe-B、Fe-S、Cu-Sb 等合金系相图中具有熔晶转变部分。

（2）**具有偏晶转变的相图**　由一定成分的液相（$L_1$）在恒温下，同时转变为另一个一定成分的液相（$L_2$）和一定成分的固相（α）的过程，称为偏晶转变，即 $L_1→L_2+α$。Cu-Pb、Cu-S、Cu-O、Ca-Cd、Fe-O 和 Mn-Pb 等合金系相图中都具有偏晶转变部分。

（3）**具有合晶转变的相图**　由两个一定成分的液相 $L_1$ 和 $L_2$，在恒温下转变为一个一定成分的固相α的过程，称为合晶转变，$L_1+L_2→α$。Na-Zn 合金系中具有合晶转变部分。

（4）**具有共析转变的相图**　由一个一定成分的固相，在恒温下同时转变成另外两个一定成分的固相的过程，即 γ→α+β。可以看出共析转变与共晶转变相似，区别在于它不是由液相而是由一个固相同时转变为另外两个固相，并且是固态相变。Fe-Ti、Fe-C、Fe-N、Cu-Sb、Cu-Sn 等合金系相图中都具有共析转变部分。

（5）**具有包析转变的相图**　由两个一定成分的固相，在恒温下转变成另一个一定成分的固相的过程，即 γ+α→β。具有包析转变的相图的有很多，如 Fe-Sn、Cu-Si、Al-Cu、Fe-Ta 等合金系。

二元系各类恒温转变反应式及相图特征见表3-1。

表 3-1　二元系各类恒温转变反应式及相图特征

| 恒温转变类型 | | 反应式 | 相图特征 |
|---|---|---|---|
| 共晶式 | 共晶转变 | L↔α+β | α ─┤L├─ β |
| | 共析转变 | γ↔α+β | α ─┤γ├─ β |
| | 偏晶转变 | $L_1$↔$L_2$+α | $L_2$ ─┤$L_1$├─ α |
| | 熔晶转变 | δ↔L+γ | γ ─┤δ├─ L |
| 包晶式 | 包晶转变 | L+β↔α | L ─┤α├─ β |
| | 包析转变 | γ+β↔α | γ ─┤α├─ β |
| | 合晶转变 | $L_1$+$L_2$↔α | $L_2$ ─┤α├─ $L_1$ |

### 2. 组元之间形成化合物的相图

（1）**形成稳定化合物的相图**　稳定化合物是指两组元形成的具有一定熔点、并在熔点以下保持固有结构不发生分解的化合物,如图3-19所示的Mg-Si相图就是具有稳定化合物的相图。当$w(Si)=36.6\%$时,Mg-Si形成稳定化合物$Mg_2Si$,其熔点为1087℃,由于该稳定化合物的成分是一定的,所以它在相图中是一条垂直线。它可以看作一个独立的组元,因此在相图分析时,可以以它划分相图,如$Mg_2Si$把Mg-Si相图划分为Mg-$Mg_2Si$($L_{w(Si)=1.38\%} \xrightarrow{638.8℃}$ Mg+$Mg_2Si$)和$Mg_2Si$-Si($L_{w(Si)=56.5\%} \xrightarrow{946.7℃}$ $Mg_2Si$+Si)两个共晶相图。

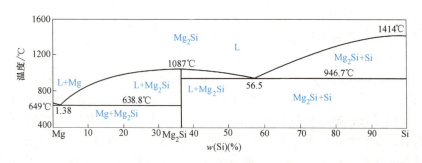

图3-19 Mg-Si 二元相图

当稳定化合物可以溶解其组成组元时,则形成以化合物为溶剂的固溶体,这时相图中的垂直线变为一个相区,如图3-20所示的Cd-Sb相图。以这类稳定化合物划分相图时,通常以对应熔点的虚线为界进行划分,具有这类稳定化合物相图的还有Fe-P、Mn-Si、Cu-Th等合金系。

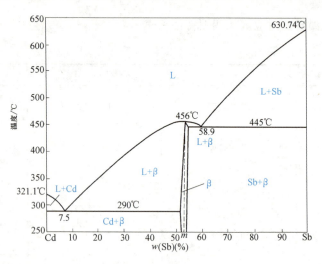

图3-20 Cd-Sb 二元相图

(2) 形成不稳定化合物的相图 不稳定化合物是指由两组元形成的没有明显熔点、并在一定温度发生分解的化合物。如图3-21所示的K-Na相图,就是具有不稳定化合物的相图。当$w(Na)=54.4\%$时,K-Na形成不稳定化合物$KNa_2$,由于它的成分是一定的,所以在相图中以一条垂直线表示,可以看出该不稳定化合物是包晶转变的产物,即L+Na $\xrightarrow{6.9℃}$ $KNa_2$。由于加热到6.9℃时$KNa_2$会分解成液相和钠晶体,即$KNa_2 \xrightarrow{6.9℃}$ L+Na,所以不稳定化合物不能作为一个独立的组元来划分相图。

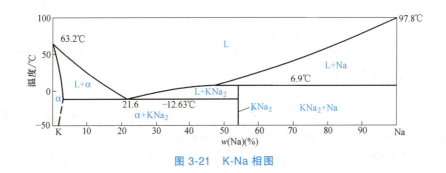

图 3-21 K-Na 相图

### 3.2.6 二元相图的分析方法

分析相图主要是确定相图中各相区的相组成物和各水平线所代表的恒温转变。实际的二元相图往往比较复杂，可按下列步骤进行分析。

（1）判断稳定化合物的存在　先看相图中是否有稳定化合物存在。若有，则以化合物为界，把相图分成几个区域进行分析。

（2）确定相区并根据相区接触法则进行验证

1）相区接触法则。相邻两个相区的相数差为 1。

2）单相区的确定。相图中液相线以上为液相区；与纯组元的封闭区域相邻的是以该组元为基的单相固溶体区；相图中的垂直线可能是稳定化合物（单相区），也可能是相区的分界线；相图中部若出现成分可变的单相区，则此区是以化合物为基的单相固溶体区；相图中每一条水平线必定与 3 个单相区点接触。

3）两相区的确定。两个单相区之间夹有一个两相区，该两相区的相由两个相邻单相区的相组成。

4）三相区的确定。二元相图中的水平线是三相区，其三个相由与该三相区点接触的三个单相区的相组成。该水平线上的转变类型可对照表 3-1 确定。

（3）分析典型合金的结晶过程

1）作出典型合金冷却曲线示意图。二元合金冷却曲线的特征是：单相区和两相区的冷却曲线为一斜线；由一个相区过渡到另一个相区时，冷却曲线上出现拐点；由相数少的相区进入相数多的相区时，曲线向右拐（放出结晶潜热），反之，冷却曲线向左拐（相变结束）；发生三相等温转变时，冷却曲线呈一水平台阶。

2）分析合金结晶过程，画出组织转变示意图，计算各相、各组织组成物相对质量分数。在单相区，合金由单相组成，相的成分、质量即合金的成分、质量；在两相区，两相的成分随温度下降沿各自的相线变化，各相和各组织组成物的相对质量分数可由杠杆定律求出；在三相区，三个相的成分固定，相对质量在结晶过程中不断变化，杠杆定律不适用，但是可用杠杆定律计算恒温转变之前和之后的组成相的相对质量。

### 3.2.7 相图与金属性能之间的关系

合金性能取决于合金的成分和组织，而合金的成分与组织的关系可在相图中体现。可见，相图与合金性能之间存在着一定的关系。可利用相图大致判断出不同合金的性能。

## 1. 相图与合金力学性能、物理性能的关系

组织为两相机械混合物的合金，其强度、硬度与合金成分呈直线关系，是两相性能的算术平均值，如图 3-22a 所示。由于共晶合金和共析合金的组织较细，因此其强度和硬度在共晶或共析成分附近偏离直线，出现奇点。

组织为固溶体的合金，随溶质元素含量的增加，合金的强度和硬度也相应增大，产生固溶强化。如果是无限互溶的合金，则在溶质质量分数为 50% 附近时，强度和硬度最高，强度和硬度与合金成分之间呈曲线关系，如图 3-22b 所示。

形成稳定化合物的合金，其强度、硬度与成分关系的曲线在化合物成分处出现拐点，如图 3-22c 所示。

各种合金电导率的变化与力学性能的变化正好相反。

## 2. 相图与工艺性能的关系

所谓工艺性能（processing properties）是铸造工艺性、焊接工艺性、压力加工工艺性及热处理工艺性等的通称。这些性能也与相图有着密切的关系，如根据相图可以判断合金的铸造性能，如图 3-23 所示。共晶合金的结晶温度低、流动性好、缩孔少、偏析倾向小，因而铸造性能最好，铸造合金多选用共晶合金（如铸铝和铸铁）；固溶体合金液、固相线的间隔越大，偏析倾向就越大，结晶时树枝晶就越发达，从而造成流动性下降，补缩能力下降，分散缩孔增加，因而铸造性能较差。

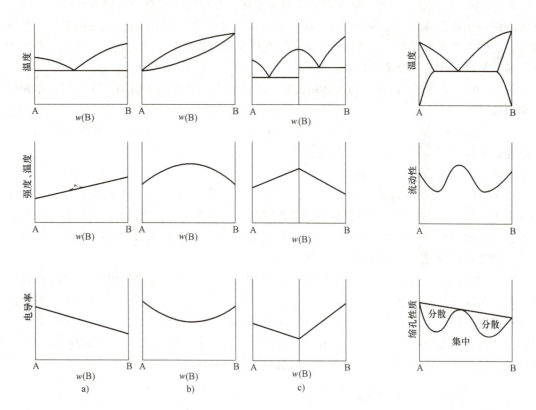

图 3-22　相图与合金强度、硬度及电导率的关系
　　a）机械混合物合金　b）固溶体合金　c）形成稳定化合物合金

图 3-23　相图与铸造性能的关系

固溶体合金的压力加工性能好,因为固溶体强度低、塑性好、变形均匀。而两相混合物合金由于两相的强度不同,因此变形不均匀,变形量大时两相界面处易开裂。

相图也是制定热处理工艺的依据,热处理方式的选择、热处理参数的制定等都离不开相图。

## 3.3 铁碳合金的结晶

铁碳合金的结晶

铁碳合金是碳素钢(carbon steel)和铸铁(cast iron)的统称,是工业中应用最广泛的合金。铁碳相图是研究铁碳合金最基本的工具,是研究碳素钢和铸铁的成分、温度、组织及性能之间关系的理论基础,是制定热加工、热处理、冶炼和铸造等工艺的依据。

铁碳合金(iron carbon alloy)由过渡族金属元素铁与非金属元素碳组成,因碳原子半径小,它与铁组成合金时,能溶入铁的晶格间隙中,与铁形成有限溶解的间隙固溶体。当碳原子的溶入量超过铁的固溶度后,碳与铁将形成一系列稳定化合物,如 $Fe_3C$、$Fe_2C$、$FeC$ 等,它们都可以作为纯组元看待。由实际使用发现,$w(C)>5\%$ 的铁碳合金脆性很大,使用价值很小,因此我们所讨论的铁碳合金相图实际上是 $Fe$-$Fe_3C$ 相图,是 $Fe$-$C$ 相图的一部分。$Fe$-$Fe_3C$ 相图是反映 $w(C)=0\sim 6.69\%$ 的铁碳合金在缓慢冷却条件下,温度、成分和组织的转变规律图。

### 3.3.1 铁碳合金的基本相

纯铁具有同素异构转变,它的冷却曲线如图 3-24 所示,可见在不同温度范围内固态纯铁具有不同的晶格类型。温度低于 912℃,纯铁为具有体心立方结构的 α-Fe;在 912~1394℃之间,纯铁为具有面心立方结构的 γ-Fe;在 1394~1538℃之间,纯铁为具有体心立方结构的 δ-Fe。

冷却曲线上的三条水平线分别代表纯铁的液固转变和同素异构转变

1538℃          L↔δ-Fe
1394℃          δ-Fe↔γ-Fe
912℃           γ-Fe↔α-Fe

由于纯铁的强度、硬度较低,所以很少直接用作结构材料,通常加入碳和合金元素后成为应用最为广泛的结构材料。但纯铁具有高的磁导率,因此它主要用于制作各种仪器仪表的铁心。

自然界中碳以石墨和金刚石两种形态存在。铁碳合金中的碳有三种存在形式,一是进入不同晶体类型的铁晶格间隙中形成固溶

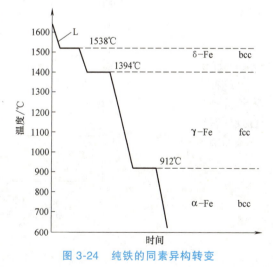

图 3-24 纯铁的同素异构转变

体;二是和铁形成 $Fe_3C$;三是以石墨单质的形式存在于铸铁中。在通常使用的铁碳合金中,铁与碳主要形成 5 个基本相,如图 3-25 所示。

(1) 液相 用 L 表示,铁和碳在液态能无限互溶形成均匀的液溶体。

(2) δ 相  是碳与 δ-Fe 形成的间隙固溶体，具有体心立方结构，称为高温铁素体（ferrite），常用 δ 表示。体心立方的晶格间隙小，最大溶碳量在 1495℃ 为 $w(C)=0.09\%$，对应于相图中的 $H$ 点。

(3) γ 相  是碳与 γ-Fe 形成的间隙固溶体，具有面心立方结构，称为奥氏体（austenite），常用 γ 或 A 表示。面心立方的晶格间隙较大，最大溶碳量在 1148℃ 为 $w(C)=2.11\%$，对应于相图中的 $E$ 点。奥氏体的强度、硬度较低，塑性、韧性较高，是塑性相，具有顺磁性。

(4) α 相  是碳与 α-Fe 形成的间隙固溶体，具有体心立方结构，称为铁素体（ferrite），常用 α 或 F 表示。体心立方的晶格间隙很小，最大溶碳量在 727℃ 为 $w(C)=0.0218\%$，对应于相图中的 $P$ 点。铁素体的性能与纯铁相差无几（强度、硬度低，塑性、韧性高），它的居里点（磁性转变温度）为 770℃。

(5) 中间相（$Fe_3C$）  是铁与碳形成的间隙化合物，$w(C)=6.69\%$，称为渗碳体（cementite）。渗碳体是稳定化合物，它的熔点为 1227℃（计算值），对应于相图中的 $D$ 点。渗碳体的硬度很高，维氏硬度为 950~1050HV，但是塑性很低（$\delta \approx 0$），是硬脆相，在钢和铸铁中一般呈片状、网状、条状和球状。它的尺寸、形态和分布对钢的性能影响很大，是铁碳合金的重要强化相。渗碳体是介稳相，在一定条件下将发生分解，生成纯铁和石墨，该分解反应对铸铁有着重要意义。

$Fe_3C$ 可发生磁性转变，在 230℃ 以上为顺磁性，在 230℃ 以下为铁磁性，该温度称为 $Fe_3C$ 的磁性转变温度或居里点，常用 $A_0$ 表示。

铁碳相图

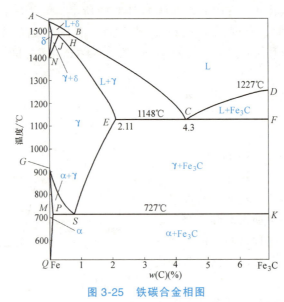

图 3-25  铁碳合金相图

### 3.3.2  铁碳相图分析

由图 3-25 所示的铁碳相图可以看出，$Fe-Fe_3C$ 相图由 3 个基本相图即 包晶相图、共晶相图 和 共析相图 组成。相图中有 5 个基本相：液相 L、高温铁素体 δ、铁素体 α、奥氏体 γ 和 渗碳体。这 5 个基本相构成 5 个单相区，并由此形成 7 个两相区。

## 1. 相图中的特征点

相图中的特征点见表3-2。

表3-2 铁碳相图中的特征点

| 符 号 | 温度/℃ | $w(C)(\%)$ | 说 明 |
|---|---|---|---|
| $A$ | 1538 | 0 | 纯铁的熔点 |
| $B$ | 1495 | 0.53 | 包晶转变时液态合金的成分 |
| $C$ | 1148 | 4.30 | 共晶点 |
| $D$ | 1227 | 6.69 | 渗碳体的熔点 |
| $E$ | 1148 | 2.11 | 碳在γ-Fe中的最大固溶度 |
| $F$ | 1148 | 6.69 | 渗碳体的成分 |
| $G$ | 912 | 0 | α-Fe→γ-Fe 转变温度($A_3$) |
| $H$ | 1495 | 0.09 | 碳在δ-Fe中的最大固溶度 |
| $J$ | 1495 | 0.17 | 包晶点 |
| $K$ | 727 | 6.69 | 渗碳体的成分 |
| $M$ | 770 | 0 | 纯铁的磁性转变点 |
| $N$ | 1394 | 0 | γ-Fe→δ-Fe 的转变温度 |
| $P$ | 727 | 0.0218 | 碳在α-Fe中的最大固溶度 |
| $S$ | 727 | 0.77 | 共析点($A_1$) |

## 2. 相图中的特征线

（1）匀晶转变线　液相析出单相的过程，开始温度为液相线，终止温度为固相线。图中 *ABCD* 为液相线，其上全部为液相；*AHJECF* 为固相线，表示液相消失。

（2）异晶转变线　一种固相转变为另一种固相，发生晶格重构的过程。如 *HN*、*JN* 为 δ→γ 转变开始线与终止线；*GS*、*GP* 为 γ→α 转变的开始线和终止线。

（3）三条水平线

1）包晶转变线 *HJB*。$w(C)$在0.09%～0.53%之间的铁碳合金，在1495℃，发生包晶转变

$$L_{0.53} + \delta_{0.09} \xrightarrow{1495℃} \gamma_{0.17}$$

2）共晶转变线 *ECF*。$w(C)$在2.11%～6.69%之间的铁碳合金，在1148℃，发生共晶反应

$$L_{4.3} \xrightarrow{1148℃} (\gamma_{2.11} + Fe_3C)$$

共晶反应产生的奥氏体与渗碳体的共晶组织称为莱氏体（Ld），$w(C)=4.3\%$的合金会得到100%的莱氏体；$w(C)=2.11\%～4.3\%$的合金在共晶转变前先发生 L→γ 的匀晶转变，得到的组织称为亚共晶；$w(C)=4.3\%～6.69\%$的合金在共晶转变前先发生 L→$Fe_3C$ 的匀晶转变，得到的组织为过共晶组织。

3）共析转变线 *PSK*。$w(C)$在0.0218%～6.69%之间的铁碳合金，在727℃时会发生共析转变

$$\gamma_{0.77} \xrightarrow{727℃} (\alpha_{0.0218} + Fe_3C)$$

转变产物为珠光体（P）。在相图上 P、S 点范围内的合金为亚共析钢，S、E 点范围内为过共析钢。

（4）固溶线

1）ES 线为碳在奥氏体中的固溶线，1148℃时 γ 中可溶解 2.11% 的碳。随着温度的下降，固溶度下降，碳会以渗碳体的形式析出，称为二次渗碳体，记为 $Fe_3C_{II}$。E 点既是 C 在 γ 中的最大固溶度点，也是钢和铸铁的分界点。

2）PQ 线是碳在铁素体中的固溶线，727℃ α 中时可溶解 0.0218% 的碳，随温度下降析出三次渗碳体，记为 $Fe_3C_{III}$。P 点是钢和工业纯铁的分界点。

### 3.3.3 铁碳合金平衡结晶过程

根据碳含量的不同，铁碳合金可分为工业纯铁、钢和铸铁。钢与工业纯铁按照有无共析转变区分，钢与铸铁按照有无共晶转变区分。

**1. 工业纯铁的结晶过程**

工业纯铁的结晶过程如图 3-26 所示。

1~2 点：L→δ。

3~4 点：δ→γ。

4~5 点：γ 单相固溶体。

5~6 点：γ→α。

7 点：脱溶转变。

室温组织：$α+Fe_3C_{III}$，铁素体为多边形晶粒，三次渗碳体呈细颗粒状分布在铁素体基体上或铁素体晶界上。

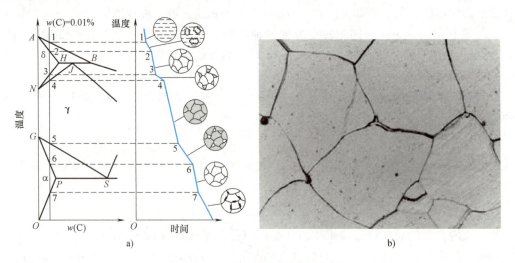

图 3-26 工业纯铁的平衡结晶过程

a) Fe-Fe₃C 局部相图及纯铁的冷却曲线　b) 室温下的纯铁组织图

**2. 共析钢的结晶过程 [$w(C)=0.77\%$]**

共析钢的结晶过程如图 3-27 所示。

1~2 点：L→γ。

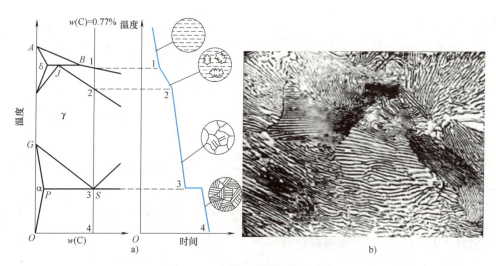

图 3-27 共析钢的平衡结晶过程

a) Fe-Fe₃C 局部相图及共析钢的冷却曲线  b) 共析钢平衡组织图

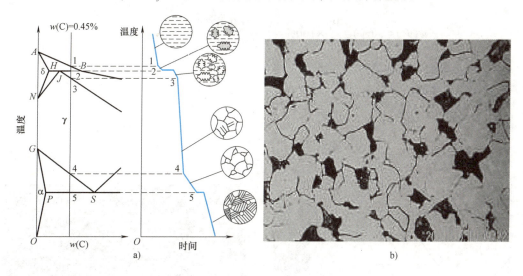

图 3-28 亚共析钢的平衡结晶过程

a) Fe-Fe₃C 局部相图及亚共析钢的冷却曲线  b) 亚共析钢平衡组织图

2~3 点：γ 单相。

3 点：共析反应 $\gamma_{0.77} \xrightarrow{727℃} (\alpha_{0.0218} + Fe_3C)$，得到 100% 珠光体组织。
共析反应后 α、Fe₃C 两相平衡，其质量分数为

$$w(\alpha) = \frac{SK}{PK} \times 100\% = \frac{6.69-0.77}{6.69-0.0218} \times 100\% = 88.8\%$$

$$w(Fe_3C) = \frac{PS}{PK} \times 100\% = \frac{0.77-0.0218}{6.69-0.0218} \times 100\% = 11.2\%$$

**3. 亚共析钢的结晶过程 [$w(C) = 0.45\%$]**

亚共析钢的结晶过程如图 3-28 所示。

1~2点：L→δ。

2点：发生包晶反应 $L_{0.53}+\delta_{0.09} \xrightleftharpoons{1495℃} \gamma_{0.17}$，且液相有剩余。

2~3点：L→γ 单相。

3~4点：γ 单相。

4~5点：异晶转变 γ→α。

5点：共析转变 $\gamma_{0.77} \xrightleftharpoons{727℃} (\alpha_{0.0218}+Fe_3C)$。

室温组织：α+P，随 $w(C)$ 增加，$w(P)$ 增加。

室温时相组成物为 α+Fe₃C，其质量分数为

$$w(\alpha)=\frac{5K}{PK}\times 100\%=94\%,\ w(Fe_3C)=\frac{P5}{PK}\times 100\%=6\%$$

室温时，先共析 α、P 的质量分数为

$$w(\alpha)=\frac{5S}{PS}\times 100\%=\frac{0.77-0.45}{0.77-0.0218}\times 100\%=42.8\%$$

$$w(P)=w(\gamma)=\frac{P5}{PS}\times 100\%=\frac{0.45-0.0218}{0.77-0.0218}\times 100\%=57.2\%$$

### 4. 过共析钢的平衡结晶过程 [$w(C)=1.2\%$]

过共析钢的平衡结晶过程如图 3-29 所示。

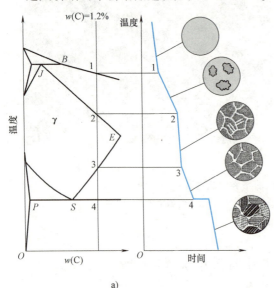
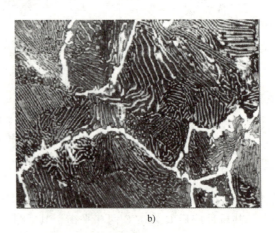

图 3-29 过共析钢的平衡结晶过程

a) Fe-Fe₃C 局部相图及过共析钢的冷却曲线　b) 过共析钢平衡组织图

1~3点与共析钢相同。

3~4点：γ 脱溶，析出二次渗碳体，γ 成分沿 ES 线变化直到 S 点。

4点：共析转变。

室温组织：P+Fe₃C$_{II}$，二次渗碳体呈网状分布在原奥氏体晶界上。

两种组织的相对含量为

$$w(P) = w(\gamma) = \frac{4K}{SK} \times 100\% = 92.74\%, \quad w(Fe_3C_{II}) = \frac{S4}{SK} \times 100\% = 7.26\%$$

### 5. 共晶合金的结晶过程 [$w(C) = 4.3\%$]

共晶合金的结晶过程如图 3-30 所示。

1 点：共晶反应 $L_{4.3} \xrightleftharpoons{1148℃} (\gamma_{2.11} + Fe_3C)$，得到 100% 的莱氏体（Ld）组织。

1~2 点：莱氏体中的奥氏体脱溶。

2 点：共析转变 $\gamma_{0.77} \xrightleftharpoons{727℃} (\alpha_{0.0218} + Fe_3C)$。

室温组织：$P + Fe_3C_{II} + Fe_3C$，称为变态莱氏体 L'd。

在 Ld 中，有

$$w(\gamma) = \frac{CF}{EF} \times 100\% = 52\%, \quad w(Fe_3C) = \frac{EC}{EF} \times 100\% = 48\%$$

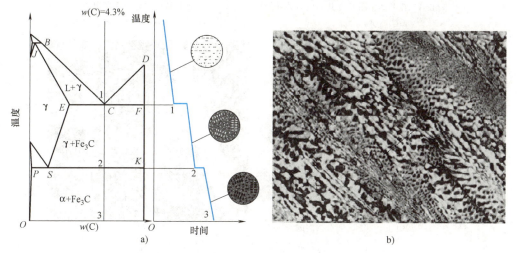

图 3-30 共晶白口铸铁的平衡结晶过程

a) Fe-Fe$_3$C 局部相图及共晶白口铸铁的冷却曲线　b) 共晶白口铸铁平衡组织图

### 6. 亚共晶白口铸铁的平衡结晶过程 [$w(C) = 3.0\%$]

亚共晶白口铸铁的平衡结晶过程如图 3-31 所示。

1~2 点：匀晶转变 L→γ。

2 点：初生 γ 含碳量为 $w(C) = 2.11\%$，剩余液相成分为 E 点，发生共晶反应。得到 γ+Ld 组织。

2~3 点：γ 脱溶。

3 点：共析转变。

室温组织：$P + Fe_3C_{II} + L'd$。

### 7. 过共晶白口铸铁的结晶过程 [$w(C) = 5.0\%$]

过共晶白口铸铁的结晶过程如图 3-32 所示。

1~2 点：L→Fe$_3$C。

2 点：共晶转变，得到 Ld+Fe$_3$C。

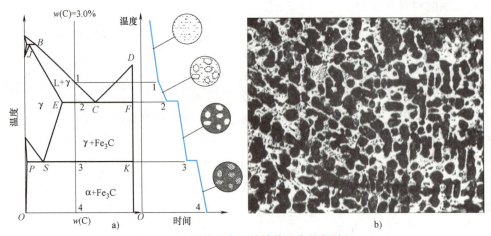

图 3-31 亚共晶白口铸铁的平衡结晶过程

a) Fe-Fe$_3$C 局部相图及亚共晶白口铸铁的冷却曲线  b) 亚共晶白口铸铁平衡组织图

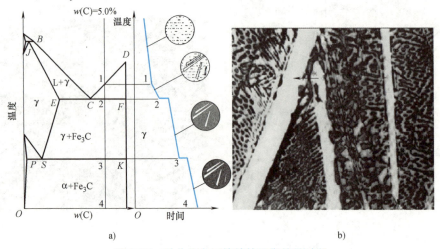

图 3-32 过共晶白口铸铁的平衡结晶过程

a) Fe-Fe$_3$C 局部相图及过共晶白口铸铁的冷却曲线  b) 过共晶白口铸铁平衡组织图

3 点：共析转变，Ld→L'd。

室温组织：L'd+Fe$_3$C，一次渗碳体为白色长条状。

【例 3-3】 今有一钢试样，经组织分析为珠光体与二次渗碳体，测出珠光体的质量分数为 92%，试确定钢的成分，并说明其结晶过程。

答：组织为 P+ Fe$_3$C$_{\text{II}}$，其成分范围一定为过共析钢

$$w(\text{Fe}_3\text{C}_{\text{II}}) = \frac{x - 0.77}{6.69 - 0.77} \times 100\%$$

$$w(\text{P}) = \frac{6.69 - x}{6.69 - 0.77} \times 100\% = 92\%$$

$$x = 6.69 - 0.92 \times (6.69 - 0.77) = 1.24$$

其结晶过程如图 3-29 所示。

**【例 3-4】** 分别由亚共析钢和过共析钢制成的二个试样,经组织分析确认其珠光体质量分数均为 80%,试确定两种钢的碳含量,并回答两种钢中共析渗碳体的质量分数是否相等?为什么?

**答:** 按照杠杆定律进行计算

亚共析钢 $w(P) = \dfrac{x_1 - 0.0218}{0.77 - 0.0218} \times 100\% = 80\%$, $x_1 = 0.62$

过共析钢 $w(P) = \dfrac{6.69 - x_2}{6.69 - 0.77} \times 100\% = 80\%$, $x_2 = 1.95$

而珠光体中共析渗碳体的质量分数是固定的,为

$$w(\text{Fe}_3\text{C}_{共析}) = \dfrac{0.77 - 0.0218}{6.69 - 0.0218} \times 100\% = 11.22\%$$

因为两种钢中珠光体质量分数相等,两种钢中的共析渗碳体质量分数为 $w(P) \times w(\text{Fe}_3\text{C}_{共析})$,故两种钢中的共析渗碳体质量分数都为 8.8%,是相等的。

## 3.3.4 碳对铁碳合金的组织与性能的影响

**1. 含碳量对铁碳合金组织的影响**

从相的角度看,随着含碳量增加,组织中渗碳体不仅数量增加,而且形态也发生变化,由分布在铁素体基体内的片状变为分布在奥氏体晶界上的网状,最后形成莱氏体时,渗碳体已作为基体出现,如图 3-33 所示。

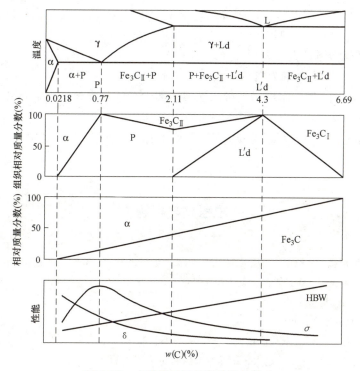

图 3-33 含碳量对组织及性能的影响

### 2. 含碳量对力学性能的影响

铁素体强度、硬度低，塑性好，而渗碳体则硬而脆。亚共析钢随含碳量增加，珠光体含量增加，由于珠光体的强化作用，钢的强度、硬度提高，塑性、韧性下降。当 $w(C)=0.77\%$ 时，组织为 100% 的珠光体，钢的性能即为珠光体的性能；当 $w(C)>0.9\%$ 时，过共析钢中的二次渗碳体在奥氏体晶界上形成连续网状，因而强度下降，但硬度仍呈直线上升；$w(C)>2.11\%$ 时，由于组织中出现以渗碳体为基的莱氏体，此时因合金太脆而使得白口铸铁在工业上很少应用。

### 3. 含碳量对工艺性能的影响

（1）切削性能　中碳钢的切削加工性能比较好。含碳量过低，不易断屑，并且难以得到良好的加工表面；含碳量过高，硬度太大，刀具磨损严重，也不利于切削。一般而言，钢的硬度为 170~250HBW 时切削加工性能最好。

（2）可锻性能　钢的可锻性与含碳量有直接关系。低碳钢的可锻性良好，随含碳量增加，可锻性逐渐变差。由于奥氏体塑性好，易于变形，热压力加工都加热到奥氏体相区进行，但始锻温度不能过高，以免产生过烧，而终锻温度又不能过低，以免产生裂纹。

（3）铸造性能　共晶成分附近合金的结晶温度低，流动性好，铸造性能最好。越远离共晶成分，液、固相线的间距越大，凝固过程中越容易形成树枝晶，阻碍后续液体充满型腔，使得铸造性能变差，容易形成分散缩孔和偏析。

（4）焊接性能　钢的塑性越好，焊接性能越好，低碳钢的焊接性优于高碳钢。

（5）热处理性能　碳含量对钢的热处理性能影响显著　钢的含碳量不同，其热处理工艺的加热温度、冷却速度都有很大的不同，这将在本书第 5 章中详细阐述。

【例 3-5】 同样形状的两块铁碳合金，其中一块是 15 钢，另一块是白口铸铁。可采用什么简便方法迅速区分它们？

答：简便的区分方法有三种：

1) 硬度测试。硬度高者为白口铸铁。

2) 组织观察。15 钢的组织为大量的铁素体和少量的珠光体；而白口铸铁中会含有大量的莱氏体。

3) 成分测定。15 钢中碳的质量分数为 0.15%；而白口铸铁中碳的质量分数超过 2.11%。

## 思考题与习题

一、名词解释

过冷度、非自发形核、晶粒度、变质处理、相、组织、组织组成物、相图、合金系、组元、匀晶转变、共晶转变、包晶转变、奥氏体、铁素体、渗碳体和珠光体。

二、选择题

1. 液态金属结晶的基本过程是＿＿＿＿。

A. 边形核边长大　B. 先形核后长大　C. 自发形核和非自发形核　D. 枝晶生长

2. 液态金属结晶时，＿＿＿＿越大，结晶后金属的晶粒越小。

A. 形核率　　　B. 长大率　　　C. 比值 $N/G$ 　　　D. 比值 $G/N$

3. 过冷度增大，则_____。
A. $N$ 增大，$G$ 减小，所以晶粒细小
B. $N$ 增大，$G$ 增大，所以晶粒细小
C. $N$ 增大，$G$ 增大，所以晶粒粗大
D. $N$ 减小，$G$ 减小，所以晶粒细小

4. 纯金属结晶时，冷却速度越快，则实际结晶温度将_____。
A. 越高
B. 越低
C. 越接近理论结晶温度
D. 没有变化

5. 若纯金属结晶过程处在固-液两相平衡共存状态下，此时的温度将比理论结晶温度_____。
A. 高
B. 低
C. 相等
D. 高低波动

6. 在二元系合金相图中，计算两相相对量的杠杆定律只能用于_____。
A. 两相区中
B. 单相区中
C. 三相平衡水平线上
D. B 和 C

7. _____不能细化铸件的晶粒。
A. 增大过冷度
B. 使用形核剂
C. 提高浇注温度
D. 对金属熔体施加电磁振动

## 三、是非题

1. 凡是由液体凝固成固体的过程都是结晶过程。（    ）
2. 凡是液态金属冷却结晶的过程都可分为两个阶段，即先形核，形核停止后长大，最后晶粒充满整个容积。（    ）
3. 金属由液态转变成固态的过程，是由近程有序排列向远程有序排列转变的过程。（    ）
4. 当纯金属结晶时，形核率随过冷度的增大而不断增大。（    ）
5. 金属结晶时，冷却速度越大，则其结晶后的晶粒越细。（    ）
6. 金属的理论结晶温度总是高于实际结晶温度。（    ）
7. 在实际生产条件下，金属凝固的过冷度都很小（<20℃），这主要是由非均匀形核造成的。（    ）
8. 所有相变的基本过程都是形核和核长大的过程。（    ）
9. 在其他条件相同时，金属型浇注的铸件比砂型浇注的铸件晶粒更细。（    ）
10. 在其他条件相同时，高温浇注的铸件比低温浇注的铸件晶粒更细。（    ）
11. 在其他条件相同时，铸成薄件的晶粒比铸成厚件的晶粒更细。（    ）
12. 在其他条件相同时，浇注时采用振动的铸件比不采用振动的铸件晶粒更细。（    ）
13. 在实际生产中，评定晶粒大小的方法是在放大 100 倍的条件下，与标准晶粒度级别图作比较，级数越高，晶粒越细。（    ）
14. 共晶转变和共析转变的反应相和产物都是一样的。（    ）
15. 合金的强度和硬度不仅取决于相图类型，还与组织的细密程度有较切的关系。（    ）
16. 置换固溶体可能形成无限固溶体，间隙固溶体只能形成有限固溶体。（    ）
17. 合金中的固溶体一般塑性较好，而金属间化合物的硬度较高。（    ）
18. 体系中成分相同、晶体结构相同、并有界面与其他部分分开的均匀组成部分叫做相。（    ）
19. 二元合金的共晶转变和共析转变都是在一定温度和浓度下进行的。（    ）
20. 初生相和二次相的晶体结构是相同的。（    ）
21. 根据相图，不仅能够了解各种成分的合金在不同温度下所处的状态及相的质量分数，而且还能知道相的尺寸及其相互匹配的情况。（    ）
22. 亚共晶合金的共晶转变温度与共晶合金的共晶转变温度相同。（    ）
23. 过共晶合金发生共晶转变的液相成分与共晶合金的液相成分是一致的。（    ）
24. 在铁碳合金中，含二次渗碳体最多的为 $w(C)=4.3\%$ 的合金。（    ）
25. 在铁碳合金中，只有共析成分点的合金在结晶时才能有共析转变，形成共析组织。（    ）
26. 退火碳钢的塑性与韧性均随着含碳量的提高而降低；而强度和硬度则随着含碳量的提高而不断提高。（    ）

27. 铁碳合金中，一次渗碳体、二次渗碳体和三次渗碳体都具有相同的晶体结构。（    ）

28. 珠光体是单相组织。（    ）

29. 白口铸铁中的碳以渗碳体形式存在，所以其硬度很高，脆性很大。（    ）

30. α-Fe 是体心立方结构，致密度为 68%，所以其最大溶碳量为 32%。（    ）

31. 如果金属熔体中存在着高熔点的固相夹杂物，晶胚有可能依附于这些固相夹杂物的界面形核，则将其称为非均匀形核。（    ）

32. 在复相合金中，当一相为脆性相且分布在另一相基体上时，对材料的强韧性较为有利的组织形态是脆性相以大块状分布在另一相基体上。（    ）

### 四、综合题

1. 合金强化的主要机制有哪些？
2. 根据凝固理论，细化晶粒的基本途径有哪些？
3. 当对金属液体进行变质处理时，变质剂的作用是什么？
4. 典型铸锭结构的三个结晶区分别是什么？
5. 试从过冷度对金属结晶基本过程的影响，分析细化晶粒、提高金属材料常温力学性能的措施。
6. 试述结晶过程的一般规律，研究这些规律有何价值和实际意义？
7. 在铸造生产过程中，采用哪些措施控制晶粒大小？
8. 对比纯金属与固溶体结晶过程的异同，分析固溶体结晶过程的特点。
9. 何谓相组成物和组织组成物？请举例说明。
10. 何谓相图？相图能说明哪些问题？实际生产中有何应用价值？
11. 根据铁碳相图，解释以下现象：
    1）T8 钢比 40 钢的强度、硬度高，塑性、韧性差。
    2）T12 钢比 T8 钢的硬度高，但是强度反而低。
    3）所有的碳钢均可加热至 1000~1100℃ 区间热锻成形，而任何白口铸铁在该温度区间，仍然塑性、韧性差，不能热锻成形。
12. 试述 $Fe_3C$、F 和 A 的晶体结构和性能特点。
13. 何谓 $Fe_3C_I$、$Fe_3C_{II}$、$Fe_3C_{III}$、共析 $Fe_3C$、共晶 $Fe_3C$？在显微镜下它们的形态有何特点？请指出 $Fe_3C_{II}$ 和 $Fe_3C_{III}$ 的最大相对质量分数的成分点。
14. 一块低碳钢和一块白口铸铁，大小和形状都一样，如何迅速地把它们区分开来？
15. In the solidification of a metal, what is the difference between an embryo and a nuclear? What is the critical radius of a solidification particle?
16. Distinguish between homogeneous and heterogeneous nucleation for the solidification of a pure metal.
17. Define a phase in a material and a phase diagram.
18. Consider an alloy containing 70% Ni（weight percent）and 30% Cu（weight percent）（see Fig. 3-34）.

    a. At 1350℃, make a phase analysis assuming equilibrium conditions. In the phase analysis include the following：
    
    （Ⅰ）What phases are present?
    
    （Ⅱ）What is the chemical composition of each phase?
    
    （Ⅲ）What amount of each phase is present?
    
    b. Make a similar phase analysis at 1500℃.
    
    c. Sketch the microstructure of the alloy at each of these temperatures by using circular microscopic fields.

19. Consider the binary eutectic copper-silver phase diagram in Fig. 3-35. Make phase analyses of an 88% Ag-12%Cu（weight percent）alloy at the temperatures a. 1000℃, b. 800℃, c. 780℃ + $\Delta T$, d. 780℃. In the phase analyses, include：

(Ⅰ) The phases present.
(Ⅱ) The chemical compositions of the phases.
(Ⅲ) The amounts of each phase.
(Ⅳ) Sketch the microstructure by using 2-cm-diameter circular fields.

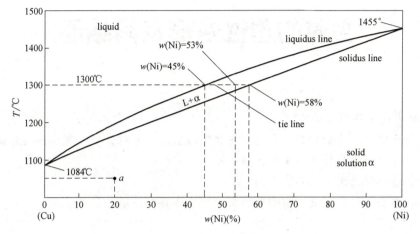

图 3-34　Cu-Ni 二元相图

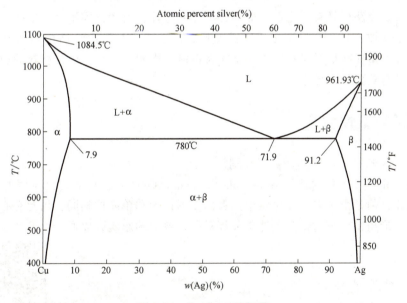

图 3-35　Cu-Ag 二元相图

# 第 4 章
# 金属的塑性变形及再结晶

> 曾经思考过这些问题吗？
> 1. 为什么室温下弯折铁丝时会越弯越硬？而室温下弯折铅丝时硬度却没有变化？
> 2. 什么类型的钢能提高汽车的防撞性？
> 3. 金属易拉罐是怎么生产出来的？
> 4. 为什么金属材料焊缝周围部分的强度低于离焊缝较远部位的强度？

金属经过熔炼浇注形成铸锭后，通常要进行各种塑性加工，如锻压、轧制、挤压、冷拔、冲压等，从而获得具有一定形状的零件毛坯或零件，或者得到型材、板材、管材和线材等。金属在塑性加工时，不仅产生了塑性变形，而且还会发生组织结构和性能的变化。因此，了解金属的塑性变形对材料的组织结构及性能的影响，对合理设计材料的加工工艺、提高产品质量具有重要的指导意义。

## 4.1 金属的塑性变形

若加载应力超过材料的弹性极限，则卸载后，试样不会完全恢复原状，会留下一部分永久变形，这种永久变形称为塑性变形（plastic deformation）。虽然工程上应用的金属材料大多数为多晶体，但是由于多晶体中每个晶粒的变形机理和单晶体相同，因此有必要先了解单晶体的塑性变形机制，再讨论多晶体中晶界对塑性变形的影响，以便全面了解金属材料的塑性变形规律。

### 4.1.1 单晶体的塑性变形

单晶体的塑性变形机制有两种，即滑移和孪生。

**1. 滑移**

在切应力作用下，晶体的一部分沿一定晶面（滑移面）和晶向（滑移方向）相对于另一部分发生的滑动称为滑移（slip），如图 4-1 所示。当对一单晶体试样进行拉伸时，外力在晶面上产生的应力可分解为垂直于该晶面的正应力 $\sigma$（normal stress）及平行于该晶面的切应力 $\tau$（shear stress），如图 4-2 所示。正应力只能引起晶格的弹性伸长，或进一步把晶体拉断；而切应力在使晶格发生弹性变形后，进一步使晶体发生滑移。滑移的结果是会在晶体的表面留下滑移痕迹，如图 4-3 所示。用高分辨率电子显微镜观察，则每条滑移带实际上是由一簇相互平行的滑移线组成的，如图 4-4 所示。

计算表明：把滑移设想为刚性整体滑动，所需的理论临界切应力值比实际测量的临界切应力大 3~4 个数量级，而按照位错运动模型计算所得的临界切应力值与实测值相符。因此滑移实际上是位错在切应力作用下的运动结果，如图 4-5 所示。

单晶体的滑移具有以下特点：

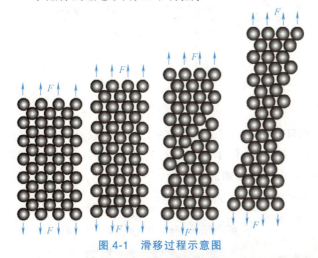

图 4-1　滑移过程示意图　　　　图 4-2　外加载荷在滑移面上的分解

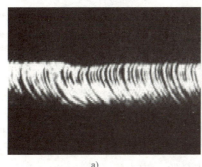
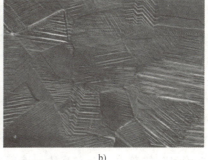

a)　　　　　　　　　　　　b)

图 4-3　晶体表面的滑移痕迹

a) 单晶体表面的滑移痕迹　b) 多晶铜表面的滑移痕迹

1) 滑移只能在切应力的作用下发生，产生滑移所需的最小切应力称为临界切应力 (critical shear stress)，其大小取决于金属原子间的结合力。

2) 滑移总是沿着晶体中的密排面和密排方向进行，如 fcc 的 {111} 面和 <110> 晶向。这是因为原子密度最大的晶面之间的面间距最大，结合力最弱，产生滑移所需的切应力最小，密排方向上的原子间距最小，滑移时的阻力最小。如图 4-6 所示，图中 Ⅰ-Ⅰ 面是原子排列最紧密的晶面，其晶面之间的距离最大，晶面之间的结合力也最弱。而原

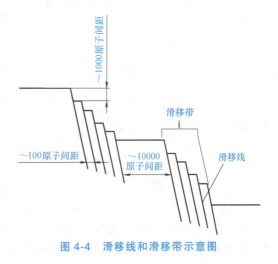

图 4-4　滑移线和滑移带示意图

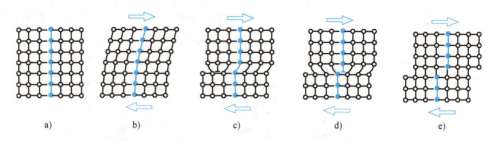

图 4-5 刃型位错在切应力作用下的运动示意图
a) 变形前  b) 弹性变形  c) 产生位错  d) 位错运动  e) 变形后

子排列密度小的晶面,如图中Ⅱ-Ⅱ晶面和Ⅲ-Ⅲ晶面,其晶面间的距离相对较小,晶面之间的结合力相对较大。因而在外力的作用下,只有在Ⅰ-Ⅰ晶面上容易实现滑移。同理也可以说明滑移为什么总是沿着滑移面上原子排列密度最大的晶向进行。

一个滑移面(slip plane)和其上的一个滑移方向(slip direction)构成一个滑移系(slip system)。表 4-1 列出了三种常见金属晶体结构的滑移系。滑移系越多,金属发生滑移的可能性越大,塑性也越好。其中滑移方向对塑性的贡献比滑移面大,因而面心立方结构金属的塑性好于体心立方结构金属的塑性,密排六方结构金属的塑性在这三种晶体结构中是最差的。

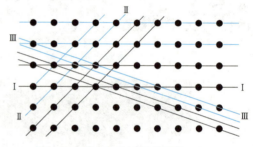

图 4-6 面心立方不同晶面的面间距

3) 滑移时,晶体的一部分相对于另一部分沿滑移方向位移的距离为原子间距的整数倍。当一个位错移动到晶体表面时,便产生一个原子间距的滑移量,如图 4-7 所示。同一滑移面上,若有大量位错移出,会在晶体表面形成台阶,称为滑移线(slip line)。若干条滑移线组成一个滑移带(slip band)。

表 4-1 三种常见金属晶体结构的滑移系

| 晶体结构 | 体心立方结构 | | 面心立方结构 | | 密排六方结构 | |
|---|---|---|---|---|---|---|
| 滑移面 | {110} | | {111} | | {0001} | |
| 滑移方向 | <111> | | <110> | | <1120> | |
| 滑移系数目 | 6×2 = 12 | | 4×3 = 12 | | 1×3 = 3 | |

4) 试样拉伸时,由于受到夹头的限制,晶体在滑移的同时必然伴随有晶体的转动。如图 4-8 所示为在滑移的同时发生转动的示意图。

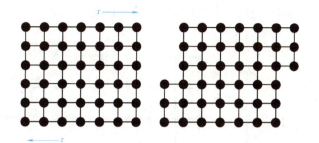

图 4-7 位错移出晶体表面

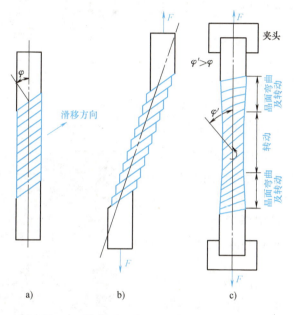

a)　　　　　b)　　　　　c)

图 4-8 拉伸时受夹头的限制晶体的转动

a）拉伸前的原始试样　b）拉伸时试样无夹头限制　c）拉伸时试样有夹头限制

【例 4-1】 下列晶向中哪一个晶向可以和面心立方晶体中的（111）面组成一个滑移系？

（1）$[\bar{1}01]$　　（2）$[101]$　　（3）$[111]$　　（4）$[11\bar{2}]$

答：组成滑移系需同时满足两个条件：①滑移方向为密排方向；②滑移方向位于滑移面上。

对于面心立方结构，满足第一个条件的晶向是 $[\bar{1}01]$ 和 $[101]$，满足第二个条件的晶向是 $[\bar{1}01]$ 和 $[11\bar{2}]$。因此，同时满足两个条件的为晶向 $[\bar{1}01]$，即 $[\bar{1}01]$ 晶向可以和面心立方晶体中的（111）晶面组成一个滑移系。

## 2. 孪生

在切应力作用下，晶体的一部分沿一定的晶面（孪生面）和晶向（孪生方向）相对于另一部分所发生的切变称为孪生（twinning）。发生切变的部分称为孪生带或孪晶（twin），发生孪生的晶面称为孪生面（twinning plane）。孪生的结果是使孪生面两侧的晶体呈镜面对称。孪生变形如图 4-9 所示，图 4-10 所示为纯锌的变形孪晶组织。

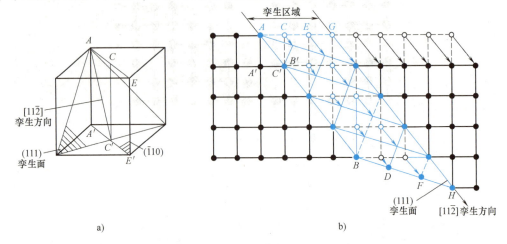

a)　　　　　　　　　　　　　　　b)

图 4-9　孪生变形示意图

a）晶胞内的孪生面与孪生方向　b）二维平面内的孪生变形

与滑移相比，二者的相同点如下：

1）宏观上都是在切应力的作用下发生的剪切变形。

2）微观上都是晶体塑性变形的基本形式，是晶体的一部分沿一定晶面和晶向相对另一部分的移动过程。

3）两者都不会改变晶体结构。

4）从机制上看，都是位错运动的结果。

5）都存在临界分切应力。

二者的不同点如下：

1）晶体运动方向不同。滑移不改变晶体的位向，孪生改变晶体位向。

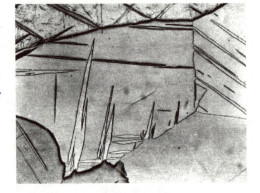

图 4-10　纯锌的变形孪晶组织

2）原子移动距离不同。滑移时原子的位移是沿滑移方向原子间距的整数倍，而孪生时原子的位移小于孪生方向的原子间距。

3）滑移是不均匀切变过程，它只集中在某一些晶面上大量进行，各滑移带之间的晶体并未发生滑移；而孪生是均匀切变过程，即在切变区内与孪生面平行的每一层原子面均沿孪生方向发生一定量的位移。

4）两者发生的条件不同。孪生所需临界分切应力值远大于滑移，因此只有在滑移受阻的情况下晶体才以孪生方式变形，通常在滑移系较少的密排六方结构（Mg、Zn、Cd 等金属）中产生。晶体对称度越低，相对来说越容易发生孪生；另外变形温度越低，加载速率越高，也越容易发生孪生。

孪生本身对金属的塑性变形贡献不大，但是当金属的滑移系少且位向不利于滑移时，孪生能调整晶体的位向关系，使原来不利于移动的滑移系借助于孪生调整到有利滑移产生的位向而产生滑移。于是滑移和孪生交替进行，相辅相成，使金属获得很大的变形量。

**【例 4-2】** 为什么一般条件下进行塑性变形时,锌中易出现孪生带,而纯铜中易出现滑移带?

**答**:因为锌是密排六方结构,滑移系少,不易产生滑移,变形机制以孪生为主;而纯铜为面心立方结构,滑移系多,易产生滑移。

### 4.1.2 多晶体的塑性变形

多晶体金属的塑性变形与单晶体相比并无本质区别,多晶体中的每个晶粒都以滑移和孪生两种方式进行塑性变形,但是由于各个晶粒空间位向不同,且存在着大量的晶界,因此变形要复杂得多。多晶体的塑性变形主要有以下特点。

多晶体的塑性变形

#### 1. 晶粒间的位向差带来滑移的不等时性

在外力的作用下,由于各晶粒位向不同,在各个晶粒滑移系上的分切应力值会有很大差异,使处于有利位向的晶粒首先发生滑移,而处于不利位向的晶粒则未开始滑移,如图 4-11 所示。随着滑移的不断进行,那些不利取向的晶粒也在协调过程中转为有利取向,也开始发生滑移。各晶粒的滑移具有不等时性。

#### 2. 相邻晶粒的相互协调性

多晶体的每个晶粒都处于其他晶粒的包围中,为保持晶粒间的连续性,要求各个晶粒的变形与周围晶粒相互协调,防止晶界处产生空隙或开裂。这样在多晶体中,就要求每个晶粒至少要有

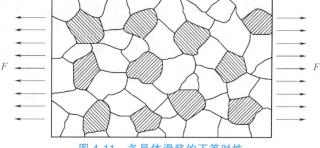

图 4-11 多晶体滑移的不等时性

5 个独立的滑移系,只有 5 个独立滑移系同时启动,其形状才能相应地做出各种改变,与相邻的晶粒协调一致,这是多晶体相邻晶粒相互协调性的基础。滑移系多的面心立方和体心立方晶体能满足这个条件,因而它们的多晶体具有很好的塑性,而密排六方晶体由于滑移系少,晶粒之间的应变协调性很差,其多晶体的塑性变形能力很低。

#### 3. 各晶粒变形的不均匀性

在外力的作用下,由于多晶体塑性变形的不等时性和协调性,各个晶粒的变形是很不均匀的,有的产生较大的塑性变形,有的可能只产生弹性变形,尤其是当整个零件的总变形量为 2%~10% 时,变形更是极不均匀。即使是一个晶粒本身的变形量也有差异,通常晶界处的变形量小于晶粒内部,如图 4-12 所示。多晶体变形的不均匀性会产生内应力。

a)

b)

图 4-12 双晶拉伸变形示意图

a) 变形前  b) 变形后

#### 4. 晶界的影响

前已述及,未发生滑移的晶粒以弹性变形的方式与优先滑移的晶粒取得相互的协调和配

合,这种弹性变形便成为塑性变形晶粒的变形阻力,晶粒间的这种相互约束,使得多晶体金属的塑性变形能力提高。在多晶体中,晶界原子排列不规则,已滑移的晶粒中的位错运动到晶界附近时,受到晶界的阻碍而堆积起来,称为位错塞积,如图4-13所示。若要使变形继续进行,则必须增大外力,可见晶界使金属的塑性变形抗力提高。

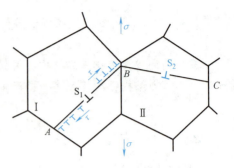

图 4-13 位错塞积示意图

实验表明,多晶体的强度随其晶粒的细化而提高。如图4-14所示为低碳钢的屈服强度与晶粒尺寸之间的关系。显然,屈服强度与晶粒直径 $d^{-1/2}$ 呈线性关系,对其他金属材料的研究也发现了类似的规律,这就是霍尔-佩奇(Hall-Patch)关系

$$\sigma_s = \sigma_i + Kd^{-\frac{1}{2}}$$

式中,$\sigma_i$ 与 $K$ 是两个与材料有关的常数,显然 $\sigma_i$ 对应于无限大单晶的屈服强度,而 $K$ 则与晶界有关。

细晶材料晶粒细小且数目很多,在相同外力的作用下,处于滑移有利方向的晶粒数量也会增多,使众多的晶粒参加滑移,滑移量分散在各个晶粒中,变形均匀性高,应力集中小,变形时引起开裂的倾向小,直至断裂前,可获得较大的塑性变形。由于应力集中小,裂纹不易萌生;且晶界多,裂纹不易传播,在断裂过程中可吸收较多的能量。因此,细晶材料的韧性也高。所以,作为材料强化的一种有效手段,晶粒细化在大多数情况下都是我们所期望的,称为细晶强化。细晶强化是唯一一种在提高材料强度的同时也提高材料的塑性和韧性的强化方式。

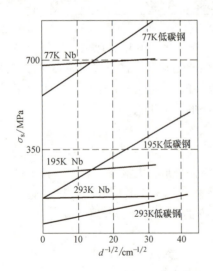

图 4-14 低碳钢的屈服强度与晶粒尺寸关系图

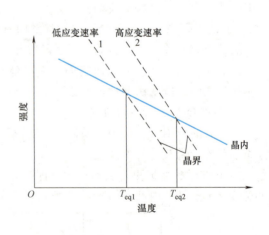

图 4-15 等强温度示意图

不过,由于细晶强化所依赖的前提条件是晶界阻碍位错滑移仅在温度较低时存在,因此细晶强化在温度较低的情况下才能实现。因为晶界本质上是一种缺陷,当温度升高时,随着原子活动性的增强,晶界也逐渐变得不稳定,这将导致其强化效果逐渐减弱,甚至出现晶界

弱化的现象。实际上多晶体材料的强度-温度关系中,存在一个所谓的"等强温度",小于这个温度时,晶界强度高于晶内强度,反之则晶界强度低于晶内强度,如图 4-15 所示。因此,在高温条件下工作时,粗晶组织的高温强度反而较高。

【例 4-3】 试说明多晶体金属塑性变形时,晶粒越小则强度越高且塑性和韧性越好的原因。

答:1)晶界阻止位错滑移,会在晶界处形成位错塞积,必须增加外力,才能继续变形。因此晶粒越小,晶界面积越多,变形阻力越大,强度越高。

2)晶粒越小,晶粒的数目越多,参与滑移的晶粒数越多,滑移量分散在各个晶粒中,变形均匀性越高,应力集中越小,变形时引起开裂的倾向越小,塑性越好。

3)晶粒越小,应力集中越小,裂纹不易萌生;晶界越多,裂纹不易传播,在断裂过程中可吸收更多的能量,韧性越高。

### 4.1.3 塑性变形对金属组织和性能的影响

#### 1. 塑性变形对金属组织的影响

塑性变形后,金属材料的显微组织发生了明显的改变,各晶粒中除了出现大量的滑移带、孪晶带以外,其晶粒形状也会发生变化:随着变形量的逐渐增大,原来的等轴晶粒沿变形方向逐渐被拉长,当变形量很大时,晶粒变成纤维状,如图 4-16、图 4-17 所示。

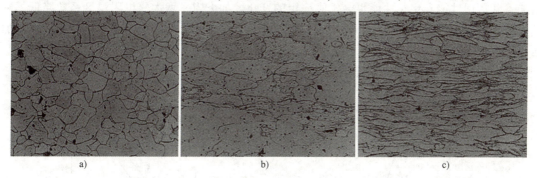

图 4-16 工业纯铁经不同程度冷轧后的光学显微组织

a) 20%压缩率 b) 40%压缩率 c) 60%压缩率

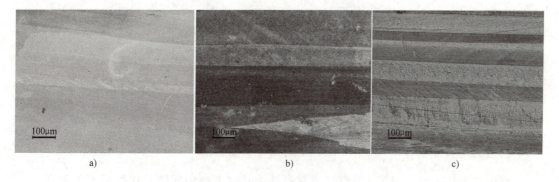

图 4-17 连铸铜杆经不同程度冷拔后的光学显微组织

a) 15%压缩率 b) 40%压缩率 c) 65%压缩率

在塑性变形的过程中，位错密度也迅速增大，可从变形前退火态的 $10^6 \sim 10^{10} \mathrm{cm}^{-2}$ 增至 $10^{11} \sim 10^{12} \mathrm{cm}^{-2}$。变形量越大，位错密度越大。位错聚集在局部地区，将原晶粒分成小块，形成胞状亚结构，如图 4-18 所示。

### 2. 塑性变形对金属性能的影响

（1）加工硬化　图 4-19 所示是工业纯铜和 45 钢经不同程度冷变形后的性能变化情况。可见随着形变量的增加，晶体的强度、硬度提高，塑性、韧性下降。这种现象称为加工硬化（working hardening）。

图 4-18　塑性变形引起的胞状亚结构

加工硬化可作为变形金属的一种强化方式，许多不能通过热处理强化的金属材料，可以利用冷变形加工同时实现成形与强化的目的。此外，正是由于材料本身的加工硬化特性，金属零件的冲压成形等加工，才能使零件均匀变形，避免因局部变形导致的断裂。不过加工硬化现象也存在不利之处，当连续变形加工时，由于加工硬化使金属的塑性大为降低，故必须进行中间软化退火处理，以便继续变形加工。

（2）其他性能变化　经塑性变形后的金属，由于点阵畸变、位错与空位等晶体缺陷的增加，其物理性能和化学性能也会发生一定的变化，如电阻率增大，电阻温度系数降低，磁滞与矫顽力略有增大而磁导率、热导率减小。此外，由于原子活动能力增大，还会使扩散加速、耐蚀性降低。

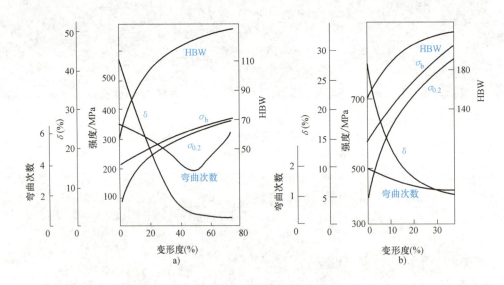

图 4-19　工业纯铜和 45 钢冷变形后的性能变化
a）工业纯铜　b）45 钢

金属的性能还可能出现各向异性，通常沿纤维长度方向的强度和塑性远大于垂直方向。经塑性变形也会产生残余应力，需要进行热处理来消除内应力。

## 4.2 冷变形金属在加热时组织和性能的变化

塑性变形使金属的组织和性能都发生了变化，大量的空位、位错胞状结构及内应力产生的畸变能和弹性应变能被储存下来，导致金属在热力学上处于不稳定状态，有自发向稳定态转化的趋势。当变形金属被重新加热时，便自发地向冷变形前的状态转变。根据其显微组织及性能的变化情况，可将这种变化分为三个阶段：回复、再结晶和晶粒长大。这一过程如图 4-20 所示。其中，回复和再结晶的驱动力是形变储存能（stored energy），晶粒长大的驱动力是界面能（interface energy）。

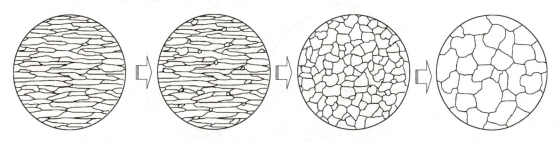

图 4-20 冷变形金属退火晶粒形状、大小的变化

### 4.2.1 回复

回复（recovery）是指新的无畸变晶粒出现前产生亚结构和性能变化的阶段。回复在较低温度下发生，仅能使金属中的一些点缺陷和位错进行迁移，使空位和间隙原子合并，点缺陷的数目大大减少，使金属的电阻减小，使位错重排，晶格畸变减小，使内应力明显下降。由于温度低，因此不能改变晶粒形态，光学金相组织几乎没有发生变化，仍保持形变结束时的变形晶粒形貌。回复阶段强度和硬度略有降低，塑性略有升高。

回复与再结晶

生产上常用回复过程对变形金属进行去应力退火，以降低残余内应力，保留加工硬化效果，使材料保持高的强度。如，用冷拔钢丝卷制的弹簧在 250~300℃ 的低温进行消除应力退火，经深冲的黄铜弹壳要进行 260℃ 的去应力退火，以防止晶间应力腐蚀开裂等。

### 4.2.2 再结晶

再结晶（recrystallization）是指无畸变的等轴新晶粒逐步取代变形晶粒的过程。当变形过的金属被加热到较高温度时，首先在畸变较大的区域产生新的无畸变的晶粒核心，即再结晶形核过程，然后逐渐消耗周围变形晶粒而长大，转变成为新的等轴晶粒，直到冷变形晶粒完全消失。再结晶不是一个恒温过程，而是发生在一个温度范围之内。能够进行再结晶的最低温度称为再结晶温度（recrystallization temperature）。再结晶过程不是相变过程，因为再结晶前后，新旧晶粒的晶格类型和成分完全相同。再结晶发生后，金属的强度和硬度明显降低，塑性和韧性大大提高，加工硬化被消除，物理和化学性能基本上恢复到变形前的水平。

再结晶过程在生产上主要用于冷塑性变形加工过程的中间处理，以消除加工硬化，便于下道工序的继续进行。如冷拔丝过程中要经过再结晶退火。

### 4.2.3 晶粒长大

晶粒长大（grain growth）指再结晶结束后晶粒的长大过程。再结晶完成后，金属获得均匀细小的等轴晶粒，如继续升高温度或在再结晶温度下长时间保温，在晶界界面能的驱动下，晶粒会合并长大，最终会达到一个相对稳定的尺寸，这就是晶粒长大阶段。粗大的晶粒会使金属的力学性能变差，所以在生产中应严格控制温度和保温时间，尽量避免这种情况。

再结晶后晶粒的大小及材料性能的变化情况如图 4-21 所示。

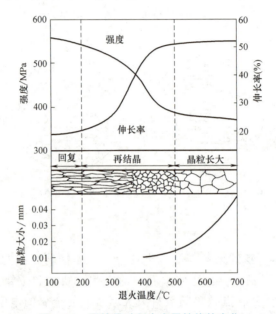

图 4-21 再结晶过程中金属性能的变化

【例 4-4】 用一冷拉钢丝绳吊装一大型工件入炉，并随炉一起加热到 1000℃，加热完毕，当吊出工件时，钢丝发生断裂，试分析其原因。

答：冷拉钢丝绳的加工过程是冷加工过程。由于加工硬化，使钢丝的强度、硬度升高，故承载能力高；当其随炉一起加热到 1000℃，温度超过它的再结晶温度时，会使钢丝绳产生再结晶，造成强度和硬度的降低，一旦外载超过其承载能力，就会发生断裂。

【例 4-5】 说明冷变形金属加热时回复、再结晶及晶粒长大的过程和特点。

答：(1) 回复过程的特征
1) 组织不发生变化，仍保持变形伸长的晶粒形态。
2) 变形引起的宏观（一类）应力全部消除，微观（二类）应力大部分消除。
3) 一般力学性能变化不大，硬度、强度仅稍有降低，塑性稍有提高；某些物理性能有较大变化，电阻率显著降低，密度增大。

(2) 再结晶过程的特征
1) 组织发生变化，变形伸长的晶粒变为新的等轴晶粒。
2) 力学性能急剧变化，硬度、强度急剧降低，塑性提高；恢复至变形前的状态。
3) 变形储存能全部释放，点阵畸变（三类应力）全部消除，位错密度降低。

### （3）晶粒长大过程
1）晶粒长大。
2）性能变化，如强度、塑性、韧性下降。
3）还可能出现再结晶织构等现象。

#### 4.2.4 再结晶退火后的晶粒度

在工业上，把消除加工硬化所进行的热处理称为再结晶退火（recrystallization annealing）。再结晶退火温度常比再结晶温度高 100~200℃。由于晶粒大小对金属的力学性能具有重大影响，因此生产上非常重视再结晶退火后的晶粒尺寸。影响再结晶退火后晶粒大小的因素如下。

**1. 加热温度和保温时间**

加热温度越高，保温时间越长，金属的晶粒越大。加热温度对晶粒大小的影响尤为显著，如图 4-22 所示。图 4-23 所示为高纯铝经变形后，在不同的温度下进行再结晶退火后的组织。

**2. 预变形度**

变形度很小时，由于晶格畸变小，不足以引起再结晶。当变形度达到 2%~10% 时，金属中只有部分晶粒变形，变形不均匀，再结晶时晶粒大小相差悬殊，容易相互吞并长大，这个变形度称为临界变形度，如图 4-24 所

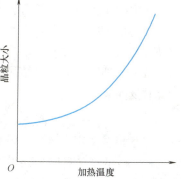

图 4-22 再结晶退火温度对晶粒大小的影响

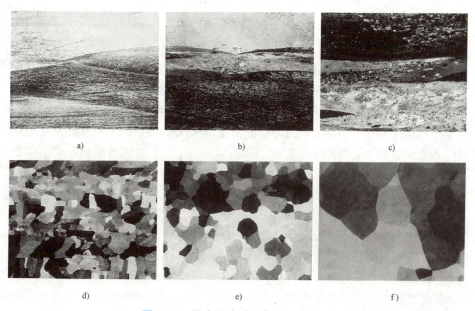

图 4-23 退火温度对晶粒大小的影响

a）高纯铝变形 75%　b）高纯铝变形 75%，260℃保温 30min，再结晶刚开始　c）高纯铝变形 75%，280℃保温 30min，再结晶晶粒增多　d）高纯铝变形 75%，350℃保温 30min，再结晶基本完成　e）高纯铝变形 75%，400℃保温 30min，晶粒长大　f）高纯铝变形 75%，550℃保温 30min，晶粒急剧长大

示。生产中应尽量避开临界变形度下的加工。超过临界变形度后，随变形度增大，变形越来越均匀，再结晶时形核量大且均匀，使再结晶后的晶粒细小且均匀。

### 3. 原始晶粒尺寸

晶界附近区域的形变情况比较复杂，因而这些区域的储存能较高，晶核易于形成。细晶粒金属的晶界面积大，所以储存能高的区域多，形成的再结晶核心也多，故再结晶后的晶粒尺寸小。

### 4. 杂质

金属中杂质的存在可提高强度，因此在同样的形变量下，杂质将增大冷变形金属中的储存能，从而使再结晶时的驱动力增大；另一方面，杂质对降低界面的迁移能力是极为有效的，即它会降低再结晶完成后晶粒的长大速率。因此，金属中的杂质将会使再结晶后的晶粒变小。

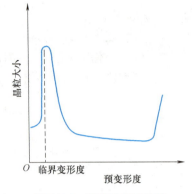

图4-24 预变形度对晶粒大小的影响

【例4-6】 将三个低碳钢试样分别变形至5%、15%和30%，如果将它们加热至800℃，指出其中哪个将产生粗晶粒？并说明晶粒尺寸对力学性能的影响。

答：5%的变形量刚好处于临界变形度范围，再结晶后会产生粗晶粒。晶粒尺寸对力学性能影响很大，晶粒越细小，晶界总面积越多，常温下晶界对位错运动起阻碍作用，使金属强度升高，塑性和韧性也增大，称为细晶强化；其次，晶界上的原子具有较高的动能，高温条件下受力，晶界易产生滑动，使强度下降。

## 4.2.5 金属的热加工

热加工

热加工和冷加工的界限是以再结晶温度来划分的。凡是在低于金属的再结晶温度下进行的塑性变形称为冷加工（cold working），而在高于再结晶温度时进行的塑性变形称为热加工（hot working）。如，Fe的再结晶温度为451℃，在400℃以下的塑性变形均属于冷加工；而Pb的再结晶温度为-33℃，在室温下的加工变形就是热加工。还有一种定义方法为：$0.6T_m$（$T_m$为熔点）以上的加工为热加工，$0.3T_m$以下的加工为冷加工，而$0.3T_m \sim 0.6T_m$之间的加工为温加工（warm working）。热加工时产生的加工硬化现象随时被再结晶过程产生的软化所抵消，因而热加工通常不会产生加工硬化效果。

### 1. 热加工的优缺点

与冷加工等其他加工方法相比，热加工具有以下优点：

1）金属在热加工变形时，变形抗力较低，消耗能量较少。

2）金属在热加工变形时，其塑性提高，产生断裂的倾向性减小。

3）在生产过程中，不需要像冷加工那样的中间退火，从而可使生产工序简化，生产效率提高。

热加工也有以下不足：

1）对于薄或细的轧件，由于散热较快，在生产中保持热加工的温度条件比较困难，因此，对于生产薄或细的金属件来讲，目前一般仍采用冷加工（如冷轧、冷拉）的方法。

2）热加工后轧件的表面不如冷加工生产的轧件的表面尺寸精确和光洁。因为在加热时，轧件表面会生成氧化皮，冷却时氧化皮收缩不均匀，造成轧件的表面质量下降。

3）热加工后产品的组织及性能不如冷加工时均匀。因为热加工结束时，工件各处的温度难以均匀一致。

【例 4-7】 锡在室温下变形，钨在 1000℃ 变形，它们属于冷加工还是热加工？

答：锡的熔点是 231.89℃，钨的熔点是 3422℃。按照再结晶温度（$T_r$）与熔点（$T_m$）的关系：$T_r = (0.35 \sim 0.4) T_m$，可以判定锡在室温下的变形为热加工，而钨在 1000℃ 的变形为冷加工。

#### 2. 热加工对金属组织与性能的影响

热加工不仅改变了材料的形状，而且由于其对材料组织和微观结构的影响，也使材料的性能发生了改变，主要体现在以下几方面：

1）**改善铸态组织，减少缺陷**。热加工可焊合铸态组织中的气孔和疏松等缺陷，提高组织致密性，并通过反复的形变和再结晶破碎粗大的铸态组织，减少偏析，因而材料的塑性和强度都明显提高。

2）**形成流线和带状组织使材料出现各向异性**。热加工后，材料中的偏析、夹杂物、第二相、晶界等将沿金属变形方向呈断续、链状（脆性夹杂）和带状（塑性夹杂）延伸，形成流动状的纤维组织，称为流线，如图 4-25a 所示。通常，沿流线方向比垂直流线方向具有更高的力学性能。

3）**晶粒大小的控制**。热加工时动态再结晶的晶粒大小主要取决于变形时的流变应力，应力越大，晶粒越细小。因此，欲在热加工后获得细小的晶粒，必须控制变形量、变形的终止温度和随后的冷却速度，同时添加微量的合金元素、抑制热加工后的静态再结晶也是很好的方法。热加工后的细晶材料具有较高的强韧性。

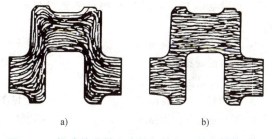

图 4-25 锻造的曲轴和直接机械加工的曲轴的组织
a）锻造的曲轴 b）直接机械加工的曲轴

### 思考题与习题

一、名词解释

滑移、塑性变形、塑性、弹性、回复、再结晶、热加工、滑移系和孪生。

二、填空题

1. 显著提高金属材料的强度、硬度的同时，又不明显降低其塑性、韧性的强化方式称为_____。

2. 晶体塑性变形的基本形式有_____、_____两种，它们都是在_____作用下发生的，常沿晶体中原子密度_____和_____发生。

3. 变形金属在加热时组织与性能的变化，随加热温度不同，大致分为_____、_____和_____三个阶段。

4. 金属结晶的驱动力是_____；冷变形金属回复和再结晶的驱动力是_____；再结晶后

晶粒长大的驱动力是_____；原子扩散的驱动力是_____。

5. 加工硬化的根本原因是_____。

三、选择题

1. 能使单晶体产生塑性变形的应力为_____。
   A. 正应力   B. 切应力   C. 原子活动力   D. 复合应力

2. 冷变形后的金属，在加热过程中将发生再结晶，这种转变是_____。
   A. 晶格类型的变化          B. 只有晶粒形状大小的变化，而无晶格类型的变化
   C. 晶格类型、晶粒形状均无变化   D. 既有晶格类型变化，又有晶粒形状的改变

3. 金属晶体中的_____越多，其滑移的可能性就越大。
   A. 滑移带   B. 滑移线   C. 滑移系

4. 零件中的流线应与其工作时所受到的_____方向一致。
   A. 切应力   B. 最大拉应力   C. 最大压应力   D. 不能确定

5. 面心立方晶格的晶体在受力时的滑移方向为_____。
   A. <111>   B. <110>   C. <100>   D. <112>

6. 体心立方与面心立方晶格具有相同数量的滑移系，但其塑性变形能力是不相同的，其原因是面心立方晶格的滑移方向较体心立方晶格的滑移方向_____。
   A. 少   B. 多   C. 相同   D. 有时多有时少

7. 变形金属在加热时发生的再结晶过程是一个新晶粒代替旧晶粒的过程，这种新晶粒的晶型_____。
   A. 与变形前的金属相同        B. 与变形后的金属相同
   C. 形成的新晶型            D. 与再结晶前的金属相同

8. 加工硬化使_____。
   A. 强度提高、塑性降低        B. 强度提高、塑性提高
   C. 强度降低、塑性提高        D. 强度降低、塑性降低

9. 再结晶后_____。
   A. 形成等轴晶，强度提高      B. 形成柱状晶，塑性下降
   C. 形成柱状晶，强度提高      D. 形成等轴晶，塑性提高

10. 冷变形时，随着变形量的增大，金属中的位错密度_____。
    A. 提高   B. 降低   C. 无变化   D. 先提高后降低

11. 加工硬化现象的最主要原因是_____。
    A. 晶粒破碎细化   B. 位错密度提高   C. 晶粒择优取向   D. 形成纤维组织

12. 为了提高大跨距铜导线的强度，可以采取适当的_____。
    A. 冷塑性变形加去应力退火    B. 冷塑性变形加再结晶退火
    C. 热处理强化           D. 热加工强化

13. 下面制造齿轮的方法中，较为理想的是_____。
    A. 用厚钢板切出圆饼再加工成齿轮    B. 用粗钢棒切下圆饼再加工成齿轮
    C. 由圆钢棒热锻成圆饼再加工成齿轮   D. 由钢液浇注成圆饼再加工成齿轮

14. 用铝制造的一种轻型梯子，使用时挠度过大但未塑性变形。若要改进，应采取的措施是_____。
    A. 采用高强度铝合金         B. 用钢代替铝
    C. 用高强度镁合金          D. 改进梯子的结构设计

15. 下面说法正确的是_____。
    A. 冷加工钨在1000℃发生再结晶   B. 钢的再结晶退火温度为450℃

C. 冷加工铅在 0℃ 也会发生再结晶　　D. 冷加工铝的 $T_r \approx 0.4 T_m = 0.4 \times 660℃ = 264℃$

16. 下列工艺操作正确的是＿＿＿＿。
A. 淬火加热时用冷拉强化的弹簧丝绳吊装大型零件入炉和出炉
B. 用冷拉强化的弹簧钢丝制作沙发弹簧
C. 室温下可以将熔体丝拉成细丝而不采取中间退火
D. 铅的铸锭在室温下多次轧制成为薄板，中间应进行再结晶退火

17. 冷加工金属回复时，位错＿＿＿＿。
A. 增加　　　　B. 大量消失　　　C. 重排　　　　D. 不变

18. 在相同变形量的情况下，高纯金属比工业纯度的金属＿＿＿＿。
A. 更易发生再结晶　　　　　　B. 更难发生再结晶
C. 更易发生回复　　　　　　　D. 更难发生回复

19. 在室温下经轧制变形 50% 的高纯铝的纤维组织是＿＿＿＿。
A. 沿轧制方向伸长的晶粒　　　B. 纤维状晶粒
C. 等轴晶粒　　　　　　　　　D. 带状晶粒

四、是非题

1. 变形金属在加热发生回复时，其组织和力学性能都将恢复到变形前的状态。（　）
2. 加工硬化可以在一定程度上提高零件在使用过程中的安全性。（　）
3. 金属的预变形度越大，其再结晶后的晶粒尺寸越大。（　）
4. 变形金属在加热发生回复时，其性能的主要变化之一是塑性明显提高。（　）
5. 多晶体金属塑性变形的主要特点是各个不同位向晶粒之间要相互协调，以及晶界对变形具有阻碍作用。（　）
6. 再结晶虽包含形核和长大过程，但它不是一个相变过程。（　）
7. 单晶体是各向异性的，所以实际应用的金属材料在各个方向上的性能也是不同的。（　）
8. 孪生变形速度很快是因为金属孪生变形时需要的临界分切应力小。（　）
9. 塑性变形就是提高材料塑性的变形。（　）
10. 钢的再结晶退火温度一般为 1000℃。（　）
11. 低碳钢的临界变形度一般都大于 30%。（　）
12. 锡在室温下加工是冷加工，钨在 1000℃ 变形是热加工。（　）
13. 滑移面是原子密度最大的晶面，滑移方向则是原子密度最小的方向。（　）
14. 晶界处原子排列紊乱，所以其滑移阻力最小。（　）
15. 再结晶就是重结晶。（　）
16. 再结晶退火温度就是最低再结晶温度。（　）

五、综合题

1. 滑移和孪生有何区别？试比较它们在塑性变形中的作用。
2. 试述固溶强化、加工硬化和弥散强化的强化原理，并说明它们的区别。
3. 室温下对铅板进行弯折，越弯越硬，而稍隔一段时间再进行弯折，铅板又像最初一样柔软，这是什么原因？
4. 高锰钢制造的碎矿机颚板经 1100℃ 加热后，用崭新的优质冷拔态钢丝绳吊挂，由起重机运往淬火水槽，行至途中钢丝绳突然发生断裂，试分析钢丝绳发生断裂的主要原因。
5. 如何区分冷加工和热加工？为什么锻件比铸件的性能好？热加工会造成哪些缺陷？
6. Compare and contrast hot working and cold working.
7. Describe the three stages of annealing for a cold worked metallic material.
8. Describe all mechanisms for strengthening of metals and alloys.

# 第 5 章

# 钢的热处理

曾经思考过这些问题吗?
1. 美国西部片中经常见到钉马掌时将红热的马掌快速放入水中冷却,这是为什么?
2. 兵马俑出土的秦代青铜剑历经2000多年的岁月依然光亮如新,是采用什么技术进行了保护?
3. 采用不同的热处理方法为什么会使同一材料的性能发生很大的变化?

## 5.1 热处理概述

热处理(heat treatment)是将固态金属在一定介质中加热、保温和冷却,以改变整体或表面组织,从而获得所需性能的工艺。热处理的一般过程如图 5-1 所示。与其他加工工艺(铸造、焊接、压力加工)相比,热处理后材料的组织结构发生了变化,因而材料的力学性能会发生很大变化,但是材料的几何形状基本不发生变化。

热处理

热处理可消除材料在铸、锻、焊工艺过程中留下的组织缺陷,可按照后续加工工艺的要求调整被加工件的工艺性能,可赋予材料最佳的使用性能,重要的零件都要经过适当的热处理才能使用。初步统计,在机床制造中,60%~70%的零件要经过热处理;在汽车、拖拉机制造工业中,需进行热处理的零件达 70%~80%;至于模具、滚动轴承则100%要经过热处理。

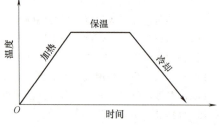

图 5-1 热处理的一般过程

【例 5-1】 从相图上看,什么样的合金才能进行热处理?
答:从相图上看,只有从高温到低温发生相变或有固溶体溶解度变化的合金,才能进行热处理。当然,还有一些热处理与相图无关,如去应力退火、再结晶退火等。

### 5.1.1 热处理的分类

根据加热、冷却方式及金属的组织、性能变化特点的不同,将热处理工艺分类如下:
(1) 普通热处理 包括退火、淬火、回火和正火。
(2) 化学热处理 包括渗碳、渗氮(氮化)、碳氮共渗和渗铝等。

**(3) 特种热处理** 包括表面热处理、真空热处理、形变热处理、激光热处理和时效处理等。

根据零件生产过程中所处的工艺位置和作用，又可以将热处理分为两类，即预备热处理与最终热处理。预备热处理是指为随后的加工（冷拔、冲压、切削）或进一步热处理作准备的热处理；而最终热处理是指赋予工件所要求的使用性能的热处理。

## 5.1.2 钢的临界温度

钢能够进行热处理的依据就是钢在固态加热、保温和冷却过程中，会发生一系列组织结构的转变，这种发生组织结构转变所对应的温度（即相变温度）称为临界点，它是制定热处理工艺时选择加热和冷却温度的依据。如图 5-2 所示，将共析钢加热到 $A_1$（PSK 线）以上、亚共析钢加热到 $A_3$（GS 线）以上、过共析钢加热到 $A_{cm}$（ES 线）以上能得到单相奥氏体。实际上，在加热和冷却时，相变是在不平衡条件下完成的，相变并不按相图中所示的温度进行，其相变点与相图有一些差异，即在实际热处理时，加热转变总是在一定的过热度下进行的，奥氏体的实际形成温度总是偏向高温，这种现象称为"滞后"。同样，冷却时也会因冷却速度的加快而发生由奥氏体向珠光体转变的滞后现象。另外过热度或过冷度随加热速度或冷却速度加快而

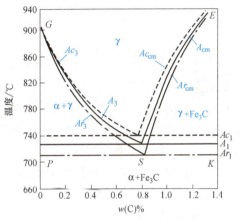

图 5-2 钢的相变临界温度

增大，这样就使加热和冷却时的临界点不在同一温度上。通常把加热时的临界点标以字母 $c$，如 $Ac_1$、$Ac_3$、$Ac_{cm}$ 等；而把冷却时的临界点标以字母 $r$，如 $Ar_1$、$Ar_3$、$Ar_{cm}$ 等（$c$ 表示 calefaction，$r$ 表示 refrigeration）。

## 5.2 钢在加热时的组织转变

钢的组织变化

### 5.2.1 奥氏体的形成

钢在加热过程中，由加热前的组织转变为奥氏体的过程称为奥氏体化（austenitizing）。由加热转变的奥氏体的组织形态，即奥氏体晶粒的大小、形态、取向、亚结构及成分均匀性等直接影响随后的冷却过程中的组织转变及转变所得的产物及性能。因此，掌握钢的加热转变过程，即奥氏体的形成规律是非常必要的。现以共析钢为例说明奥氏体的形成过程。

共析钢是由碳含量高的渗碳体 [$w(C) = 6.69\%$] 和碳含量低的铁素体 [$w(C) < 0.0218\%$] 组成的，当加热至 $Ac_1$ 以上的温度时，转变为单相奥氏体 [$w(C) = 0.77\%$]。而且铁素体相为体心立方点阵，渗碳体为复杂斜方点阵，奥氏体为面心立方点阵，三者点阵结构相差很大。因此，珠光体向奥氏体的转变包括铁原子的点阵改组、碳原子的扩散和渗碳体的溶解。该转变过程也符合一般相变规律，是晶核的形成和长大的过程。共析钢的奥氏体的形成过程分为四个阶段：奥氏体的形核、奥氏体的长大、渗碳体的溶解和奥氏体的均匀化。

共析钢的奥氏体形成过程示意图如图 5-3 所示。

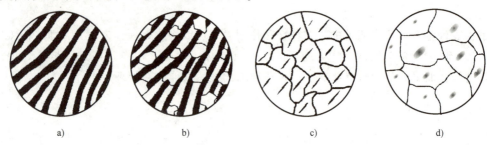

图 5-3 共析钢的奥氏体形成过程示意图
a) 珠光体组织  b) 奥氏体形核和长大  c) 渗碳体的溶解  d) 奥氏体的均匀化

### 1. 奥氏体的形核

共析钢的原始组织是珠光体，加热到 $Ac_1$ 以上时，奥氏体晶核优先在铁素体和渗碳体界面上形成，其主要原因是：

1) 在 $\alpha/Fe_3C$ 界面处，碳原子浓度相差很大，有利于获得形成奥氏体所需要的成分起伏；另外，在 $A_1$ 温度以上，随着温度的升高，奥氏体可以稳定存在的碳含量的范围变宽，同时，与铁素体相平衡的奥氏体的碳含量则减小，使奥氏体更易于形核。

2) 从能量上考虑，由于界面处有高的畸变能，可以提供形核功。

3) 相界面处畸变严重，有利于扩散，又因为原子排列不规则的相界更容易容纳一个新相而有利于点阵重构。

### 2. 奥氏体的长大

当奥氏体在铁素体和渗碳体两相界面上成核之后，便同时形成了 $\gamma/\alpha$ 和 $\gamma/Fe_3C$ 两个相界面。奥氏体的长大过程即为这两个界面向原有的铁素体和渗碳体中推移的过程。它依靠铁、碳原子的扩散，使得铁素体和渗碳体逐渐消失来实现其长大过程。因此，奥氏体的长大是一个由碳原子扩散控制的过程。

### 3. 渗碳体的溶解

理论分析表明，在 780℃ 时，奥氏体界面向铁素体推移的速度是向渗碳体推移速度的 15 倍，而通常珠光体中铁素体片的厚度约为渗碳体片厚度的 7 倍。于是在共析钢珠光体转变为奥氏体的过程中，珠光体中的铁素体总是先行消失，铁素体消失时，奥氏体中的平均碳含量低于共析珠光体的碳含量。因此，在奥氏体长大后期，当珠光体中的铁素体全部消失时，渗碳体还未完全溶解。之后，随着时间的延长，与渗碳体接触的奥氏体中的碳继续向奥氏体内部扩散，未溶渗碳体则不断溶入奥氏体中直至渗碳体完全溶解为止。

### 4. 奥氏体的均匀化

当渗碳体全部溶解时，奥氏体中碳的浓度分布仍然是不均匀的。原渗碳体区域的碳含量高，原铁素体的中心地带的碳含量低；高温下形成的奥氏体碳含量低，低温下形成的奥氏体碳含量高。如继续在奥氏体区停留，将通过碳在奥氏体中的扩散而使奥氏体中碳的分布均匀化。

对于亚共析钢和过共析钢来说，加热到 $Ac_1$ 以上只能使原始组织中的珠光体完成奥氏体化，先共析铁素体和先共析渗碳体仍然存在，这种奥氏体化过程称为不完全奥氏体化。只有

进一步加热至 $Ac_3$ 或 $Ac_{cm}$ 以上保温，才能获得均匀的单相奥氏体，这种奥氏体化过程称为完全奥氏体化。

### 5.2.2 奥氏体的晶粒大小及控制

钢的奥氏体化的目的是获得成分比较均匀、晶粒大小一定的奥氏体组织。在大多数情况下，总是希望得到细小的奥氏体晶粒。奥氏体晶粒的大小对冷却转变过程及其所获得的组织与性能均有很大的影响。因此，掌握奥氏体晶粒长大的规律及控制奥氏体晶粒度的方法具有很重要的意义。

#### 1. 奥氏体的晶粒度

奥氏体的晶粒度有三种，即起始晶粒度、实际晶粒度和本质晶粒度。起始晶粒度是指加热转变时，原始组织完全转变为奥氏体，奥氏体晶粒边界刚刚相互接触时的晶粒大小。奥氏体晶粒形成后在高温停留期间将继续长大，长大到冷却转变开始前，此时的奥氏体晶粒大小称为实际晶粒度，即钢在某一热处理条件下所得到的实际奥氏体晶粒的大小。生产中规定用本质晶粒度来衡量钢中奥氏体的长大倾向。据标准试验方法（GB/T 6394—2017），将加热到 930℃±10℃、保温 3~8h 后所得到的奥氏体实际晶粒大小，称为本质晶粒度。经上述试验，凡奥氏体晶粒度在 5~8 级者，称为本质细晶粒钢；而奥氏体晶粒度在 1~4 级者，称为本质粗晶粒钢。本质晶粒度只是表示钢在一定的条件下，奥氏体晶粒长大的倾向性，本质细晶粒钢加热时奥氏体晶粒长大倾向小，而本质粗晶粒钢加热时奥氏体晶粒长大的倾向大。奥氏体晶粒长大的倾向与温度的关系如图 5-4 所示。在工业生产中，经锰硅脱氧的钢一般都是本质粗晶粒钢，而经铝脱氧的钢、镇静钢则多为本质细晶粒钢。需进行热处理的工件，一般应采用本质细晶粒钢制造。

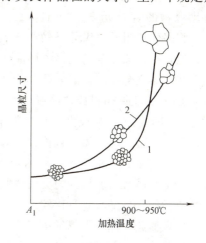

图 5-4 奥氏体晶粒长大的倾向与温度的关系

1—本质细晶粒钢 2—本质粗晶粒钢

#### 2. 奥氏体晶粒度的控制

奥氏体起始晶粒形成后，其实际晶粒度取决于保温时间或升温过程中晶粒长大的倾向。晶粒长大表现为晶界的迁移，实质上是原子在晶界附近的扩散过程。它将受到加热温度、保温时间、钢的成分、沉淀析出粒子的性质、数量、大小和分布，以及原始组织和加热速度等的影响。

（1）加热温度和保温时间的影响　加热温度越高，保温时间越长，奥氏体晶粒将越粗大，如图 5-5 所示。由图可见，在每一个温度下都有一个加速长大期，当奥氏体晶粒长大到一定的大小后，长大趋势将减缓直至停止长大。加热温度越高，奥氏体晶粒长大进行得越快。相比之下，加热温度比保温时间所起的作用更大。

（2）加热速度的影响　加热速度越快，奥氏体实际形成温度越高，奥氏体成核率与长大速度之比随之增大，因此快速加热时可以获得细小的起始晶粒。而且，加热速度越快，奥氏体起始晶粒越细小。所以，快速加热并且短时间保温可以获得细小的奥氏体晶粒。但是，如果长时间保温，由于奥氏体起始晶粒细小，并且加热温度高，奥氏体晶粒很容易长大。

(3) 钢的含碳量的影响 因为钢中碳含量增加时，碳原子在奥氏体中的扩散速度及铁的自扩散速度均增大，故奥氏体晶粒长大倾向增大。而超过一定的碳含量限度时，由于形成了二次渗碳体，因而阻碍了奥氏体晶粒的长大，在这种情况下，随钢中碳含量的升高，二次渗碳体数量增加，奥氏体晶粒长大倾向反而减小。因此，在钢中碳含量不足以形成过剩碳化物的情况下，奥氏体晶粒长大倾向随钢中碳含量增加而增大。通常，过共析钢在 $Ac_1 \sim Ac_{cm}$ 之间加热，可以保持较为细小的晶粒，而在相同的加热温度下，共析钢的晶粒长大倾向很大，这是因为共析钢的加热组织中不含过剩碳化物相。

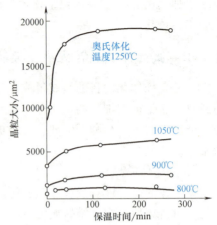

图 5-5 奥氏体晶粒大小与加热温度、保温时间的关系 [ $w(C)$ 0.48%-$w(Mn)$ 0.82%钢 ]

(4) 合金元素的影响 钢中加入适量的形成难熔化合物的合金元素，如 Ti、Zr、V、Al、Nb、Ta 等，将强烈地阻碍奥氏体晶粒长大，使奥氏体晶粒粗化温度显著升高。因为上述元素是强碳、氮化物形成元素，在钢中形成熔点高、稳定性强、不易聚集长大的 NbC、NbN、Nb(C, N)、TiC 等化合物，它们弥散分布，阻碍晶粒长大。形成中强碳化物的合金元素，如 W、Mo、Cr 等，也阻碍奥氏体晶粒长大，其影响程度为中等。不形成碳化物的合金元素，如 Si 和 Ni，对奥氏体晶粒长大的影响很小，而 Cu 几乎没有影响。Mn、P、C、O 含量在一定限度以下时可增大奥氏体晶粒长大的倾向。

(5) 原始组织的影响 原始组织主要影响起始晶粒度。一般说来，原始组织越细，碳化物分散度越大，所得到的奥氏体起始晶粒越细小。因此，和粗珠光体相比，细珠光体所获得的奥氏体起始晶粒总是比较细小而均匀的。原始组织为非平衡组织时，碳化物的分散度越大，奥氏体起始晶粒也越细小。

但是从晶粒长大原理可知，起始晶粒越细小，则钢的晶粒长大倾向性越大，即钢的过热敏感性增大，在生产上较难控制。这是许多高碳工具钢采用碳化物分散度较小的球化退火组织作为原始组织的原因之一。原始组织极细的钢，不可采用过高的加热温度和进行长时间保温，而宜采用快速加热、短期保温的工艺方法。

> 【例 5-2】 热处理使钢奥氏体化时，原始组织以粗粒状珠光体为好还是以细片状珠光体为好？为什么？
>
> 答：以细片状珠光体为好。因为其相界面多，奥氏体形核位置多、形核率高，易于得到细奥氏体晶粒。

## 5.3 钢在冷却时的组织转变

与加热相比，冷却是热处理更为重要的工序。因为钢的常温性能与其冷却后的组织密切相关。钢在不同的过冷度下可转变为不同的组织。

## 5.3.1 过冷奥氏体的等温转变图和连续冷却转变图

热处理时常用的冷却方式有两种：一是 连续冷却，即将奥氏体化后的钢件以一定的冷却速度从高温连续冷却至室温，在连续冷却过程中完成的组织转变称为连续冷却转变（continuous cooling transformations）；二是 等温冷却，即把奥氏体化后的钢件迅速冷却到临界点以下的某一温度，等温保持一定时间后再冷却至室温，在保温过程中完成的组织转变称为等温转变（isothermal transformations），如图 5-6 所示。

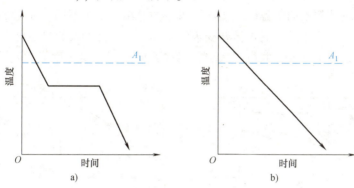

图 5-6 热处理常用的冷却方式

a) 等温冷却　b) 连续冷却

从 Fe-Fe$_3$C 相图可知，平衡态的奥氏体的稳定存在区在 $A_1$ 线以上，在 $A_1$ 线以下的奥氏体为不稳定的、暂时存在的奥氏体，在不同的冷却条件下会发生相应的转变，这种在临界点以下存在的奥氏体称为过冷奥氏体。由于冷却过程大多不是极其缓慢的，奥氏体转变得到的组织是不平衡组织，因此，Fe-Fe$_3$C 相图的转变规律已不适用。此时，利用实验测得的过冷奥氏体的等温转变图和连续冷却转变图来分析奥氏体在不同冷却条件下的组织转变规律，并以此指导实践。

等温转变图

### 1. 过冷奥氏体的等温转变图

共析钢的过冷奥氏体等温转变图如图 5-7 所示。这是表征时间（time）-温度（temperature）-转变（transformation）三者之间关系的曲线，称为等温转变图。这里的转变包括了转变产物的类型和转变量。

等温转变图的左边一条线为过冷奥氏体的转变开始线。可见，奥氏体在各个温度下等温时并非一开始就转变，而是历经一定时间后才开始转变，称为孕育期。孕育期的长短反映了过冷奥氏体的稳定性的大小，由图 5-7 可见，共析钢在550℃左右等温转变时孕育期最短。等温转变图的右边一条线为过冷奥氏体的转变终了线。因此，过冷奥氏体转变开始线的左边为过冷奥氏体区；过冷奥氏体转变开始线和过冷奥氏体转变终了线之间的区域为过冷奥氏体与转变产物的共存

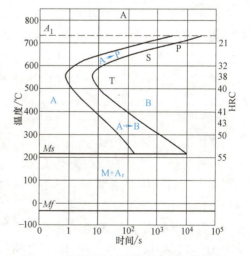

图 5-7 共析钢的过冷奥氏体等温转变图

区；过冷奥氏体转变终了线的右边区域为转变产物区。

过冷奥氏体的转变发生在三个不同的温度区间，可发生三种不同的组织转变。$A_1 \sim 550℃$ 范围为高温转变区，其转变产物为珠光体，故又称为珠光体转变区；$550℃ \sim Ms$ 范围为中温转变区，转变产物为贝氏体，故又称为贝氏体转变区；等温转变图下面的两条水平线，分别表示奥氏体向马氏体转变的开始温度 $Ms$ 线和转变结束温度 $Mf$ 线，该温度区间为低温转变区，转变产物为马氏体，故又称为马氏体转变区。当过冷奥氏体快速冷却至不同的温度区间进行等温转变时，可以得到不同的产物及组织。

亚共析钢和过共析钢的等温转变图与共析钢的等温转变图不同，如图 5-8 所示。区别在于分别在其上方多了一条过冷奥氏体转变为铁素体的转变开始线和过冷奥氏体析出二次渗碳体的开始线。随过冷度增大先共析相减少，当过冷度达到一定程度时，先共析相不再析出，直接转变为托氏体。

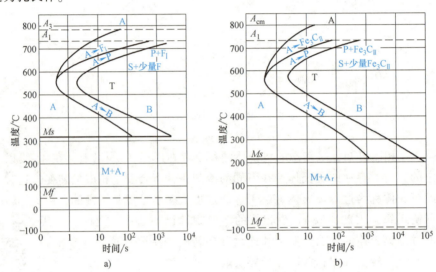

图 5-8 亚共析钢和过共析钢的等温转变图
a) 亚共析钢 b) 过共析钢

### 2. 过冷奥氏体的连续冷却转变（continuous cooling transformation）图

共析钢的过冷奥氏体连续冷却转变图如图 5-9 所示。图中 $Ps$ 和 $Pf$ 线分别表示珠光体转变的开始线和终了线；$kk'$ 线是珠光体转变的终止线。当冷却到达 $kk'$ 线时，过冷奥氏体就不再发生珠光体转变，而一直保持到 $Ms$ 点以下发生马氏体转变。

共析钢以大于 $v_k$ 的速度冷却时，由于遇不到珠光体转变线，得到的组织为马氏体，这个冷却速度称为上临界冷却速度。$v_k$ 越小，钢越容易得到马氏体。冷却速度小于 $v_k'$ 时，钢全部转变为珠光体，$v_k'$ 为下临界冷却速度。当实际冷却速度介于 $v_k$ 和 $v_k'$ 之间时，在 $Ps$ 线和 $kk'$ 线之间的阶段发生珠光体转变，从 $kk'$ 线到 $Ms$ 点，剩余的奥氏体

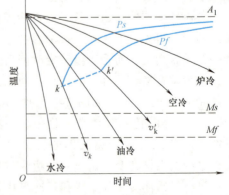

图 5-9 共析钢的过冷奥氏体连续冷却转变图

停止转变,直到 $Ms$ 点以下,才开始发生马氏体转变。

共析钢连续冷却时没有贝氏体形成(无贝氏体转变区)。

### 3. 等温转变图与连续冷却转变图的比较

由于等温转变图与连续冷却转变图均采用"温度-时间"半对数坐标,因此可以将两类图形绘在相同的坐标轴上加以比较。

在连续冷却条件下,过冷奥氏体转变是在一个温度范围内发生的,可以把连续冷却转变看成是许多温度相差很小的等温转变过程的总和。因此可以认为,连续冷却转变组织是不同温度下等温转变组织的混合。

共析钢的等温转变图与连续冷却转变图的比较如图 5-10 所示,图中的虚线为共析钢的等温转变图。与等温转变图比较可见,共析钢的连续冷却转变图只有高温的珠光体转变区和低温的马氏体转变区,而无中温的贝氏体转变区。从图 5-10 还可看到,连续冷却转变图中的 $Ps$ 曲线(珠光体转变开始线)和 $Pf$ 曲线(珠光体转变终了线)向右下方移动。合金钢与碳素钢的连续冷却转变图都处于等温转变图的右下方,这是由于连续冷却转变温度较低、孕育期较长所致。

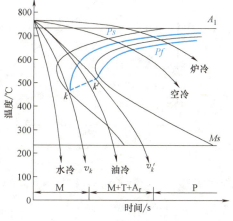

图 5-10 共析钢的等温转变图和连续冷却转变图的比较

### 4. 影响等温转变图的因素

等温转变图的位置和形状反映了奥氏体的稳定性及其分解转变的特性,影响等温转变图的主要因素是奥氏体的成分和加热条件。

(1) 碳的影响 在正常加热条件下,亚共析钢的等温转变图随碳含量的增加向右移;过共析钢的等温转变图,随碳含量增加向左移,故在碳素钢中以共析钢的过冷奥氏体最为稳定,亦即等温转变图处于最右的位置。

(2) 合金元素的影响 除 Co 以外,所有溶入奥氏体的合金元素均提高了过冷奥氏体的稳定性,使等温转变图右移,如图 5-11 所示。非碳化物形成元素,如 Si、Ni、Cu、Al 等,只使等温转变图右移,不改变其形状;而碳化物形成元素,如 Cr、Mo、W、V、Ti 等,不仅使等温转变图右移,而且使其形状也发生变化。

(3) 奥氏体化条件的影响 奥氏体化时,加热温度的高低和保温时间的长短,都会影响到奥氏体晶粒的大小和成分的均匀程度。奥氏体化的加热温度越高,保温时间越长,则碳化物的溶解越完全,奥氏体成分越均匀,同时奥氏体的晶粒越粗大,晶界面积越小,奥氏体转变的形核率越低,即过冷奥氏体的稳定性越高,等温转变图右移。反之,如果加热温度偏低,保温时间不足,将获得成分不均匀的细晶粒奥氏体,甚至有较多未溶解的第二相存在,将促进过冷奥氏体的分解,使等温转变图左移。

(4) 塑性形变的影响 对奥氏体进行塑性变形,由于形变可促进碳和铁原子的扩散,因此都将加速珠光体的转变。

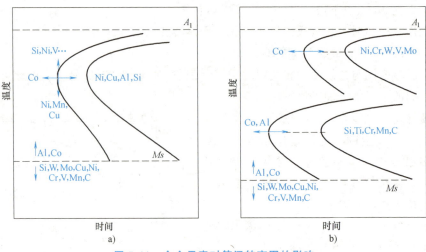

图 5-11 合金元素对等温转变图的影响

a) 非碳化物形成元素对等温转变图的影响  b) 碳化物形成元素对等温转变图的影响

### 5.3.2 珠光体转变

共析成分的过冷奥氏体在 $A_1 \sim 550$℃ 温度范围内等温停留时，发生珠光体转变，形成铁素体和渗碳体的层片状机械混合物，即珠光体，其典型形态呈片状或层状，如图 5-12 所示。

珠光体转变

珠光体转变时两个新相之间以及它们和母相之间的化学成分差异很大，晶体结构截然不同，因此在转变过程中必然发生碳的重新分布和铁晶格的改变。由于相变温度较高，铁、碳原子均能扩散，所以珠光体转变是典型的扩散型相变。

**1. 珠光体的组织形态**

珠光体是铁素体和渗碳体的机械混合物，通常渗碳体呈片状分布在铁素体基体上。片状珠光体组织中，一对铁素体和渗碳体的总厚度，称为珠光体片层间距（图 5-13a）。片层方向大致相同的区域，称为珠光体领域或珠光体团，亦称为珠光体晶粒（图 5-13b）。

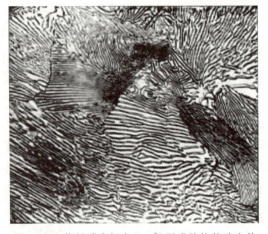

图 5-12 共析碳素钢在 700℃ 形成的片状珠光体

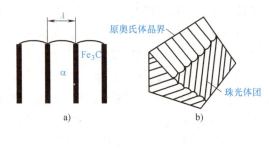

图 5-13 片状珠光体的片层间距和珠光体团示意图

a) 珠光体的片层间距  b) 珠光体团

转变温度越低，珠光体片层间距越小，如图 5-14 所示。按照层片间距的不同可分为以下几类：

1) 珠光体。$A_1$~650℃之间形成的较粗的层片状组织，用 P 表示（pearlite）。
2) 索氏体。650~600℃之间形成的较细的层片状组织，用 S 表示（sorbite）。
3) 托氏体。600~550℃之间形成的极细的层片状组织，用 T 表示（troostite）。

P、S、T 三者同属于铁素体+渗碳体的层片状组织，其区别仅在于片层粗细不同。

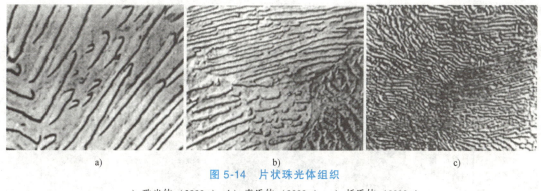

图 5-14 片状珠光体组织
a) 珠光体（3800×） b) 索氏体（8000×） c) 托氏体（8000×）

工业用钢中也可见到在铁素体基体上弥散析出球状或者粒状碳化物的两相混合组织，称为粒状珠光体或球状珠光体，如图 5-15 所示。粒状珠光体是经特殊处理而获得的。一般高碳钢和高碳合金钢为了改善组织，提高性能，或者为了降低硬度，提高切削加工性能，有时需要进行球化退火。碳化物的大小、数量、形态和分布是影响球状珠光体组织的主要因素。

**2. 珠光体的力学性能**

片状珠光体的性能主要取决于珠光体的层片间距。间距越小，强度和硬度越高（粗片状珠光体的强度约为 800MPa、硬度为 5~25HRC，索氏体的强度约为 1100MPa、硬度为 25~35HRC，而托氏体的强度约为 1300MPa、硬度为 36~42HRC），塑性和韧性也越好。而碳化物的大小、数量、形态和分布是影响球状珠光体性能的主要因素。

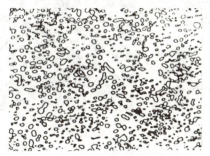

图 5-15 T12 钢球化退火组织——
球状珠光体（500×）

## 5.3.3 马氏体转变

马氏体转变

当冷却速度大于 $v_k$ 时，奥氏体很快过冷到 Ms 点以下，奥氏体开始发生的转变为马氏体转变，组织产物称为马氏体（martensite），用 M 表示。由于马氏体转变发生在比较低的温度区域内，在转变过程中铁和碳原子都不能进行扩散，因而不发生浓度变化，马氏体具有和奥氏体相同的化学成分，铁原子只能集体地沿着奥氏体一定的晶面作小距离的移动，即以切变的方式实现由面心立方晶格的 γ-Fe 向体心立方晶格的 α-Fe 改组，碳原子全部保留在体心立方晶格中，形成过饱和的固溶体。过饱和碳原子的溶入，使得体心立方晶格发生畸变，$c$ 轴被拉长，$a$ 轴和 $b$ 轴缩短，形成体心正方晶格（body centered tetragonal）。因此，马氏体转变是典型的无扩散转变（diffusionless transformation），马氏体是碳在 α-Fe 中的过饱和固溶体，具有非常高的强度和硬度。所以，马氏体转变是强化金属的重要途径。

### 1. 马氏体的组织形态

马氏体的组织形态与钢的成分、原始奥氏体的晶粒大小和形成条件有关。有两种基本形态：板条状和针片状，如图 5-16 所示。马氏体的组织形态主要取决于奥氏体的含碳量。$w(C)<0.25\%$ 时，基本形成板条状马氏体（lath martensite），在高倍透射电镜下可以看到板条状马氏体内有高密度位错缠结的亚结构，故板条状马氏体又称为位错马氏体。当 $w(C)>1.0\%$ 时，奥氏体几乎只形成针片状马氏体（plate martensite），其亚结构是孪晶，故又称为孪晶马氏体。$w(C)$ 在 $0.25\%\sim1.0\%$ 之间时，奥氏体形成两种形态马氏体的混合组织。

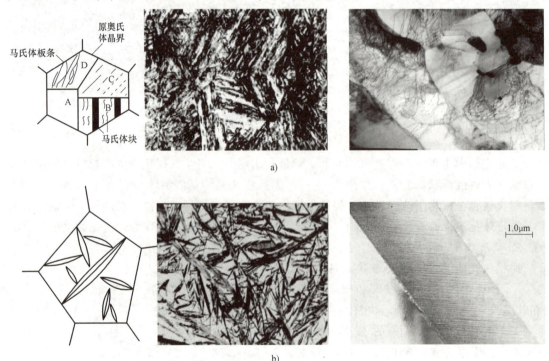

图 5-16 板条状马氏体和针片状马氏体
a）板条状马氏体　b）针片状马氏体

### 2. 马氏体的力学性能

马氏体的力学性能特点就是高硬度、高强度。其硬度主要取决于马氏体的含碳量，通常情况是随含碳量的增加而提高。马氏体高强度、高硬度的原因是多方面的，其中主要包括碳原子的固溶强化、相变强化和时效强化。间隙原子碳固溶在 α-Fe 点阵的扁八面体间隙中，不仅使点阵膨胀，还使点阵发生不对称畸变，形成强烈的应力场，该应力场与位错发生强烈的交互作用，从而提高马氏体的强度，即产生固溶强化作用；马氏体转变时在晶体内产生的大量亚结构、板条状马氏体的高密度位错网、针片状马氏体的微细孪晶都会阻碍位错运动，从而使马氏体强化，即相变强化；马氏体形成后，碳及合金元素的原子向位错或其他晶体缺陷处扩散偏析或析出，钉扎位错，使其难以运动，从而形成马氏体时效强化。

图 5-17 所示为 $w(C)=0.2\%$ 钢渗碳淬火后碳含量与显微硬度、纳米压痕硬度和残留奥氏体的关系。从图中可以看出，显微硬度在碳含量低时随碳含量增加而提高，$w(C)>0.4\%$

时趋于稳定,并与残留奥氏体量逐渐增多相对应。这与显微硬度测量中压头作用范围较大,包含了残留奥氏体的影响有关。纳米压痕可准确测定马氏体片的硬度。当 $w(C)<0.8\%$ 时,马氏体的纳米硬度随含碳量增加而提高,可高至相当 70HRC,然后增长趋势减缓。

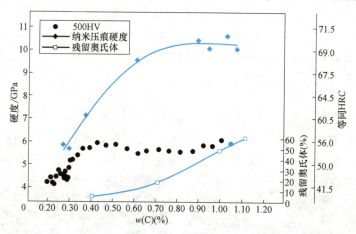

图 5-17　$w(C)=0.2\%$ 钢渗碳淬火后碳含量与显微硬度、纳米压痕硬度和残留奥氏体的关系

马氏体的塑性和韧性主要取决于它的亚结构,板条状马氏体比针片状马氏体的韧性好得多。针片状马氏体具有高的强度,但韧性很差,性能特点表现为硬而脆。其主要原因是针片状马氏体中含碳量高,晶格畸变大,同时马氏体高速形成时针片相互碰撞使得针片状马氏体中存在许多微裂纹。板条状马氏体具有良好的综合力学性能。

**3. 马氏体转变的主要特点**

(1) 无扩散性　有两个根据可说明马氏体转变的无扩散性,一是转变前后没有化学成分的改变,即奥氏体与马氏体的化学成分一致;二是马氏体可在很低的温度下高速形成,如在 -20~-196℃ 之间,一片马氏体约经 $5×10^{-5}$ ~ $5×10^{-7}$ s 即可形成,在这样低的温度下,原子难以扩散,而且如此快的形成速度,原子也来不及扩散。

(2) 马氏体转变在一个温度范围内完成　马氏体转变在 Ms~Mf 温度范围内完成。当奥氏体过冷到 Ms 点温度时,开始转变为马氏体。随着温度的下降,不断形成新的马氏体,但若停止冷却而保温,马氏体的转变量不会随保温时间的延长而增多。冷至 Mf 点温度时,马氏体转变终止。

(3) 马氏体转变的不完全性　多数钢的 Mf 点在室温以下,因此冷却到室温时仍会有奥氏体存在。即使冷至 Mf 点以下,仍会有一部分奥氏体未能转变而保留下来,称为残留奥氏体(retained austenite),用 $A_r$ 表示。奥氏体的含碳量越高,Ms 点和 Mf 点就越低,$A_r$ 的量就越大,如图 5-18 所示。

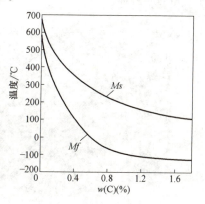

图 5-18　奥氏体的含碳量对 Ms 和 Mf 的影响

(4) 瞬间形核,高速长大　马氏体的形成时间极短,形核后立即迅速长大,一般在 $10^{-7}$ ~ $10^{-2}$ s 内即可长大到极限尺寸。

### 5.3.4 贝氏体转变

贝氏体转变

贝氏体转变是过冷奥氏体在"鼻子"温度至 $Ms$ 点温度范围内进行的转变。由于转变温度较低，转变过程中铁原子不能发生扩散，只能进行晶格改组，碳原子虽然发生扩散，但是扩散速度较慢，因而形成了在含碳过饱和的铁素体基体上分布着碳化物（渗碳体）的两相混合组织，称为贝氏体（bainite），用 B 表示。贝氏体转变属于半扩散型转变。

**1. 贝氏体的组织形态**

贝氏体的组织形态主要有上贝氏体（upper bainite）和下贝氏体（lower bainite）。共析钢上贝氏体大约为 550（"鼻子"温度）~350℃ 形成。典型的上贝氏体组织形态呈羽毛状，是由许多平行排列的铁素体条及条之间不连续的短杆状渗碳体组成，如图 5-19 所示。

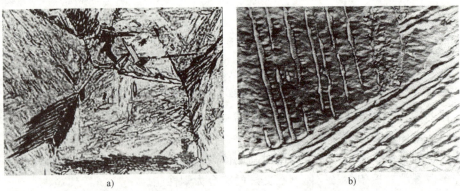

a)　　　　　　　　　　　　　　b)

图 5-19　上贝氏体形貌

a) Q345（16Mn）钢中的羽毛状上贝氏体（500×）　b) 上贝氏体在电子显微镜下的形貌（12000×）

共析钢下贝氏体大约在 350℃ ~ $Ms$ 之间形成。下贝氏体呈黑色针状或竹叶状。在针片状铁素体内成行地分布着微细的碳化物，如图 5-20 所示。下贝氏体中的针片状铁素体是含碳过饱和的固溶体。

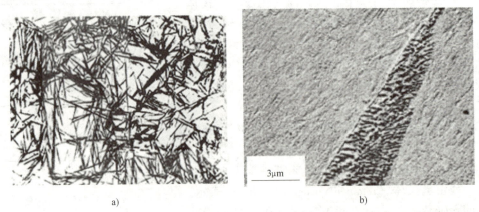

a)　　　　　　　　　　　　　　b)

图 5-20　下贝氏体形貌

a) T8 钢 300℃ 等温，下贝氏体光学显微镜下的形貌（400×）　b) T8 钢 300℃ 等温，下贝氏体电子显微镜下的形貌

**2. 贝氏体的力学性能**

贝氏体的力学性能主要取决于其组织形态。上贝氏体的形成温度较高，其铁素体条粗

大，塑性变形抗力较低，同时渗碳体分布在铁素体条之间，易于引起脆断，因此上贝氏体的强度和韧性均差。下贝氏体形成温度较低，铁素体细小，分布均匀，铁素体内碳的过饱和度大，位错密度高，碳化物细小弥散，因此下贝氏体不仅强度高，而且韧性好，表现为具有较好的综合力学性能，是一种很有应用价值的组织。

## 5.4 钢的普通热处理

### 5.4.1 钢的退火与正火

退火与正火

机械零件的一般加工工艺路线为：毛坯（铸、锻）→预备热处理→机械加工→最终热处理→精机械加工。预备热处理是为了消除前一道加工工序所造成的某些缺陷，或为随后的加工和最终热处理作好准备的热处理；最终热处理是为了使零件满足使用性能要求的热处理。退火与正火工艺主要用于预备热处理，只有在对工件性能要求不高时才作为最终热处理。

退火与正火是将钢加热到一定温度并保温一定时间后，以缓慢的速度冷却下来，从而获得达到或接近平衡状态组织的热处理工艺。两者的区别是退火一般是随炉冷却，获得接近平衡状态的组织；正火一般在空气中冷却，获得较细的珠光体型组织。

**1. 退火**（annealing）

退火的目的是调整硬度，以便切削加工；消除残留应力，防止在后续加工或热处理中发生变形和开裂；细化晶粒，提高力学性能，为最终热处理作组织准备。

根据钢的化学成分、目的和要求的不同，退火工艺可分为完全退火、不完全退火、球化退火、均匀化退火、去应力退火和再结晶退火等多种退火工艺，各种退火工艺的加热温度区间及工艺曲线示意图如图5-21、图5-22所示。

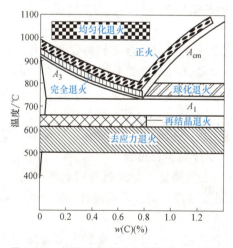

图5-21 各种退火及正火的加热温度范围

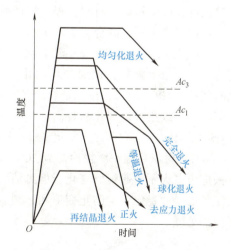

图5-22 几种退火工艺的比较

（1）完全退火（full annealing） 完全退火是将工件加热到$Ac_3$以上30~50℃，保温一定时间，使材料完全奥氏体化，然后随炉缓冷或缓冷到600℃出炉空冷的工艺过程。

因为加热保温时组织完全奥氏体化，发生了重结晶，使得晶粒细化。同时因为温度较高，原子充分扩散，所以也利于消除前一道工序产生的组织缺陷。随炉缓慢冷却，还可去除应力、降低硬度。完全退火主要用于亚共析钢的铸件、锻件、热轧型材及焊接件，得到的退火组织是铁素体加珠光体。过共析钢一般不采用完全退火，这是因为加热到$Ac_{cm}$以上后缓冷时会出现网状渗碳体，使钢的韧性大大降低。

完全退火的缺点是生产周期长，设备利用率低，不仅成本较高，而且容易引起氧化脱碳。

(2) 不完全退火（partial annealing） 不完全退火是将钢加热到$Ac_1$以上30~50℃，保温后随炉缓慢冷却的一种工艺。

因为是在两相区加热，所以先共析铁素体并无改变，仅使珠光体转变为奥氏体，称为不完全奥氏体化。同完全退火相比，由于加热温度较低，故节省能源，缩短生产周期。

不完全退火适用于亚共析钢，主要目的是消除应力、降低硬度、改善组织。而过共析钢的不完全退火则是球化退火。

(3) 球化退火（spheroidizing annealing） 球化退火是将工件加热到$Ac_1$以上30~50℃，充分保温后缓冷，或者加热后冷却到略低于$Ar_1$的温度下保温，从而使珠光体中的渗碳体球化的退火工艺。"球化"的意思是经过这种处理以后钢中的碳化物呈球状（粒状），得到球状碳化物均匀分布在铁素体基体上的粒状珠光体。球化退火主要用于$w(C)>0.60\%$的各种高碳工具钢、模具钢和轴承钢等，使其热加工后的网状二次渗碳体及珠光体中的片状渗碳体球化。

球化退火可降低硬度，提高塑性，增加组织的均匀性，改善切削加工性能，为后续的淬火工艺作组织准备。

(4) 等温退火（isothermal annealing） 等温退火是将钢加热至相变温度以上保温，使其奥氏体化，然后以较快的冷却速度冷至珠光体转变区进行等温，使奥氏体转变为珠光体的工艺过程。等温转变的温度越低，得到的珠光体组织的片层间距越小，强度和硬度越高。

等温退火可缩短退火时间，提高生产效率，获得的组织单一均匀、力学性能一致。等温退火主要用于合金钢、高合金工具钢及大件的退火。

(5) 均匀化退火（diffusion annealing） 均匀化退火主要用于合金钢铸锭或铸件，以消除铸造产生的枝晶偏析，使成分均匀化。其加热温度最高（$Ac_3$或$Ac_{cm}$以上150~300℃），保温时间长（10h以上），以保证合金元素的充分扩散，但同时晶粒也会变得粗大，需要再进行完全退火或正火以细化晶粒。

(6) 去应力退火（relief annealing） 去应力退火一般是将工件缓慢加热至$Ac_1$以下100~200℃，保温后随炉缓慢冷却到300~200℃以下空冷的工艺过程。

去应力退火不引起组织变化，但可消除因变形加工及铸造、焊接过程引起的残留应力，提高工件的尺寸稳定性，防止变形和开裂。因而适用于铸件、锻件、焊接件、冲压件及机械加工件的处理。

(7) 再结晶退火（recrystallization annealing） 再结晶退火是将冷变形后的金属加热到再结晶温度以上100~150℃（通常在去应力退火温度以上），保持适当的时间，使变形晶粒重新转变为均匀的等轴晶粒的工艺过程。

再结晶退火可消除加工硬化，提高塑性，改善切削加工及成形性能。多用于需要进一步冷变形钢件的中间退火，也可作为冷变形钢材及其他合金成品的最终热处理。

**【例 5-3】** 确定下列钢件的退火方法，指出退火目的及退火后的组织。

1）冷轧后的 15 钢钢板，要求降低硬度。
2）ZG35 铸造齿轮。
3）锻造过热的 60 钢锻坯。
4）具有片状渗碳体的 T12 钢坯。

**答：** 1）经冷轧后的 15 钢钢板会产生加工硬化，通过再结晶退火可有效降低硬度和消除内应力。再结晶退火只影响组织形态，由变形晶粒变为等轴晶，组织仍为铁素体+珠光体。

2）采用去应力退火，可有效消除铸造内应力。组织未发生变化，仍为珠光体+铁素体。

3）采用完全退火，通过相变得到细化的奥氏体晶粒，可消除锻造过热带来的组织粗化。退火后的组织为细化了的珠光体+铁素体。

4）采用球化退火，使片状渗碳体球化，可降低硬度，便于切削加工，同时为淬火作组织准备。退火后的组织为粒状珠光体。

### 2. 正火（normalizing）

正火是将亚共析钢加热到 $Ac_3$ 以上 30~50℃，共析钢加热到 $Ac_1$ 以上 30~50℃，过共析钢加热到 $Ac_{cm}$ 以上 30~50℃，保温足够时间后在空气中冷却的热处理工艺。

正火比退火的冷却速度快，因而可得到较细的索氏体组织，具有比退火组织高的强度和硬度。

正火可细化晶粒，消除热加工后的组织缺陷，改善加工性能和力学性能。对过共析钢和具有过共析碳量的低合金钢来说，正火可消除其网状渗碳体，为球化退火作好组织上的准备。对低碳钢和部分低碳低合金钢来说，正火可获得索氏体+铁素体组织，使强度、硬度有所提高，从而改善切削加工性能。对中碳钢、合金调质钢来说，在对性能要求不严格时，可用正火代替调质作为最终热处理工艺，而使晶粒细化，使组织均匀化。

### 5.4.2 钢的淬火（quenching）

淬火是将钢加热到 $Ac_1$ 或 $Ac_3$ 以上，保温一定时间，然后快速冷却以获得马氏体组织的热处理工艺。淬火的目的就是为了获得马氏体，提高钢的力学性能。淬火是钢最重要的强化方法，也是应用最广泛的热处理工艺之一。

淬火

#### 1. 淬火加热温度和保温时间

加热温度的选择应以得到细小而均匀的奥氏体晶粒为原则，以便冷却后获得细小的马氏体。亚共析钢的加热温度为 $Ac_3$ 以上 30~50℃，目的是使原始组织全部发生奥氏体化，防止淬火时有铁素体存在，降低钢的淬火硬度和强度；过共析钢在 $Ac_1$ 以上 30~50℃，使碳化物不要全部溶入奥氏体，在淬火时会保留部分未溶碳化物，既有利于提高钢的强度和耐磨性，又可防止奥氏体晶粒长大，且可保证韧性。

对于合金钢，由于大多数合金元素（Mn、P 除外）有阻碍奥氏体晶粒长大的作用，因此淬火温度比碳素钢高，一般为临界点以上 50~100℃。

淬火保温的目的是使零件内外温度达到一致,并获得成分均匀的奥氏体。保温时间是以炉温回升到淬火温度时算起,直到出炉为止所需的时间。

### 2. 淬火冷却介质

为了获得马氏体组织,钢淬火时一般都需采取快冷,使其冷速大于临界冷却速度 $v_k$,以避免过冷奥氏体发生分解。理想的淬火冷却介质应该在中温区(500~600℃)冷却快,以避开等温转变图的"鼻子";在低温区冷却慢,以防止淬火过程中的变形和开裂,如图5-23所示。

常用的淬火冷却介质是水和油。水在550~650℃区间冷却能力较强,但在200~300℃区间冷却能力仍较强,对减少变形开裂不利,因而主要用于形状简单、截面较大的碳素钢零件的淬火。油在低温区冷却能力合适,但在高温区冷却能力很低,一般用于合金钢的淬火。在水中加入一定量的盐、碱等形成水溶液,可以成倍加快冷却速度,常用于尺寸较大、外形简单、硬度要求高、对淬火变形要求不高的碳素钢零件的淬火。45钢经不同淬火冷却介质(油和水)淬火后的组织如图5-24所示。

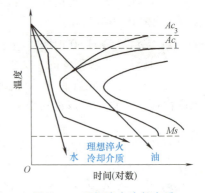

图5-23 理想淬火冷却介质

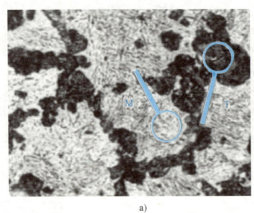

图5-24 淬火冷却介质对组织的影响
a) 45钢油淬  b) 45钢水淬

碱浴和盐浴等溶液也可用作淬火的冷却介质,它们的冷却能力介于油和水之间,此外,它们的沸点高,对工件的冷却比较均匀,可减少变形与开裂,常用于处理形状复杂、尺寸较小和变形要求较高的零件。还有一些其他的淬火冷却介质,也各自具有很好的冷却特性。过饱和硝盐水溶液(25% $Na_2CO_3$、49% $NaOH$、26% $KNO_3$,体积分数)在高温区冷却能力比盐水弱,但比油高,而在低温区其冷却能力与油相近,可以认为该淬火冷却介质综合了盐水和油的优点。水玻璃淬火冷却介质是通过在不同浓度的水玻璃溶液中加入一些盐类或碱类,调节其成分使其具有不同的冷却速度。氯化锌-碱水溶液的成分为49% $ZnCl_2$+49% $NaOH$+2%肥皂粉(体积分数),再加300倍水稀释。其高温区冷速比水快,低温区比水慢,淬火后工件变形小,表面较光亮,适用于小型形状复杂的中、高碳素钢制模具的淬火。有机聚合物淬火冷却介质，如聚乙烯醇、聚二醇等，会在工件表面形成薄膜，使工件冷却均匀，降低变形开裂倾向，并且通过改变聚合物水溶液的浓度就可获得不同的冷却速度。

### 3. 淬火方法

虽然实际淬火冷却介质不能提供理想的冷却方式，但是可通过不同的淬火方法来获得比较理想的冷却效果。生产上常用的淬火方法有以下几种：

(1) **单液淬火法**　将加热奥氏体化后的工件放入一种淬火冷却介质中连续冷却到室温的方法为单液淬火法，如图5-25中曲线1所示。单液淬火法是生产上比较常用的方法，如碳素钢在水中的淬火、合金钢在油中的淬火等。这种方法简便、经济、易于掌握，但是，在整个淬火过程中，工件表面与中心温差较大，会造成较大的热应力和组织应力，易引起变形和开裂。

(2) **双液淬火法**　将加热好的工件先浸入一种冷却能力强的介质，冷却到 $Ms$ 点附近取出，立即放入另一种冷却能力较弱的介质中冷却，使马氏体转变在较缓慢的冷却速度下进行，以减小应力，减小淬火变形和开裂倾向的淬火方法为双液淬火法（interrupted quenching），如图5-25中曲线2所示。如碳素钢先于水或盐水中冷却到400℃，再迅速转入油中。先水冷可避免过冷奥氏体的分解，后油冷可有效地减小内应力、变形和开裂倾向。合金钢采用先油冷后空冷也是常见的淬火方法。

双液淬火法的关键是准确控制工件由一种介质转入另一种介质时的温度，其操作复杂，技术要求高，难以掌握。

(3) **分级淬火法**　将奥氏体化的工件置于 $Ms$ 点附近的热态淬火冷却介质（盐浴、碱浴）中，保持一定时间，待工件各部分温度基本一致时，取出空冷或油冷的淬火方法为分级淬火法（martempering），如图5-25中曲线3所示。这种淬火方法明显地减小了工件冷却过程中的热应力和组织应力，有效地减少了工件淬火时的变形和开裂倾向。适用于尺寸较小而形状复杂的零件。

(4) **等温淬火法**　将奥氏体化的工件置于高于 $Ms$ 点的淬火冷却介质中，保持一定时间，使其转变为下贝氏体，然后取出空冷的淬火方法为等温淬火法（austempering），如图5-25中曲线4所示。其特点是被处理的工件在保证较高强度的同时还有较高的韧性，并且内应力小，淬火变形小。适用于处理形状复杂、尺寸较小、精度要求较高又具有良好的综合力学性能的工件。

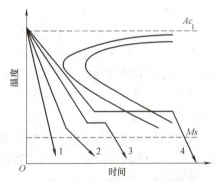

**图 5-25　不同种类的淬火方法比较**
1—单液淬火法　2—双液淬火法　3—分级淬火法
4—等温淬火法

### 4. 钢的淬透性

钢的淬透性（hardenability）是指钢在淬火时获得马氏体的能力。钢的淬透性的大小用规定条件下淬火获得的淬透层深度来表示，淬透层越深，其淬透性越好。

(1) **淬透性与淬透层深度**　实际淬火工件中，若整个截面都得到了马氏体，则表明工件已淬透。若工件只是表层淬成了马氏体，而内部未能得到马氏体，则表明淬火时，表层的冷却速度大于临界冷却速度 $v_k$，而内部的冷却速度小于临界冷却速度 $v_k$。钢的淬透性由其临界冷却速度决定。而钢的淬透层深度除了取决于其临界冷却速度的大小以外，还与工件的截面尺寸和淬火冷却介质的冷却能力有关。在同样奥氏体化的条件下，同一种钢的淬透性是相同的。但是，水淬比油淬的淬透层深，小件比大件的淬透层深。但绝不能说同一种钢水淬比油淬的淬透性大，也不能说小件比大件的淬透性大。谈淬透性，必须排除工件的形状尺寸和淬火冷却介质的冷却能力等条件的影响。

另外，钢的淬硬性是指淬火后的马氏体所能达到的最高硬度，淬硬性主要取决于马氏体的碳含量，与淬透性含义不同，不能混淆。

(2) 影响钢淬透性的因素　影响临界冷却速度的因素即影响钢的淬透性的因素，因为临界冷却速度越小，奥氏体越稳定，钢的淬透性就越好。前已述及合金元素、碳含量、奥氏体化温度和钢中未溶的第二相对等温转变图位置的影响。能使等温转变图右移的因素，都使钢的临界冷却速度减小，淬透性增大。

### 5.4.3　钢的回火（tempering）

将淬火后的钢件加热到 $A_1$ 以下某一温度，保温一定时间后冷却至室温的热处理工艺称为回火。淬火钢一般不能直接使用，必须进行回火。对于未经淬火的钢，回火没有意义。

回火可降低或消除淬火引起的残留内应力，防止变形和开裂；提高钢的塑性和韧性，降低其脆性；调整钢制零件的性能以满足使用要求；稳定组织，以稳定工件的尺寸和形状。共析碳素钢淬火后的室温组织主要是 $M+A_r$，它们在室温下都处于亚稳定状态，有自发地转变为 $F+Fe_3C$ 稳定组织的倾向。通过低于 $A_1$ 点的加热，可以加速原子的扩散过程，促使其向稳定组织的转变加快并充分地进行。保证使用过程中的组织不再转变，进而尺寸也不会改变。

#### 1. 回火工艺

(1) 低温回火（150~250℃）　温度在 150~250℃ 的回火称为低温回火。在该温度范围内，马氏体将发生分解，从过饱和 α 固溶体中析出弥散的 ε 碳化物（$Fe_{2.4}C$），使马氏体过饱和度降低。析出的碳化物以细片状分布在马氏体基体上，这种 ε 碳化物弥散分布在具有一定过饱和度的 α 铁素体上的组织称为回火马氏体（tempered martensite）。高碳回火马氏体为黑色针状；低碳回火马氏体为暗板条状；中碳回火马氏体为两者的混合形状。回火马氏体组织如图 5-26 所示。

同时，残留奥氏体将会发生分解，即残留奥氏体向低碳正方马氏体 [$w(C)$ 约为 0.25%] 和 ε 碳化物分解，分解产物相当于淬火马氏体在该温度下的回火产物，为回火马氏体或下贝氏体。

经低温回火后，零件中的淬火内应力得到部分消除，淬火时产生的微裂纹也得以大部分愈合。因此低温回火可以获得高的强度、硬度和耐磨性，并使钢的韧性明显改善。

低温回火工艺主要用于处理有高硬度、高耐磨性要求的各种高碳钢制造的工具、模具和滚动轴承零件，以及进行渗碳、表面淬火的零件，如钳子、锉刀、齿轮、轴承等。一般高碳钢经淬火加低温回火后，硬度为 58~64HRC。

(2) 中温回火（350~500℃）　温度在 350~500℃ 的回火称为中温回火。碳素钢中温回火时，ε 碳化物转变为 $Fe_3C$，同时马氏体中也析出 $Fe_3C$，加热到 350℃ 时，马氏体中的含

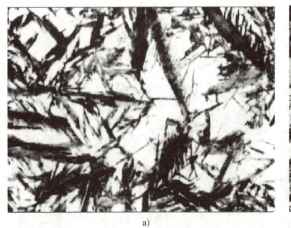 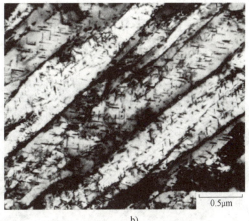

图 5-26 回火马氏体

a) 光学显微镜下的形貌（400×）　b) 电镜下的形貌（TEM）

碳量已降到铁素体的平衡成分。回火后得到大量细小颗粒状渗碳体弥散分布在针状饱和铁素体基体上，在电子显微镜下，细粒状渗碳体沿一定方向分布，这种组织称为回火托氏体（tempered troostite），如图 5-27 所示。

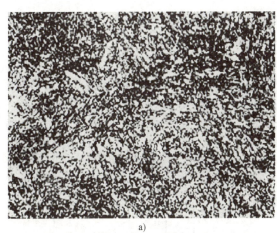 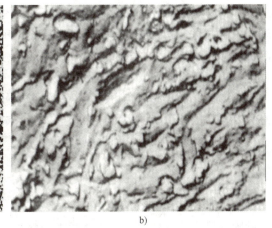

图 5-27 回火托氏体

a) 光学显微镜下的形貌（500×）　b) 电镜下的形貌（7500×）

钢的弹性极限往往在回火温度为 200~400℃ 之间时出现极大值。因为回火托氏体具有较高的弹性极限和屈服强度，因此中温回火主要用于处理各种有弹性要求的零件，如由弹簧钢 60Si2Mn、65Mn 等制造的弹簧。经中温回火后其硬度一般为 35~45HRC。

（3）高温回火（500~650℃）　温度在 500~650℃ 的回火称为高温回火。高温回火时，渗碳体明显长大并球化，由片状变为粒状，由小颗粒变为大颗粒。碳化物的聚集长大是通过 α 固溶体中碳的扩散实现的，小颗粒碳化物不断溶解并在大颗粒碳化物上析出而长大。同时 α 相发生再结晶，失去针状形态，形成等轴状铁素体。等轴铁素体基体中分布着较粗的球状碳化物的混合物称为回火索氏体（tempered sorbite），如图 5-28 所示。它的综合力学性能非常好，即在较高的强度下，塑性和韧性非常好，硬度一般为 25～35HRC。通常把淬火加高温回火称为调质处理，其广泛应用于处理各种重要零件，特别是承受交变载荷的零件，如连杆、轴、齿轮等。

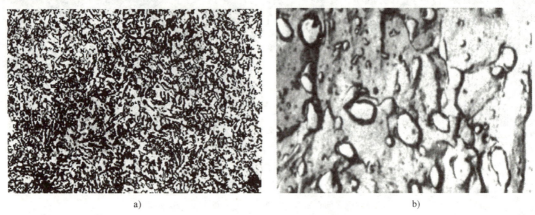

图 5-28　回火索氏体

a）光学显微镜下的形貌（500×）　b）电镜下的形貌（7500×）

### 2. 淬火钢回火后的性能变化

淬火钢经回火后，随回火温度的升高，内部组织发生了一系列的变化，使得力学性能也随之发生变化。总的趋势是随着回火温度的升高，钢的强度、硬度不断降低，塑性、韧性不断提高，如图 5-29、图 5-30 所示。

注意：奥氏体等温分解获得的索氏体（600～650℃）、托氏体（550～600℃）是铁素体与渗碳体呈层片状的混合物；而淬火马氏体回火时获得的回火索氏体、回火托氏体的组织形态完全不同，其渗碳体呈颗粒状分布在铁素体基体上。所以在力学性能方面也有差异，在强度、硬度相同的情况下，回火组织有较高的塑性、韧性。

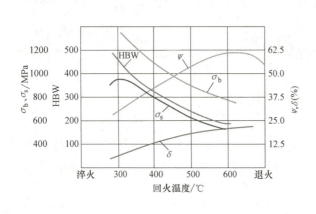

图 5-29　40 钢力学性能与回火温度的关系

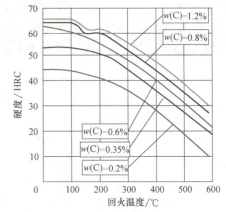

图 5-30　钢的硬度随回火温度的变化

### 3. 回火脆性

随着回火温度的提高，冲击韧度不是单调地随之增大，而是有起伏地呈现出两个马鞍形变化，在一定温度范围内回火后出现韧性下降的现象称为回火脆性（temper brittleness）。

（1）第一类回火脆性　在 250～350℃ 回火时出现的脆性称为第一类回火脆性。几乎所有的钢都存在这类回火脆性，它是一种不可逆回火脆性。

产生第一类回火脆性的原因是在 250℃ 以上回火时，碳化物以薄片状沿板条状马氏体的界面或沿针片状马氏体的晶界和亚晶界析出，降低了晶界断裂强度，成为裂纹扩展通道，降低了韧性。另一方面也有人认为在这样的温度下回火会发生残留奥氏体的分解，使韧性的奥氏体减少并转变为脆性大的马氏体，这也是产生第一类回火脆性的一个原因。

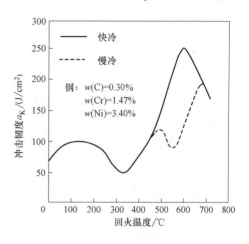

图 5-31　回火温度对淬火钢韧性的影响

防止第一类回火脆性发生的办法是避免在该温度范围内回火，或采用等温淬火处理，得到下贝氏体组织。

（2）第二类回火脆性　在 500～650℃ 之间回火时出现的脆性称为第二类回火脆性。第二类回火脆性与回火后的冷却速度有关。在 500～650℃ 回火后如果缓慢冷却，则冲击韧度值很低；而回火后快速冷却，冲击韧度值较高。将已产生脆性的工件重新加热至 600℃ 以上快冷，可消除脆性；如再次加热至 600℃ 以上慢冷，脆性又再次出现，如图 5-31 所示。所以这种脆性为可逆回火脆性。

产生第二类回火脆性的原因是 Sb、Sn、P 等杂质元素在原奥氏体晶界上发生了偏聚，减弱了奥氏体晶界上原子间的结合力，降低了晶界断裂强度。

防止第二类回火脆性的办法是：尽量减少钢中的杂质含量，特别是 Sb、P、Sn 等；在钢中加入适量 Mo、W 等元素，阻止杂质元素在晶界上的偏聚；以 Al 脱氧或加入 V、Ti 等元素，以获得细小的奥氏体晶粒，增大晶界面积，降低偏析程度；高温回火后快冷，使杂质元素来不及在奥氏体晶界上析出；采用亚温淬火，使 P 等杂质溶入铁素体并减小奥氏体晶粒尺寸等。

【例 5-4】　指出下列工件的淬火和回火温度并说明回火后的组织：1）45 钢小轴。2）60 钢弹簧。3）T12 钢锉刀。

答：这三类工件材料分别为调质钢、弹簧钢和工具钢，要求的性能分别为综合力学性能好、弹性极限高和硬度高耐磨性好。淬火后分别进行的是高温回火、中温回火和低温回火，得到的组织分别为回火索氏体、回火屈氏体和回火马氏体。具体为：

1）45 钢小轴。淬火温度 830～850℃；高温回火，回火温度 500～650℃，组织为回火索氏体；

2）60 钢弹簧。淬火温度 840～860℃；中温回火，回火温度 350～500℃，组织为回火屈氏体；

3）T12 钢锉刀。淬火温度 750～770℃；低温回火，回火温度 150～250℃，组织为回火马氏体。

## 5.5 钢的表面热处理

很多机械零件，如各种齿轮、曲轴、轧辊等是在弯曲、扭转等交变载荷以及摩擦条件下工作的。其表面承受着比心部更高的应力及磨损，因此要求表面具有高的强度、硬度、疲劳强度及耐磨性，心部具有足够高的塑性、韧性及一定的强度。为此，可对零件进行表面热处理（surface treatment），通过内外成分一致、工艺不同或工艺一致、成分不同的方式来解决心部和表层性能要求不一样的问题。钢的表面热处理方法可分为表面淬火和化学热处理两大类。

### 5.5.1 钢的表面淬火

表面淬火（surface quenching）是将工件表面快速加热到淬火温度，然后迅速冷却，仅使表面获得淬火组织，而心部仍保持淬火前组织的热处理方法。经表面淬火后，零件表面获得很高的硬度和耐磨性，而心部仍保持原来良好的韧性和塑性。表面淬火有感应淬火、火焰淬火、激光淬火等。

表面淬火的优点是加热速度快，奥氏体晶粒不易长大，淬火后获得非常细小的隐晶马氏体，表面硬度比普通淬火高 2~3HRC；表面存在压应力，能显著提高零件的弯曲、扭转疲劳强度。其缺点是不同零件要求使用不同的感应圈，增加了生产准备时间，设备价格高，不适用于形状复杂的零件。

表面淬火广泛应用于 $w(C) = 0.4\% \sim 0.5\%$ 的中碳钢或中碳合金钢制造的齿轮和轴类零件。含碳量过高，会增加淬硬层的脆性和开裂倾向，心部的塑性和韧性也不够高；而含碳量过低，则会降低表面的硬度和耐磨性，心部的强度也过低。

**1. 感应淬火**

图 5-32 所示为感应淬火示意图。将零件放置在感应圈内，然后向绕组内通入一定频率的交变电流，当交变电流形成的磁场通过金属零件时，电流密度的分布是不均匀的，表层电流密度大，而越向中心，电流密度越小，这种现象称为趋肤效应。感应电流的频率越高，电流透入深度越浅，加热层就越薄。

**2. 火焰淬火**

火焰淬火是应用氧-乙炔或其他可燃气体的火焰对工件表面进行加热，将工件表面迅速加热到淬火温度后立即用水喷射冷却的工艺。

火焰淬火方法简单，不需要特殊设备，成本较低，适用于大型、小型单件或小批量零件的表面淬火。通过调节火焰烧嘴距工件表面的距离和移动速度，可获得不同淬硬层厚度，淬硬层可达 2~6mm。其缺点是加热温度不易控制，操作不当会产生过热、过烧现象，淬火质量不高。

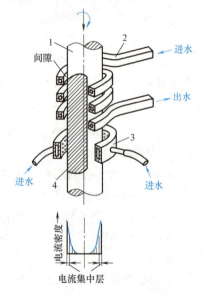

图 5-32 感应淬火示意图
1—工件 2—加热感应圈 3—淬火喷水套
4—加热淬火层

### 3. 激光淬火

激光淬火是将激光器产生的高功率密度的激光束照射在工件上，使工件表面被迅速地（在 0.01~1s 的时间内）加热到奥氏体化温度，利用工件自身的传导作用将热量从工件表面向仍保持冷态的心部发散出去而迅速冷却，实现自冷淬火的工艺。

激光淬火具有很多优点：①工件表面粗糙度低。这是因为处理过程非常快，表面来不及氧化脱碳，热能由光束传递给工件表面，无接触加热不会引起表面沾污；②可处理形状复杂的各种工件。特制的聚焦镜头、可调节的反射镜或光导纤维可将激光束照射到工件需热处理的任何部位，实现硬化；③疲劳强度高，淬火变形小，激光淬火后表面可产生很大的残留压应力，使疲劳强度大大提高；④可进行表面合金化处理，通过激光束照射到有涂层或镀层的表面，使其加热温度超过涂层或镀层的熔点，从而形成一层薄的具有特殊性能的合金化表层；⑤可实现自动化，节约能量。

### 4. 电子束淬火

以电子束作为热源，以极快的速度加热工件表面并自冷硬化的工艺称为电子束淬火。当高速、收缩的电子流轰击工件表面时，电子可穿透表面，进入距表面一定深度的部位，引起原子振动，使电子的动能转化成热能，表层温度迅速上升。

电子束淬火的优点和激光淬火相似，不再赘述。缺点是设备造价很高，工业上应用尚不普遍。

## 5.5.2 钢的化学热处理

化学热处理（chemical heattreatment）是将工件放置在某种化学介质中加热，使介质中的某些原子渗入工件表面，改变表层的化学成分和组织，从而获得与心部不同的性能的热处理工艺。化学热处理可有效提高工件表面的硬度、耐磨性、耐蚀性和疲劳强度等，而心部仍保持良好的塑性和韧性。

化学热处理的种类很多，有渗碳、氮化、渗铝、渗硼及多元共渗等。其过程都是由分解、吸收和扩散三个基本过程组成的。

(1) **分解** 在一定温度下，化学介质中的化合物分解出渗入元素的活性原子。活性原子指刚分解出来的化学性质活泼的原子。

(2) **吸收** 活性原子在工件表面被吸收并溶解形成固溶体，超出溶解度时形成化合物。可见吸收的先决条件是活性原子能溶解于工件表面的金属晶体结构中。

(3) **扩散** 渗入的原子不断向工件内部迁移的过程，这是化学热处理得以不断进行和获得一定深度的渗层的保证。

上述三个阶段都与温度有关。温度越高，过程进行得越快，渗层越厚。但是温度过高会引起奥氏体晶粒粗化，钢的脆性增大。因而除了选定合适的介质外，还要严格控制加热温度、保温时间等化学热处理工艺参数。

#### 1. 钢的渗碳

渗碳（carburizing）是使碳原子渗入工件表面层，提高表面层的含碳量的工艺，渗碳后的工件经淬火加低温回火处理，使表面具有高的硬度和耐磨性，而心部具有足够的强度、韧性，达到"外硬内韧"的目的。

许多机器零件，如汽车、拖拉机变速器齿轮和轴等在强烈磨损的条件下工作，并承受较大的交变载荷和冲击载荷,因此要求零件的表面具有高的硬度、耐磨性和耐疲劳性,而心部具有较高的塑性、韧性和足够的强度。选用低碳钢 $[w(C) = 0.1\% \sim 0.25\%]$ 或低碳合金钢制作零件再进行表面渗碳,使表层含碳量达到高碳钢水平 $[w(C) = 0.85\% \sim 1.05\%]$。经过淬火和低温回火,可使心部保持良好的塑性、韧性和强度,表层获得高的硬度、耐磨性和疲劳强度。

(1) 钢的渗碳方法　分为气体渗碳法和固体渗碳法。气体渗碳法是向炉内通入易分解的有机液体(如煤油、苯、甲醇等),或直接通入煤气、石油液化气等,通过反应产生活性碳原子,使钢件表面渗碳的方法,如图 5-33 所示。产生活性原子的反应如下

$$2CO \rightarrow CO_2 + [C]$$
$$CO + H_2 \rightarrow H_2O + [C]$$
$$CH_4 \rightarrow 2H_2 + [C]$$

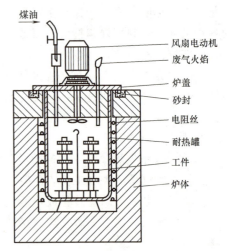

图 5-33　气体渗碳装置示意图

气体渗碳温度一般选用 930±10℃,因为钢在奥氏体状态能溶解大量的碳,同时高温下碳由表层向内部的扩散速度也高。渗碳时间决定于所要求的渗层厚度,不同条件下工作的零件,其要求的渗层厚度不同,一般为 0.5~2.5mm,渗碳时间需 3~9h。

固体渗碳法是将零件和固体渗碳剂(木炭与碳酸盐的混合物)装入渗碳箱中,用耐火泥密封,加热保温。

(2) 渗碳后的热处理　低碳钢渗碳后缓慢冷却,其组织由表面至心部依次为:过共析组织→共析组织→亚共析组织→心部原始组织。渗碳后必须进行热处理,否则达不到表面强化的目的。渗碳后的热处理方法为淬火加低温回火,工艺示意图如图 5-34 所示。淬火方法可分为直接淬火法、一次淬火法和二次淬火法。

直接淬火法是指工件渗碳后直接淬火。其工艺简单,生产效率高。但由于渗碳温度高,奥氏体晶粒粗大,淬火后的马氏体较粗,性能不高,这种方法适用于加入了 Mo、Ti、W 等能有效阻止奥氏体晶粒长大的元素的低碳合金钢,如 20CrMnTi、20CrMnMo 等。

一次淬火法是指渗碳后冷却,然后再重新加热淬火的工艺。通过重新奥氏体化,可以细化渗碳时形成的粗大组织,提高力学性能。因表层和心部的含碳量不同,其奥氏体化温度的选择只能优先保证一方,所以若对心部的组织和性能要求较高,则淬火温度选为略高于心部钢的 $Ac_3$ 的温度,心部组织得以细化;若对零件的表层组织和性能要求较高,则淬火温度选在表层钢的 $Ac_1$ 以上 30~50℃ 的温度,使表层得到隐晶马氏体和足够数量的碳化物,保证其高硬度和高耐磨性,但是心部组织无大的改善。

二次淬火法用于处理那些对心部和表层的性能要求都很高的零件。第一次淬火温度选择在心部钢的 $Ac_3$ 以上,目的是细化心部组织,同时消除表层的网状碳化物;第二次淬火温度选择在表层钢的 $Ac_1$ 以上,使渗碳层获得细小粒状碳化物和隐晶马氏体,以保证表层获得高强度和高耐磨性。二次淬火工艺复杂,生产效率低,零件变形大,因而只用于要求表层高耐

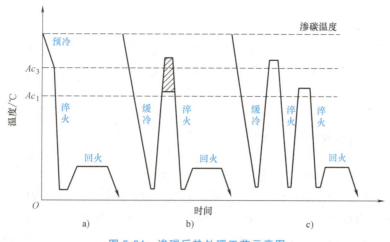

图 5-34 渗碳后热处理工艺示意图

a) 直接淬火法 b) 一次淬火法 c) 二次淬火法

磨性和心部高韧性零件的处理。

渗碳件淬火后都要在 160~180℃ 范围内进行低温回火。淬火加回火后，渗碳层的组织为高碳回火马氏体+碳化物+少量残留奥氏体，硬度可达 60~62HRC，具有高的耐磨性；心部为低碳回火马氏体+少量残留奥氏体，具有良好的塑性、韧性和足够高的强度，如图 5-35 所示。

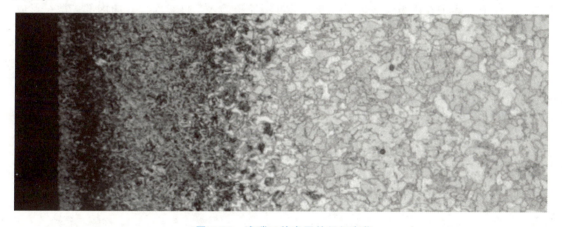

图 5-35 渗碳工件表层的组织变化

**2. 钢的氮化**

钢的氮化（也称渗氮，nitriding）是指向零件表面渗入氮的工艺。其目的是更大程度地提高零件表面的硬度、耐磨性、耐蚀性及疲劳性能。因渗氮温度低，渗氮前的工艺是淬火加高温回火，因而渗氮零件变形小、耐热性好，广泛应用于各种高速转动的精密齿轮、高精度机床的主轴、循环载荷下工作的要求具有高疲劳强度的零件，以及要求变形小、耐热性和耐蚀性好的耐磨零件的表面处理。

目前常用的氮化方法有气体氮化和离子氮化。

（1）气体氮化 气体氮化是将零件放在密封的炉内加热并通入氨气的工艺。氨被加热分解出活性氮原子：$2NH_3 \rightarrow 3H_2 + 2[N]$。氮原子被钢表面吸收并在保温过程中向内部扩散，形成氮化层。

气体氮化与气体渗碳相比有以下特点：

1) **氮化温度低，一般为500~600℃**。这是因为氨在300℃以上便可分解供氮，铁素体可溶解一定量的氮，氮在铁素体中的扩散速度很快，在500~600℃氮化，也最有利于获得不同的氮化物层，因此不需要加热至高温。

2) **氮化时间长，一般为20~50h**；氮化层厚度较薄，一般为0.3~0.5mm。可采用催化剂、二段氮化法等适当缩短氮化时间。

3) **氮化后不再进行其他热处理**，但在氮化前须经过淬火加高温回火处理，获得均匀的回火索氏体组织，氮化过程中，心部组织不再发生变化。

氮化钢通常是 $w(C)= 0.15\%~0.45\%$ 的合金结构钢，如 38CrMoAl。钢中的合金元素 Cr、Mo、Al 等可与 N 形成高度弥散的、硬度和稳定性都极高的氮化物，如 CrN、MoN、AlN 等。使氮化后的零件表面硬度达 1000~1100HV（相当于70HRC），而且可维持到 600~650℃。同时，由于表层的氮化物体积增大，产生表面压应力，使疲劳强度也大大提高。氮化时表面形成的 $Fe_2N$ 致密且稳定性高、耐蚀性好，在水中、过热蒸汽和碱性溶液中均很稳定。

(2) 离子氮化　离子氮化是将要氮化的零件放入真空炉中，零件接高压电源的阴极，炉壁接阳极，炉内真空度抽至 $1.33\times10^{-1}~1.33\times10^{-3}Pa$ 后，炉内通入氨气，并在阴极和阳极之间加直流高压电（500~800V）。在高压电场作用下，零件周围的稀薄气体发生电离，形成辉光放电。被电离的氮原子在电场作用下以极高的速度轰击零件表面，使零件表面温度升高，并使氮正离子在阴极获得电子，变成活性氮原子渗入零件表面，并向内部扩散，形成氮化层。

离子氮化的优点是氮化时间短，仅为气体氮化的1/5~1/2，零件变形极小，适用于各种材料、无污染、节能、不需要其他加工等。其缺点是设备复杂、成本较高，零件形状复杂或截面悬殊大时很难达到一致的氮化层深度。

### 3. 钢的碳氮共渗

**碳氮共渗（carbonitriding）是指同时向零件的表面渗入碳和氮的工艺**。目的是提高零件表面的硬度、耐磨性和疲劳强度。碳氮共渗后零件的力学性能比单独渗碳或氮化要优异。碳氮共渗及淬火后得到的是含氮的马氏体，耐磨性比渗碳更好；与氮化相比，渗层深，脆性小，抗压强度高；含氮马氏体有较大的比体积，表层压应力更大，疲劳强度更高，耐蚀性也较好。

目前常用的碳氮共渗的工艺有低温气体碳氮共渗（氮碳共渗）和中温气体碳氮共渗。共渗温度越低，渗层中氮含量越高；共渗温度越高，渗层中碳含量越高。因此前者以氮化为主，后者以渗碳为主。

(1) **低温气体碳氮共渗**　低温气体碳氮共渗的温度为 500~570℃，钢处于铁素体状态，以氮化为主，时间为1~4h。常用的共渗介质为尿素、甲酰胺等，它们受热分解出活性氮、碳原子，如尿素在500℃以上分解为

$$(NH_2)_2CO \rightarrow CO+2H_2+2[N]$$

$$2CO \rightarrow CO_2+[C]$$

经低温气体碳氮共渗处理过的零件，其表层的硬度、脆性和裂纹敏感性都较氮化工艺

小，故称为软氮化（soft nitriding）。经软氮化处理的零件表层硬度为 500~900HV，该工艺已广泛应用于模具、量具、曲轴、齿轮和气缸等耐磨零件的热处理。

**(2) 中温气体碳氮共渗**　中温气体碳氮共渗温度为 820~860℃，常用的共渗介质为煤油和氨气，虽然该温度下的渗入元素主要是碳，但是氮原子的渗入加快了渗碳速度，使渗碳温度降低、时间缩短。一般共渗时间为 1~2h，共渗层的深度为 0.2~0.5mm。经中温气体碳氮共渗后，还要进行淬火和低温回火，渗层表面硬度可达 58~63HRC，组织为含氮的高碳回火马氏体。与渗碳相比，共渗后表面的硬度、耐磨性、疲劳强度和耐蚀性都比渗碳件高，工艺时间短，生产效率高，变形小；缺点是共渗层较薄。主要用于形状复杂、要求变形小的小型耐磨零件的处理。

### 5.5.3　几种常用的表面热处理工艺比较

几种常用的表面热处理工艺的特点、经表面处理后钢的性能特点和应用见表 5-1。

**表 5-1　几种表面热处理工艺比较**

| 处理方法 | 表面淬火 | 渗碳 | 氮化 | 碳氮共渗 | 氮碳共渗 |
|---|---|---|---|---|---|
| 处理工艺 | 感应淬火，低温回火 | 渗碳，淬火，低温回火 | 气体氮化 | 中温气体碳氮共渗，淬火，低温回火 | 低温气体碳氮共渗 |
| 生产周期 | 几秒至几分 | 3~9h | 30~50h | 1~2h | 1~4h |
| 表层深度/mm | 0.5~7 | 0.5~2 | 0.3~0.5 | 0.2~0.5 | 0.01~0.02 |
| 硬度 | 58~63HRC | 58~63HRC | 65~70HRC（1000~1100HV） | 58~63HRC | 500~900HV |
| 耐磨性 | 较好 | 良好 | 最好 | 良好 | 良好 |
| 疲劳强度 | 良好 | 良好 | 最好 | 良好 | 较好 |
| 耐蚀性 | 一般 | 一般 | 最好 | 较好 | 好 |
| 热处理变形 | 较小 | 较大 | 最小 | 较小 | 最小 |
| 应用 | 耐磨性、硬度、变形要求不高且形状简单的零件，如机床齿轮 | 耐磨性要求高、承受重载荷和冲击的零件，如汽车变速齿轮 | 耐磨性、耐蚀性、精度要求高的零件，如精密机床的主轴 | 耐磨性要求高、形状复杂、变形小的中小型零件，如汽车涡轮、轴类零件 | 耐磨性和抗咬合性要求高、无重载荷条件下工作的零件，如量具、模具等 |

### 思考题与习题

一、名词解释

过冷奥氏体、马氏体、淬透性、淬硬性、调质处理、耐回火性、二次硬化、回火脆性、等温转变图和连续冷却转变图。

二、填空题

1. 在过冷奥氏体等温转变产物中，珠光体与托氏体的主要相同点是＿＿＿＿，不同点是＿＿＿＿。
2. 用光学显微镜观察，上贝氏体的组织特征呈＿＿＿＿状，而下贝氏体则呈＿＿＿＿状。

3. 马氏体的显微组织形态主要有_____、_____两种,其中_____的韧性较好。
4. 钢的淬透性越高,则其等温转变图的位置越_____,说明临界冷却速度越_____。
5. 球化退火的目的是_____,主要适用于_____钢。
6. 亚共析钢的正常淬火温度范围为_____,过共析钢的正常淬火温度范围是_____。
7. 淬火钢进行回火的目的是_____,回火温度越高,钢的强度、硬度通常会越_____。

### 三、选择题

1. 奥氏体向珠光体的转变是_____。
   A. 扩散型转变　　　B. 非扩散型转变　　　C. 半扩散型转变
2. 钢经调质处理后得到的组织是_____。
   A. 回火马氏体　　　B. 回火托氏体　　　C. 回火索氏体
3. 共析钢的过冷奥氏体在550~350℃的温度区间等温转变时,所形成的组织是_____。
   A. 索氏体　　　B. 下贝氏体　　　C. 上贝氏体　　　D. 珠光体
4. 若合金元素能使等温转变图右移,钢的淬透性将_____。
   A. 降低　　　B. 提高　　　C. 不改变
5. 马氏体的硬度取决于_____。
   A. 冷却速度　　　B. 转变温度　　　C. 碳含量
6. 淬硬性好的钢_____。
   A. 具有高的合金元素含量　　　B. 具有高的碳含量
   C. 具有低的碳含量
7. 需要进行淬火的形状复杂、截面变化大的零件,应选用_____。
   A. 高淬透性钢　　　B. 中淬透性钢　　　C. 低淬透性钢
8. 完全退火主要适用于_____。
   A. 亚共析钢　　　B. 共析钢　　　C. 过共析钢
9. 钢的回火处理在_____。
   A. 退火后进行　　　B. 正火后进行　　　C. 淬火后进行
10. 钢的淬透性主要取决于_____。
    A. 碳含量　　　B. 冷却介质　　　C. 合金元素
11. 钢的淬硬性主要取决于_____。
    A. 碳含量　　　B. 冷却介质　　　C. 合金元素

### 四、是非题

1. 马氏体是碳在α-Fe中的过饱和固溶体。当奥氏体向马氏体转变时,体积要收缩。(　　)
2. 当把亚共析钢加热到$Ac_1$~$Ac_3$之间的温度时,将获得铁素体和奥氏体两相组织。在平衡条件下,其中奥氏体的碳含量总是大于钢的碳含量。(　　)
3. 当原始组织为片状珠光体的钢加热奥氏体化时,细片状珠光体的奥氏体化速度要比粗片状珠光体的奥氏体化速度快。(　　)
4. 当共析成分的奥氏体在冷却过程中发生珠光体转变时,温度越低,其转变产物组织越粗。(　　)
5. 高合金钢既具有良好的淬透性,又具有良好的淬硬性。(　　)
6. 经退火后再高温回火的钢,能得到回火索氏体组织,具有良好的综合力学性能。(　　)
7. 钢的淬透性高,则其有效淬硬层的深度也越大。(　　)
8. 表面淬火既能改变钢的表面组织,也能改善心部的组织与性能(　　)

### 五、综合题

1. 比较退火状态下的45钢、T8钢和T12钢的硬度、强度和塑性的高低,简述原因。
2. 同样形状的两块铁碳合金,其中一块是退火状态的15钢,一块是白口铸铁,用什么简便方法可迅速区分它们?

3. 以共析钢为例说明奥氏体的形成过程,并讨论为什么奥氏体全部形成后,还会有部分的渗碳体未溶解?

4. 何谓奥氏体的起始晶粒度、实际晶粒度和本质晶粒度?

5. 何谓过冷奥氏体?简述过冷奥氏体转变的过程及组织。

6. 就碳素钢而言,在共析钢、亚共析钢和过共析钢中,哪种钢的等温转变图的位置最靠右?

7. 试叙述马氏体相变的主要特征。

8. 低碳马氏体、中碳马氏体和高碳马氏体的形貌如何?

9. 为什么中、高碳马氏体具有高硬度、高强度?

10. 试比较贝氏体转变、马氏体转变和珠光体转变的异同。

11. 何谓临界冷却速度?如何根据连续冷却转变图确定临界冷却速度?

12. 试述淬火碳素钢回火过程中可能出现的组织转变。

13. 什么是钢的淬透性和淬硬性?它们的影响因素是什么?

14. Describe the following types of Fe-C martensites that occur in carbon steels:

a. lath martensite and  b. plate martensite

15. What is the normalizing heat treatment for steel? What are some of its purposes?

16. What causes the decrease in hardness during the tempering of a carbon steel?

# 第 6 章

# 工业用钢

曾经思考过这些问题吗?
1. 应用最广泛的工程材料是什么?
2. 为什么有些进口汽车比国产汽车贵很多?是制造汽车的材料有很大差别吗?
3. 要研发出好的工程材料,该从哪些方面入手?
4. 不锈钢为什么不生锈?是在任何环境和介质中都不生锈吗?
5. 罐头盒和锡的英文表达都是"tin",难道罐头盒是用锡制造的?

按化学成分不同,工业用钢分为碳素钢和合金钢两大类。碳素钢(carbon steel)为 $w(C)<2.11\%$ 的铁碳合金;而合金钢(alloy steel)是指为了提高钢的性能,在碳素钢的基础上有意加入一定量合金元素所获得的铁基合金。碳素钢的优点是冶炼工艺简单、生产成本低、加工性好;但是碳素钢也有淬透性低、耐回火性差、耐热性低、耐蚀抗氧化性差等缺点,因而需要通过合金化来克服和改善碳素钢的不足。当然,合金化会使成本升高,某些工艺性能下降。因此选材时,要综合考虑其力学性能、工艺性能及经济性。

## 6.1 合金元素在钢中的作用

为了获得所需的组织结构、物理性能、化学性能和力学性能,必须在碳素钢中加入一定量的合金元素。合金元素会和碳素钢中已存在的铁和碳发生作用,在钢中有不同的存在形式,并影响钢的相变过程。

### 6.1.1 合金元素与铁和碳的相互作用

**1. 合金元素与铁的相互作用**

纯铁具有同素异构转变: $\delta\text{-Fe} \xrightleftharpoons{1394℃(A_4)} \gamma\text{-Fe}$, $\gamma\text{-Fe} \xrightleftharpoons{912℃(A_3)} \alpha\text{-Fe}$。合金元素溶入后会明显改变铁的同素异构转变温度,使不同结构铁的存在温度范围发生变化。按照影响规律不同,分为两类。

**(1) 扩大奥氏体相区元素** 这类元素使 $A_4$ 点上升、$A_3$ 点下降,奥氏体稳定存在的温区扩大,促进奥氏体形成。具有这一类影响的元素有 Ni、Mn、Co、C、N、Cu 等,其中 Ni、Mn、Co 可与 γ-Fe 无限互溶,当其含量较高时,可在室温下得到单相奥氏体,称为无限扩大奥氏体相区元素;而 C、N、Cu 等,虽然扩大了 γ 相区,但不能将其扩大到室温,称为有限扩大奥氏体相区元素，如图 6-1 所示。

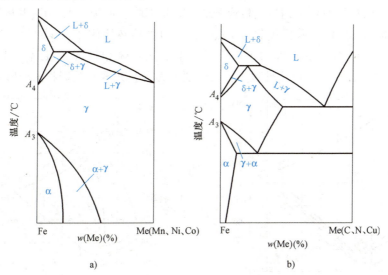

图 6-1 扩大奥氏体相区元素的 Fe-Me 相图

a) 与 γ-Fe 无限互溶　b) 与 γ-Fe 有限互溶

(2) **缩小奥氏体相区元素**　这类元素使 $A_4$ 点下降、$A_3$ 点上升，缩小了奥氏体相的存在范围，促进铁素体形成。具有这一类影响的元素有 Cr、V、Mo、W、Ti、Si、Al、P、B、Nb 等，其中 Cr、V 等元素超过一定含量时，$A_3$ 点与 $A_4$ 点重合，使奥氏体相区封闭，称为完全封闭奥氏体相区的元素；而 B、Nb、Zr 等虽然也使奥氏体相区温度范围缩小，但不能使其封闭，称为部分缩小奥氏体相区的元素，如图 6-2 所示。

**2. 合金元素与碳的相互作用**

(1) **非碳化物形成元素**　非碳化物形成元素包括 Ni、Si、Co、Al、Cu、N、P、S 等，这些元素存在于钢中不与碳化合形成碳化物，其中 Si 还能使碳化物分解，促使碳呈游离石墨状态析出，即所谓的石墨化。

(2) **碳化物形成元素**　碳化物形成元素包括 Fe、Mn、Cr、Mo、W、V、Ti、Nb、Ta、Zr 等，同属于过渡族元素。这些元素与碳有较强的亲和力，易形成碳化物。按上述顺序与碳的亲和力依次加强，其中 W 以后的各元素与碳的亲和力最强，属于强碳化物形成元素；W、Mo 次之，属于中强碳化物形成元素；Cr 为较强碳化物形成元素；Mn、Fe 为较弱碳化物形成元素。

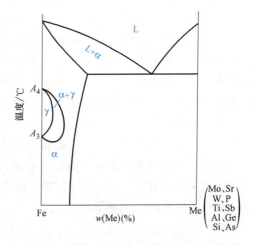

图 6-2 缩小奥氏体相区元素的 Fe-Me 相图

**3. 合金元素对 Fe-C 相图的影响**

铁碳相图是碳素钢热处理的重要依据，合金元素对铁碳相图的影响主要表现在对 $S$ 点、$E$ 点和临界点的影响，其规律如下：凡是扩大奥氏体相区的元素均使 $S$ 点、$E$ 点向左下方移动,如图6-3所示;凡是封闭和缩小奥氏体相区的元素均使 $S$ 点、$E$ 点向左上方移动,如图6-4所示。$S$ 点左移使合金钢中共析成分的含碳量下降,如 40Cr13 为过共析钢,W18Cr4V ($w(C) = 0.7\% \sim 0.8\%$) 为莱氏体钢。$S$ 点、$E$ 点的左移必然使 $A_{cm}$ 线左移,扩大奥氏体相区的元素使 $A_1$、$A_3$ 线下移,如图6-3所示;缩小奥氏体相区元素使 $A_1$、$A_3$ 线上移,如图6-4所示。因此合金钢制定热处理工艺时,要考虑合金元素对铁碳相图的影响。

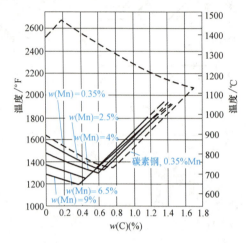

图6-3 锰对铁碳相图奥氏体相区的影响

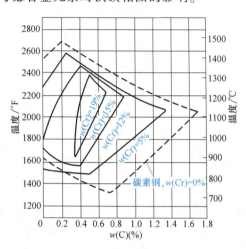

图6-4 铬对铁碳相图奥氏体相区的影响

### 6.1.2 合金元素在钢中的存在形式

不同种类的合金元素在钢中的存在形式不同,可有五种形式:固溶于固溶体(铁素体或奥氏体)中;存在于碳化物中;形成氧化物、硫化物及氮化物等夹杂物;与铁或其他元素形成金属间化合物;以纯金属相存在,如 Cu、Pb 等。

由于合金元素在钢中有不同的存在形式,因此钢的热处理状态不同,合金元素在钢中的分布也不同:在退火与正火状态下,非碳化物形成元素 Ni、Si、Al、Co 等,基本上固溶于铁素体中,在碳化物中的固溶度极小;弱碳化物形成元素 Mn 也大部分固溶于铁素体中;而其他碳化物形成元素首先固溶于碳化物中,形成合金渗碳体及特殊碳化物,剩余部分固溶在铁素体中。淬火、回火状态下,合金元素的分布与淬火加热温度有关。加热溶入奥氏体中的合金元素淬火后存在于马氏体及残留奥氏体中,未固溶的合金元素仍保留在碳化物或其他相中。淬火加低温回火状态下,由于温度低,合金元素不能扩散,继续保持淬火状态下的分布状态。回火温度升高到 400℃ 以上时,合金元素重新分布,非碳化物形成元素进入铁素体,碳化物形成元素向碳化物富集。

### 6.1.3 合金元素对钢的相变的影响

#### 1. 对奥氏体形成速度的影响

合金钢加热时组织转变过程与碳素钢基本相同,包括奥氏体形核、奥氏体长大、碳化物溶解和奥氏体成分均匀化四个阶段。大多数合金元素会减缓奥氏体化过程,如 Cr、V、Ti、Mo、W 等碳化物形成元素,它们使钢的临界点升高,降低 Fe 和 C 的扩散系数,自身扩散速度也比 Fe、C 低,形成的碳化物在加热时不易溶解。因此合金钢的奥氏体化温度一般较高,时间较长。而 Co、Ni 等部分非碳化物形成元素，因可增大 C 的扩散速度，使奥氏体的形成速度加快。

**2. 对奥氏体晶粒大小的影响**

强碳化物形成元素 Mo、W、V、Ti 等，因其形成的碳化物稳定性高，加热时不易溶解进入奥氏体，通常以细小的质点弥散分布在奥氏体基体上，会阻止奥氏体晶界迁移，抑制奥氏体晶粒长大；非碳化物形成元素 Si、Co、Ni 等阻止奥氏体晶粒长大的作用较弱；而 Mn、P、C 具有促进奥氏体晶粒长大的倾向。

**3. 对过冷奥氏体分解转变的影响**

大多数合金元素（除 Co 外）均会增大过冷奥氏体的稳定性，使等温转变图右移，临界冷却速度减小，提高钢的淬透性，这也是钢中加入合金元素的主要目的之一。常用来提高钢的淬透性的元素有 Mn、Si、Cr、Ni、Mo 等。

除 Co、Al 外，多数合金元素使 $M_s$ 点、$M_f$ 点下降，从而使钢中残留奥氏体量增多，使钢的硬度和疲劳强度下降。为减少残留奥氏体，可采用深冷处理使其转变为马氏体，或经过多次回火使其分解，或通过二次淬火转变为马氏体。

**4. 对回火转变的影响**

（1）**提高钢的耐回火性**　碳化物形成元素和 Si 可提高钢的低温耐回火性，使相同回火温度下的合金钢的硬度高于碳素钢。在低温回火时，碳化物形成元素虽然自身不参与扩散，但会降低碳的扩散系数，阻止碳的析出，推迟马氏体分解。

（2）**抑制残留奥氏体的分解转变**　合金元素一般均会使残留奥氏体分解温度升高，不会改变其分解产物。然而当特殊碳化物形成元素 Cr、W、V、Mo 的含量较高时，对残留奥氏体的分解会表现出强烈的抑制作用，使其在 500~600℃ 温度回火时也只能析出部分碳化物，而在随后的冷却过程中转变为马氏体，即发生二次淬火。

（3）**阻碍碳化物的析出与聚集长大**　在中、高温回火时，合金元素对渗碳体的形成与聚集长大有较强的阻碍作用，这是因为合金元素需要在碳化物与固溶体之间重新分布；同时碳化物形成元素对碳的扩散有强烈的阻碍作用。在强碳化物形成元素含量高的合金钢中，还会析出特殊的碳化物，不仅不会使钢的硬度降低，反而出现回升，出现所谓的二次硬化。

（4）**提高铁素体的再结晶温度**　合金元素的加入会阻碍马氏体的分解，延缓马氏体的回复和再结晶，显著提高铁素体的再结晶温度，其中碳化物形成元素 W、Mo、Cr、V 及非碳化物形成元素 Co 的作用较明显。

（5）**对回火脆性的影响**　合金元素 Mn、Cr 具有促进第一类回火脆性发生的作用，但是同时加入 Si 与 Cr 可将第一类回火脆性发生温度提高至 350~370℃；Mo、W 具有降低或阻止第二类回火脆性发生的作用。

【例 6-1】　与碳素钢相比，合金钢有何优点？

答：不同的合金元素加入会使得合金钢具有更好的力学性能、工艺性能和物理化学性能。如，能够在加热时溶入基体的合金元素会带来固溶强化，会提高材料的淬透性和回火稳定性，会保证不锈钢的耐蚀性；形成细小弥散第二相的合金元素，如果加热时不溶于基体，会阻止晶粒长大，起细化晶粒的作用；如果加热时溶于基体而在回火过程中析出细小弥散第二相，则能提高材料的强度、硬度和耐磨性，保证高速工具钢的红硬性。

**【例 6-2】** 为什么碳素钢在室温下不存在单一奥氏体或单一铁素体组织，而合金钢中有可能存在这类组织？

**答：** 碳素钢中如果加入扩大奥氏体相区的元素，会使铁碳相图中的 $S$、$E$ 点向左下方移动，使 $A_1$、$A_3$ 线下移，当合金元素加入量足够大时，就可以在室温时得到单一奥氏体组织；反之，如果加入的是封闭和缩小奥氏体相区的元素，则使 $S$、$E$ 点向左上方移动，使 $A_1$、$A_3$ 线上移，当合金元素加入量足够大时，就可以在室温得到单一铁素体组织。

## 6.2 钢的分类与编号

### 6.2.1 钢的分类

钢的分类

钢的分类方法有很多，以下是几种常用的方法。

**1. 按用途分类**

（1）结构钢（structural steel） 结构钢指用于制造各种工程构件和机器零件的钢种，分别称为工程构件用钢和机器零件用钢。其中机器零件用钢又分为调质钢、渗碳钢、弹簧钢和轴承钢等。

（2）工具钢（tool steel） 工具钢指用于制造各种加工工具的钢种，包括刃具钢、模具钢和量具钢。

（3）特殊性能钢 特殊性能钢指具备某种特殊物理、化学性能的钢种，如不锈钢（stainless steel）、耐热钢（heat-resistant steel）、耐磨钢（wear-resistant steel）和低温用钢（low temperature steel）等。

**2. 按化学成分分类**

首先按照钢是否进行了合金划分为碳素钢和合金钢两类；按照含碳量高低又可分为低碳钢 [$w(C) \leq 0.25\%$]、中碳钢 [$0.3\% < w(C) < 0.6\%$] 及高碳钢 [$w(C) \geq 0.6\%$] 三类；根据合金元素总量的多少分为低合金钢 [$w(Me) < 5\%$]、中合金钢 [$5\% < w(Me) < 10\%$] 及高合金钢 [$w(Me) > 10\%$]；按照合金元素的种类可分为铬钢、锰钢、硅锰钢、铬镍钢和铬镍钼钢等。

**3. 按质量分类**

钢的质量是以有害杂质元素 P、S 的含量来划分的。根据 P、S 的含量可将钢分为普通质量钢、优质钢、高级优质钢和特级优质钢，见表 6-1。

表 6-1 各质量等级钢的 P、S 含量

| 钢类 | 碳素钢 | | 合金钢 | |
|---|---|---|---|---|
| | $w(P)(\%)$ | $w(S)(\%)$ | $w(P)(\%)$ | $w(S)(\%)$ |
| 普通质量钢 | ≤0.045 | ≤0.045 | ≤0.045 | ≤0.045 |
| 优质钢 | ≤0.035 | ≤0.035 | ≤0.035 | ≤0.035 |
| 高级优质钢 | ≤0.030 | ≤0.030 | ≤0.025 | ≤0.025 |
| 特级优质钢 | ≤0.025 | ≤0.020 | ≤0.025 | ≤0.015 |

**4. 按金相组织分类**

按退火组织可分为亚共析钢（hypoeutectoid steel）、共析钢（eutectoid steel）、过共析钢（hypereutectoid steel）和莱氏体钢（ledeburite steel）；按正火组织可分为珠光体钢（pearlite steel）、贝氏体钢（bainite steel）和马氏体钢（martensite steel）；按加热、冷却过程中有无相变及室温组织分为铁素体钢（ferrite steel）、奥氏体钢（austenite steel）及铁素体和奥氏体

双相钢（duplex steel）。

**5. 按照冶炼方法分类**

根据冶炼时所用炼钢炉的不同，可分为平炉钢、转炉钢和电炉钢。根据冶炼时的脱氧方法和脱氧程度不同，可分为沸腾钢（boiling steel or unkilled steel）和镇静钢（killed steel）。沸腾钢在冶炼时脱氧不充分，浇注时碳与氧反应发生沸腾，这类钢一般为低碳钢，其塑性好、成本低、成材率高，但组织不致密，主要用于制造用量大的冲压零件，如汽车外壳、仪器仪表外壳等。镇静钢脱氧充分，组织致密，但成材率低。

## 6.2.2 钢的牌号

国标中规定用化学元素符号表示钢的主要合金成分，用数字表示碳及合金元素含量，用汉字拼音字母表示钢的特殊用途、冶炼方法和冶金质量。排列顺序通常为"数字+化学元素+数字…"。

第一个数字表示碳含量，结构钢以两位数字表示碳质量分数的万分数；工具钢、特殊钢以一位数字表示其碳质量分数的千分数，$w(C)>1.0\%$ 的合金工具钢、轴承钢及 $w(C)<1.0\%$ 的高速钢与特殊钢不标碳含量；但马氏体型耐热钢等特殊钢用万分数表示；碳素工具钢以千分数表示，$w(C)>1\%$ 时出现两位数（T8、T12）；含碳量很低的特殊钢中，若 $w(C)=0.03\%\sim0.08\%$ 时，在编号中加 0 表示，$w(C)<0.03\%$ 时则以 00 表示。比较容易记忆的方法是：无论是两位数字还是一位数字，都是在数字之前加小数点，表明碳的质量分数，如 40Cr，$w(C)=0.04\%$；9SiCr，$w(C)=0.9\%$。

第二个数字表示列于数字之前的化学元素的含量，通常以百分数表示。钢中若同时含有多种合金元素，一般按含量多少由高至低排序来表示，但若含 Cr 和 Ni 两元素，习惯上将 Cr 排在 Ni 的前面。合金元素的含量，若合金元素的质量分数不足 1.5% 时，只列出元素符号不标注含量，如 18Cr2Ni4W 中 Cr 排在 Ni 的前面，W 的质量分数（0.8%~1.2%）不足 1.5%，不标出。平均质量分数为 1.5%~2.49%、2.5%~3.49%、3.5%~4.49%…时，相应地标为 2、3、4 等整数。但滚动轴承钢中合金元素含量以千分数表示。

有时为表示钢的特殊用途，在编号前加拼音字母，如 GCr15，G 表示滚动轴承钢；T12，T 表示碳素工具钢；另外，Y 表示易切削钢，ZG 表示铸态使用的铸钢。为表示钢的冶金质量常在编号后面加汉字拼音字母，A 表示高级优质钢，F 分别表示沸腾钢。

# 6.3 结构钢

结构钢（structural steels）包括工程构件用钢和机器零件用钢两大类。工程构件用钢主要用于制造各种工程结构，包括碳素结构钢和低合金高强度结构钢。这类钢冶炼简单，成本低，用量大，一般不进行热处理；而机器零件用钢主要用于制造各种机器零件，如齿轮、弹簧、轴承及轴杆类零件等，大多采用优质碳素结构钢和合金结构钢，一般都要热处理后方可使用。

## 6.3.1 普通碳素结构钢

**1. 普通碳素结构钢的用途**

在各类钢中，碳素结构钢的产量最大，用途最广，多热轧成钢板、钢带、型钢和棒钢，用于一般结构和工程结构，产品可供焊接、铆接、栓接构件用，一般在供应状态下使用。

## 2. 普通碳素结构钢的牌号及成分

碳素结构钢的牌号及成分见表6-2。这类钢主要是保证其力学性能，因而牌号中直接体现出了其屈服强度值，用"Q+数字"表示，Q是屈服强度中"屈"的汉语拼音首位字母，数字表示其屈服强度值，如Q215表示其屈服强度值为215MPa。A、B、C、D表示的是钢材的质量等级，即硫、磷含量依次减少，质量依次提高。F表示沸腾钢，Z表示镇静钢，TZ表示殊镇静钢。

表6-2 碳素结构钢的牌号和化学成分（摘自GB/T 700—2006）

| 牌号 | 统一数字代号 | 等级 | 厚度（或直径）/mm | 脱氧方法 | 化学成分（质量分数）(%，不大于) | | | | |
|---|---|---|---|---|---|---|---|---|---|
| | | | | | C | Si | Mn | P | S |
| Q195 | U11952 | — | | F、Z | 0.12 | 0.30 | 0.50 | 0.035 | 0.040 |
| Q215 | U12152 | A | — | F、Z | 0.15 | 0.35 | 1.20 | 0.045 | 0.050 |
| | U12155 | B | | | | | | | 0.045 |
| Q235 | U12352 | A | | F、Z | 0.22 | 0.35 | 1.40 | 0.045 | 0.050 |
| | U12355 | B | | | 0.20 | | | | 0.045 |
| | U12358 | C | | Z | 0.17 | | | 0.040 | 0.040 |
| | U12359 | D | | TZ | | | | 0.035 | 0.035 |
| Q275 | U12752 | A | — | F、Z | 0.24 | 0.35 | 1.50 | 0.045 | 0.050 |
| | U12755 | B | ≤40 | Z | 0.21 | | | 0.045 | 0.045 |
| | | | >40 | | 0.22 | | | | |
| | U12758 | C | | Z | 0.20 | | | 0.040 | 0.040 |
| | U12759 | D | | TZ | | | | 0.035 | 0.035 |

## 3. 普通碳素结构钢的性能和应用

普通碳素结构钢在热轧空冷状态下的组织为铁素体+珠光体。其塑性、焊接性好。表6-3列出了碳素结构钢的拉伸和冲击性能要求，表6-4列出了碳素结构钢的弯曲性能要求。

表6-3 碳素结构钢的拉伸和冲击性能（摘自GB/T 700—2006）

| 牌号 | 等级 | 屈服强度/(MPa)，(不小于) | | | | | 抗拉强度/MPa | 断后伸长率(%，不小于) | | | | | 冲击试验（V型缺口） | |
|---|---|---|---|---|---|---|---|---|---|---|---|---|---|---|
| | | 厚度（或直径）/mm | | | | | | 厚度（或直径）/mm | | | | | 温度/℃ | 冲击吸收功（纵向）/J（不小于） |
| | | ≤16 | >16~40 | >40~60 | >60~100 | >100~150 | >150~200 | | ≤40 | >40~60 | >60~100 | >100~150 | >150~200 | | |
| Q195 | — | 195 | 185 | — | — | — | — | 315~430 | 33 | — | — | — | — | — | — |
| Q215 | A | 215 | 205 | 195 | 185 | 175 | 165 | 335~450 | 31 | 30 | 29 | 27 | 26 | — | — |
| | B | | | | | | | | | | | | | +20 | 27 |
| Q235 | A | 235 | 225 | 215 | 215 | 195 | 185 | 370~500 | 26 | 25 | 24 | 22 | 21 | — | — |
| | B | | | | | | | | | | | | | +20 | 27 |
| | C | | | | | | | | | | | | | 0 | |
| | D | | | | | | | | | | | | | -20 | |
| Q275 | A | 275 | 265 | 255 | 245 | 225 | 215 | 410~540 | 22 | 21 | 20 | 18 | 17 | — | — |
| | B | | | | | | | | | | | | | +20 | 27 |
| | C | | | | | | | | | | | | | 0 | |
| | D | | | | | | | | | | | | | -20 | |

表 6-4 碳素结构钢的弯曲性能（摘自 GB/T 700—2006）

| 牌 号 | 试样方向 | 冷弯试验 180° $B=2a$ [1] 钢材厚度（或直径）[2]/mm | |
|---|---|---|---|
| | | ≤60 | >60~100 |
| | | 弯心直径 $d$ | |
| Q195 | 纵 | 0 | — |
| | 横 | 0.5a | |
| Q215 | 纵 | 0.5a | 1.5a |
| | 横 | a | 2a |
| Q235 | 纵 | a | 2a |
| | 横 | 1.5a | 2.5a |
| Q275 | 纵 | 1.5a | 2.5a |
| | 横 | 2a | 3a |

[1] $B$ 为试样宽度，$a$ 为试样厚度（或直径）。
[2] 钢材厚度（或直径）大于 100mm 时，弯曲试验由双方协商确定。

### 6.3.2 优质碳素结构钢

**1. 优质碳素结构钢的用途**

优质碳素结构钢主要用于制造各种机器的零部件，是应用最广泛的一种优质结构钢。低碳的优质碳素结构钢具有良好的塑性和韧性，经表面处理制造要求表面硬度高、耐磨性好且心部具有良好韧性的零件；中碳的优质碳素结构钢性能适中，经调质热处理可获得较好的综合力学性能，常用于制造一些尺寸较小的调质零件，也可在正火状态下或经表面淬火制造一些对性能要求不高而尺寸较大的零件；高碳的优质碳素结构钢有较高的强度和硬度，常用于制造弹簧和要求耐磨的零件，也大量用于拉制高强钢丝和钢丝绳。

其主要缺点是淬透性较差，因而不适用于制造对性能要求较高、截面尺寸较大或形状较复杂的零件。

**2. 优质碳素结构钢的牌号及成分**

优质碳素结构钢的牌号用钢中平均碳的质量分数的两位数字表示，单位为万分之一，$w(C)=0.05\%\sim0.85\%$，通常以 5 为一个变化单位，如 20、25、30、35 等。对于 Mn 含量较高的钢，必须将 Mn 元素标出。部分优质碳素结构钢的成分见表 6-5。

表 6-5 部分优质碳素结构钢的化学成分

| 牌号 | 化学成分(质量分数,%) | | | | |
|---|---|---|---|---|---|
| | C | Mn | Si | Cr | 其他 |
| 08F | 0.05~0.11 | 0.25~0.50 | ≤0.03 | ≤0.10 | |
| 15F | 0.12~0.18 | 0.25~0.50 | ≤0.07 | ≤0.15 | |
| 25 | 0.22~0.29 | 0.50~0.80 | 0.17~0.37 | ≤0.25 | Ni≤0.30 |
| 40 | 0.37~0.44 | 0.50~0.80 | 0.17~0.37 | ≤0.25 | Cu≤0.20 |
| 65 | 0.62~0.70 | 0.50~0.80 | 0.17~0.37 | ≤0.25 | S≤0.035 |
| 80 | 0.77~0.85 | 0.50~0.80 | 0.17~0.37 | ≤0.25 | P≤0.035 |
| 40Mn | 0.37~0.44 | 0.70~1.00 | 0.17~0.37 | ≤0.25 | |
| 60Mn | 0.57~0.65 | 0.70~1.00 | 0.17~0.37 | ≤0.25 | |
| 70Mn | 0.67~0.75 | 0.90~1.20 | 0.17~0.37 | ≤0.25 | |

### 3. 优质碳素结构钢的特性和应用

部分优质碳素结构钢的特性和应用见表6-6。

表6-6 部分优质碳素结构钢的特性和应用

| 牌号 | 主要特性 | 应用举例 |
| --- | --- | --- |
| 08F | 优质沸腾钢,强度、硬度低,塑性极好。深冲压、深拉延等冷加工性好,焊接性好。冷加工后采取消除应力处理防止断裂 | 易轧成薄板、薄带、冷变形材、冷拉钢丝,用作冲压件,压延件,各种不承受载荷的覆盖件,渗碳、氮化、碳氮共渗件,各类套筒、靠模、支架 |
| 15F | 强度低,塑性、韧性很好,焊接性优良。淬透性、淬硬性低。为改善其切削加工性能需进行正火或水韧处理提高硬度 | 制造受力不大、形状简单、但韧性要求较高或焊接性能较好的中小结构件、螺钉、螺栓、拉杆、起重钩、焊接容器等 |
| 25 | 具有一定的强度、硬度、塑性、韧性好,焊接性、冷塑性、加工性较高,切削性较好,淬透性、淬硬性差。淬火和低温回火后强韧性好,无回火脆性 | 焊接件,热锻、热冲压件,渗碳后用作耐磨件 |
| 40 | 强度较高,切削性好,冷变形能力中等,无回火脆性,焊接性差,淬透性低。多在调质或正火态使用,综合性能好。表面淬火后可用于制造承受较大应力件 | 适用于制造曲轴、传动轴、活塞杆、连杆、链轮、齿轮等 |
| 65 | 高强度,高硬度,高弹性。焊接性差、淬透性差,一般用油淬。切削性差,冷变形塑性低 | 制造截面小、形状简单、受力小的扁形或螺旋形弹簧,也可制造高耐磨性零件,如轧辊、曲轴、凸轮及钢丝绳等 |
| 80 | 强度、硬度更高,弹性略低。淬透性不高,切削性差,冷变形塑性低 | 板弹簧、螺旋弹簧、抗磨损零件、较低速车轮等 |
| 40Mn | 淬透性略高于40钢,强度、硬度、韧性比40钢稍高,冷变形塑性中等,切削加工性好,焊接性低,有过热敏感性和回火脆性 | 曲轴、辊子、轴、连杆,高应力下工作的螺钉、螺母 |
| 60Mn | 强度、硬度、弹性和淬透性均比60钢稍高,退火态切削加工性好,冷塑性变形性和焊接性差,具有过热敏感性和回火脆性倾向 | 大尺寸螺旋弹簧、板弹簧、各种圆扁弹簧、冷拉钢丝及发条 |
| 70Mn | 与70钢相比,淬透性稍高,强度、硬度、弹性好。冷塑性变形能力差,焊接性差,具有过热敏感性和回火脆性倾向 | 承受大应力、摩擦条件下工作的零件,如各种弹簧圈、弹簧垫圈、锁紧圈、离合器盘等 |

### 6.3.3 低合金高强度结构钢

#### 1. 低合金高强度结构钢的用途

低合金高强度结构钢是指含有少量 Mn、V、Nb、Ti 等合金元素,用于制造工程构件的钢种。其强度比碳素结构钢高 30%~150%。用低合金高强度结构钢代替碳素结构钢使用,可以减轻结构自重,节约金属材料,提高承载能力并延长使用寿命。

#### 2. 对低合金高强度结构钢的性能要求

低合金高强度结构钢应具有较高的强度,以节约材料,减轻自重;具有足够的塑性、韧性,以保证使用的安全性,尤其对于大型工程结构,一旦断裂,会造成灾难性后果;具有良好的焊接性和冷成形性,大型钢结构都采用焊接,不易进行热处理;对于在海洋、化工及比较寒冷等环境下工作的结构钢,还要具有良好的耐蚀性和低的韧脆转变温度。

### 3. 低合金高强度结构钢的牌号、成分及特性

低合金高强度结构钢(high-strength low-alloy structural steel,简称HSLA)的牌号和成分见表6-7。低合金高强度结构钢为低碳钢($w(C) \leq 0.20\%$),虽然碳可提高强度,但是会影响焊接性、冷脆性和冲压性等。合金元素主要为Mn、Si、V、Nb、Ti等,总的加入量一般在3%以下。其中Mn、Si的加入可固溶强化铁素体,增加珠光体的相对量,通过降低奥氏体分解温度来细化铁素体晶粒,使珠光体片变细;消除晶界上的粗大片状碳化物。少量的Nb、Ti、V在钢中形成细碳化物,会阻碍钢热轧时奥氏体晶粒的长大,有利于获得细小的铁素体晶粒;热轧时部分固溶在奥氏体内,冷却时弥散析出,可以起到一定的沉淀强化作用,从而提高钢的强度和韧性。

低合金高强度结构钢主要用于制造桥梁、车辆、高压容器、大型船舶、电站设备、锅炉管道、化工和石油高压厚壁容器等构件。

### 4. 低合金高强度结构钢的组织状态

低合金高强度结构钢一般为热轧、控轧、正火及正火+回火状态,其组织形式通常为铁素体+珠光体,合金元素含量较高的也可能得到低碳贝氏体组织。

**表 6-7 低合金高强度结构钢的牌号和成分**

| 牌号 | 质量等级 | 化学成分(质量分数,%) | | | | | | | | | | | | | |
|---|---|---|---|---|---|---|---|---|---|---|---|---|---|---|---|
| | | C | Si | Mn | P | S | Nb | V | Ti | Cr | Ni | Cu | N | Mo | B | Als |
| | | | | | | | 不大于 | | | | | | | | | 不小于 |
| Q345 | A | ≤0.20 | ≤0.50 | ≤1.70 | 0.035 | 0.035 | 0.07 | 0.15 | 0.20 | 0.30 | 0.50 | 0.30 | 0.012 | 0.10 | — | — |
| | B | | | | 0.035 | 0.035 | | | | | | | | | | |
| | C | | | | 0.030 | 0.030 | | | | | | | | | | |
| | D | ≤0.18 | | | 0.030 | 0.025 | | | | | | | | | | 0.015 |
| | E | | | | 0.025 | 0.020 | | | | | | | | | | |
| Q390 | A | ≤0.20 | ≤0.50 | ≤1.70 | 0.035 | 0.035 | 0.07 | 0.20 | 0.20 | 0.30 | 0.50 | 0.30 | 0.015 | 0.10 | — | — |
| | B | | | | 0.035 | 0.035 | | | | | | | | | | |
| | C | | | | 0.030 | 0.030 | | | | | | | | | | |
| | D | | | | 0.030 | 0.025 | | | | | | | | | | 0.015 |
| | E | | | | 0.025 | 0.020 | | | | | | | | | | |
| Q420 | A | ≤0.20 | ≤0.50 | ≤1.70 | 0.035 | 0.035 | 0.07 | 0.20 | 0.20 | 0.30 | 0.80 | 0.30 | 0.015 | 0.20 | — | — |
| | B | | | | 0.035 | 0.035 | | | | | | | | | | |
| | C | | | | 0.030 | 0.030 | | | | | | | | | | |
| | D | | | | 0.030 | 0.025 | | | | | | | | | | 0.015 |
| | E | | | | 0.025 | 0.020 | | | | | | | | | | |
| Q460 | C | ≤0.20 | ≤0.60 | ≤1.80 | 0.030 | 0.030 | 0.11 | 0.20 | 0.20 | 0.30 | 0.80 | 0.55 | 0.015 | 0.20 | 0.004 | 0.015 |
| | D | | | | 0.030 | 0.025 | | | | | | | | | | |
| | E | | | | 0.025 | 0.020 | | | | | | | | | | |

（续）

| 牌号 | 质量等级 | 化学成分(质量分数,%) | | | | | | | | | | | | | |
|---|---|---|---|---|---|---|---|---|---|---|---|---|---|---|---|
| | | C | Si | Mn | P | S | Nb | V | Ti | Cr | Ni | Cu | N | Mo | B | Als |
| | | | | | 不大于 | | | | | | | | | | | 不小于 |
| Q500 | C | ≤0.18 | ≤0.60 | ≤1.80 | 0.030 | 0.030 | 0.11 | 0.12 | 0.20 | 0.60 | 0.80 | 0.55 | 0.015 | 0.20 | 0.004 | 0.015 |
| | D | | | | 0.030 | 0.025 | | | | | | | | | | |
| | E | | | | 0.025 | 0.020 | | | | | | | | | | |

### 6.3.4 渗碳钢

**渗碳钢（carburizing steel）是经渗碳后使用的钢种**，主要用于制造要求具有高耐磨性、承受高接触应力和冲击载荷的重要零件，如汽车、拖拉机的变速齿轮，以及内燃机的凸轮轴、活塞销等。

**1. 渗碳零件的工作条件与性能要求**

齿轮（gear）的作用是传递动力、改变转速或回转方向。汽车中的变速齿轮工作时，载荷主要集中在啮合轮齿上，会在齿面局部产生很大的周期性的压应力、弯曲应力和摩擦力，齿轮常见的失效方式为接触疲劳破坏产生的麻点或剥落、摩擦产生的磨损或弯曲力及冲击力作用下产生的轮齿断裂。因而要求表面具有高硬度、高耐磨性和高疲劳强度；而在传递动力的过程中，要求心部具有足够的强度和韧性，能承受大的冲击载荷。

为解决这一矛盾，首先从保证零件具有足够的韧性和强度入手，选用碳含量低的钢材，通过渗碳使表面变成高碳，经淬火加低温回火后，心部和表面同时满足要求。

**2. 渗碳钢的化学成分**

渗碳钢的碳含量一般为0.10%~0.25%（质量分数），以保证心部有足够的塑性和韧性。其主加元素为Si、Mn、Cr、Ni、B，主要作用是提高淬透性，以保证心部强度；辅加元素为V、Ti、W、Mo，其主要作用是在渗碳时防止奥氏体晶粒长大，细化晶粒。另外，碳化物形成元素（Cr、V、Ti、W、Mo）还可以增大渗碳层硬度，提高耐磨性。

**3. 渗碳钢的热处理**

渗碳钢的最终热处理在渗碳后进行。对于渗碳温度下仍保持细小奥氏体晶粒、渗碳后无需机械加工的零件，可在渗碳后预冷直接淬火加低温回火（150~250℃），如20CrMnTi。而对于渗碳时容易过热的钢，如20Cr、20钢、20Mn2等，渗碳后要先进行正火，消除过热组织，再进行淬火加低温回火。其组织形式都是心部为低碳回火马氏体+铁素体，表层为高碳回火马氏体+合金渗碳体+少量残留奥氏体。

20CrMnTi钢的热处理工艺曲线如图6-5所示。

**4. 渗碳钢的典型钢种**

（1）**低淬透性渗碳钢** 20钢、20Cr、20MnV等。强度为800~1000MPa，用于制造受力不大、要求耐磨并承受冲击的小型零件，如齿轮、小轴、活塞销等。

（2）**中淬透性渗碳钢** 20CrMnTi、20CrMnMo、12CrNi3是使用最广泛的三种渗碳钢。强度为1000~1200MPa，用于制造尺寸较大、承受中等载荷、重要的耐磨零件，如汽车中的齿轮。

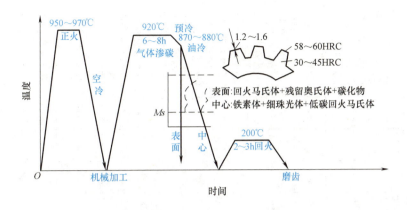

图 6-5 20CrMnTi 钢的热处理工艺曲线

（3）高淬透性渗碳钢 20Cr2Ni4、18Cr2Ni4WA 等，强度在 1200MPa 以上，且具有良好的韧性。用于制造承受重载与强烈磨损的极为重要的大型零件，如飞机发动机及坦克齿轮、矿山机械齿轮等。

常用渗碳钢的成分、热处理、性能和应用见表 6-8。

### 6.3.5 调质钢

调质钢（quenched and tempered steel）是指采用调质处理（淬火加高温回火）后使用的钢种，主要用于制造汽车、拖拉机、坦克等的受力复杂的各类轴、杆、螺栓、万向节及承受中等负荷、中等冲击作用的零件，以及中低速齿轮和齿轮轴等重要零件。

**1. 调质钢的工作条件与性能要求**

汽车中轴类零件的作用是传递力矩，在工作中承受扭转、弯曲等交变载荷作用，接触配合处承受摩擦力，也会时常承受一定的冲击作用力。其失效方式通常为疲劳断裂和磨损。因此要求调质钢具有良好的综合力学性能，即具有高强度、高硬度、高耐磨性，尤其是高的疲劳强度及良好的韧性和塑性，还要具有良好的淬透性。

**2. 调质钢的化学成分**

调质钢为中碳钢，其碳的质量分数为 0.25%~0.50%。碳含量低不易淬硬，回火后强度不够；碳含量高则韧性不足。主加的合金元素为 Mn、Si、Cr、Ni、B 等，这些元素可提高淬透性，提高耐回火性，强化基体；辅加的合金元素为 Mo、W、V、Ti，这些元素可细化奥氏体晶粒，提高钢的耐回火性，其中 Mo、W 还可降低第二类回火脆性。

**3. 调质钢的热处理**

调质钢的最终热处理通常都是淬火加高温回火，得到回火索氏体组织。为避免回火脆性，回火后采用快冷方式。对于表面的某些部位如轴颈、花键等要求耐磨性好的，可进行整体调质处理加局部表面淬火或氮化处理。对于带有缺口的零件，缺口处易产生应力集中，为提高疲劳强度，延长使用寿命，可采用调质处理加喷丸或滚压强化。

用 40Cr 制造连杆螺栓的热处理工艺曲线如图 6-6 所示。

**4. 调质钢的典型钢种**

（1）低淬透性调质钢 最典型的钢种为 40Cr，还有为了节省 Cr 而发展的 40MnB、

表 6-8 常用渗碳钢的成分、热处理、性能和应用

| 类别 | 钢号 | 化学成分（质量分数，%） | | | | | | | | 试样尺寸/mm | 热处理温度/℃ | | | | 力学性能 | | | | 应用举例 |
|---|---|---|---|---|---|---|---|---|---|---|---|---|---|---|---|---|---|---|---|
| | | C | Mn | Si | Cr | Ni | V | Ti | 其他 | | 渗碳 | 第一次淬火 | 第二次淬火 | 回火 | 抗拉强度/MPa | 下屈服强度/MPa | 断后伸长率（%） | 断面收缩率（%） | 冲击吸收能量/J | |
| 低淬透性 | 20Cr | 0.18~0.24 | 0.50~0.80 | 0.17~0.37 | 0.17~1.00 | | | | | 15 | 930 | 880 水油 | 780~820 水油 | 200 水空 | ≥835 | ≥540 | ≥10 | ≥40 | ≥47 | 截面不大的齿轮、凸轮、滑阀、活塞销、活塞、活塞环、联轴器等 |
| 低淬透性 | 20Mn2 | 0.17~0.24 | 1.40~1.80 | 0.17~0.37 | | | | | | 15 | 930 | 850 水油 | | 200 水空 | ≥785 | ≥590 | ≥10 | ≥40 | ≥47 | 代替20Cr钢 |
| 低淬透性 | 20MnV | 0.17~0.24 | 1.30~1.60 | 0.17~0.37 | | | | | | 15 | 930 | 880 水油 | | 200 水空 | ≥785 | ≥590 | ≥10 | ≥40 | ≥55 | 活塞销、齿轮、锅炉、高压容器焊接结构件 |
| 中淬透性 | 20CrMnMo | 0.17~0.23 | 1.30~1.60 | 0.17~0.37 | 0.90~1.20 | | | | | 15 | 930 | 850 油 | | 200 水空 | ≥930 | ≥735 | ≥10 | ≥45 | ≥47 | 截面不大、中高负荷、蜗杆、轴、负荷重的齿轮、调速器的套筒等 |
| 中淬透性 | 20CrMnTi | 0.17~0.23 | 0.80~1.10 | 0.17~0.37 | 1.00~1.30 | | | 0.06~0.12 | | 15 | 930 | 880 油 | 970 油 | 200 水空 | ≥1080 | 835 | ≥10 | ≥45 | ≥55 | 截面在30mm以下承受调速、中或重负荷及冲击、摩擦的渗碳零件，如齿轮轴、爪形离合器等 |
| 中淬透性 | 20MnTiB | 0.17~0.24 | 1.30~1.60 | 0.17~0.37 | | | | 0.06~0.12 | B:0.0005~0.0035 | 15 | 930 | 860 油 | | 200 水空 | ≥1100 | 930 | ≥10 | 45 | ≥55 | 代替20CrMnTi |
| 高淬透性 | 20Cr2Ni4 | 0.10~0.16 | 0.30~0.60 | 0.17~0.37 | 1.25~1.65 | 3.25~3.65 | | | | 15 | 930 | 860 油 | 780 油 | 200 水空 | 1080 | 835 | 10 | 50 | ≥71 | 在高负荷、高变应力下工作的齿轮、蜗杆、蜗轮、转向轴等 |
| 高淬透性 | 18Cr2Ni4WA | 0.13~0.19 | 0.30~0.60 | 0.17~0.37 | 1.35~1.65 | 4.00~4.50 | | | W:0.80~1.20 | 15 | 930 | 950 空 | 850 空 | 200 水空 | 1180 | ≥835 | 10 | 45 | ≥78 | 大截面中、大齿轮，渗碳中、大齿轮，曲轴、花键轴、蜗轮等 |

40MnVB。抗拉强度在 900~1000MPa 左右（45 碳素调质钢为 600MPa）。广泛应用于一般的轴杆类零件。

(2) 中淬透性调质钢　35CrMo、40CrNi、30CrMnSi 等。抗拉强度在 1000MPa 左右。用于制造截面较大的零件，如曲轴、连杆等。

(3) 高淬透性调质钢　40CrNiMo、40CrMnMo、45CrNiMoVA 等。Cr、Ni 的适量配合，可大大提高淬透性。用于制造高强度的主轴、叶轮、飞机发动机轴等。

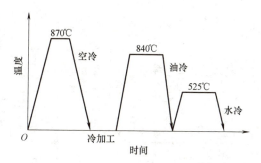

图 6-6　40Cr 的热处理工艺曲线

常用调质钢的成分、热处理、性能和应用见表 6-9。

### 6.3.6　弹簧钢

#### 1. 弹簧的工作条件与性能要求

弹簧（spring）的主要作用是储存能量，起消振、缓冲的作用。在长期的交变载荷下，板弹簧承受的是反复的弯曲力，螺旋弹簧承受的是反复的扭转力，常见的失效方式为弯曲疲劳或扭转疲劳破坏，也可能是过量变形或永久变形而失去弹性。因此，弹簧钢必须具有高的弹性极限与屈服强度，高的疲劳极限及足够的冲击韧度和塑性。

#### 2. 弹簧钢的化学成分

碳素弹簧钢中碳的质量分数一般为 0.60%~0.90%，合金弹簧钢中碳的质量分数一般为 0.45%~0.70%，中、高碳含量用于保证高的弹性极限和疲劳极限。合金弹簧钢的主加合金元素为 Si、Mn、Cr，主要作用是提高钢的淬透性，固溶强化铁素体；辅助合金元素为 Mo、V、Nb、W 等，目的是细化晶粒，防止脱碳。其中 Cr、Si、Mo、W、V、Nb 能提高钢的耐回火性，Si、Mn 提高钢的弹性极限。

#### 3. 弹簧钢的加工及热处理

(1) 冷成形弹簧　对于直径小于 10mm 的弹簧，使用冷拔的钢丝或异型丝通过冷卷（绕）成形。冷卷后的弹簧不进行淬火处理，只进行消除内应力和稳定尺寸的定形处理，即加热到 250~300℃，保温一定时间后空冷即可。钢丝的直径越小，则强化效果越好，强度越高，抗拉强度可达 1600MPa 以上。

(2) 热成形弹簧　大型弹簧或形状复杂的弹簧，采用热轧的钢条（板）或异型条（板）通过热成形后再施以淬火加中温回火（350~500℃），获得回火托氏体，其硬度可达 40~45HRC，保证高的弹性极限、疲劳极限及一定的塑性和韧性。

#### 4. 常用的弹簧钢种

(1) 碳素弹簧钢　采用 65、70、85、65Mn 钢等，强度较高，价格便宜。因淬透性低，尺寸较大时水淬易变形，油中淬不透，因而只适用于制造小尺寸弹簧。

(2) Si-Mn 系　采用 55Si2Mn、60Si2Mn 钢等，此系列钢价格低廉，是常温下广泛使用的钢种。主要用于制造较大截面的弹簧，如汽车、拖拉机上的板弹簧和螺旋弹簧。

(3) Cr-Mn、Cr-V 系　采用 50CrVA 钢等。前者淬透性高，后者耐回火性强。可用于较大截面、较大载荷、耐热的弹簧（如高速柴油机的气门弹簧）。

表 6-9 常用调质钢的成分、热处理、性能和应用

| 类别 | 钢号 | 主要化学成分（质量分数，%） | | | | | | | | 热处理温度/℃ | | 力学性能（≥） | | | | 应用举例 |
|---|---|---|---|---|---|---|---|---|---|---|---|---|---|---|---|---|
| | | C | Mn | Si | Cr | Ni | Mo | B | Al | 试样尺寸/mm | 淬火 | 回火 | 抗拉强度/MPa | 下屈服强度/MPa | 断后伸长率（%） | 断面收缩率（%） | 冲击吸收能量/J |  |
| 低淬透性 | 40Cr | 0.37~0.44 | 0.50~0.80 | 0.17~0.37 | 0.80~1.10 | | | | | 25 | 850 油 | 520 水油 | 980 | 785 | 9 | 45 | 47 | 中载中速机械零件，如汽车的转向节、后半轴，机床上的齿轮、轴、蜗杆等。表面淬火后制耐磨零件，如套筒、心轴、销子、连杆、螺钉、进气阀等 |
| 低淬透性 | 40MnB | 0.37~0.44 | 0.60~0.90 | 0.17~0.37 | | | | 0.0005~0.0035 | | 25 | 840 油 | 550 水 | 785 | 635 | 12 | 45 | 55 | 主要代替40Cr，如汽车的主轴、转向轴、花键轴及机床的主轴、齿轮等 |
| 低淬透性 | 35SiMn | 0.37~0.44 | 1.10~1.40 | 1.10~1.40 | | | | | | 25 | 900 水 | 570 水油 | 885 | 735 | 15 | 45 | 47 | 中等负荷、中速零件，传动齿轮、主轴、转轴、飞轮等，可代替40Cr钢 |
| 中淬透性 | 40CrNi | 0.37~0.44 | 0.50~0.80 | 0.17~0.37 | 0.45~0.75 | 1.00~1.40 | | | | 25 | 820 油 | 500 水油 | 980 | 785 | 10 | 45 | 55 | 截面尺寸较大的轴、齿轮、连杆等高速重负荷工作的齿轮轴等 |
| 中淬透性 | 40CrMn | 0.37~0.45 | 0.90~1.20 | 0.17~0.37 | 0.90~1.20 | | | | | 25 | 840 油 | 550 水油 | 980 | 835 | 9 | 45 | 47 | 在高速及弯曲等强冲击负荷下工作的无齿轮轴、离合器等 |
| 中淬透性 | 35CrMo | 0.38~0.45 | 0.50~0.80 | 0.17~0.37 | 0.90~1.20 | | 0.15~0.25 | | | 25 | 850 油 | 560 水油 | 1080 | 930 | 12 | 45 | 63 | 机车牵引用的大齿轮、增压器传动齿轮、发动机的连杆、气缸、负荷极大的连杆及弹簧类等 |
| 中淬透性 | 38CrMoAl | 0.35~0.42 | 0.30~0.60 | 0.20~0.45 | 1.35~1.65 | | 0.15~0.25 | | 0.70~1.10 | 30 | 940 水油 | 740 水油 | 980 | 835 | 14 | 50 | 71 | 镗杆、磨床主轴、自动机床主轴、精密丝杠、高压阀杆、气缸套等 |
| 高淬透性 | 40CrNiMo | 0.37~0.44 | 0.50~0.80 | 0.17~0.37 | 0.60~0.90 | 1.25~1.65 | 0.15~0.25 | | | 25 | 850 油 | 600 水油 | 980 | 835 | 12 | 55 | 78 | 重型机械中高负荷的轴类，大直径的汽轮机轴、直升机的旋翼轴、齿轮喷气发动机的涡轮轴等 |
| 高淬透性 | 40CrMnMo | 0.37~0.45 | 0.90~1.20 | 0.17~0.37 | 0.90~1.20 | | 0.20~0.30 | | | 25 | 850 油 | 600 水油 | 980 | 785 | 10 | 45 | 63 | 40CrNiMo的代用钢 |

表 6-10 常用弹簧钢的成分、热处理、性能和应用

| 钢号 | 化学成分（质量分数,%） | | | | | | 热处理温度/℃ | | 力学性能（≥） | | | 应用举例 |
|---|---|---|---|---|---|---|---|---|---|---|---|---|
| | C | Si | Mn | V | Nb | 其他 | 淬火 | 回火 | 抗拉强度/MPa | 下屈服强度/MPa | 断后伸长率（%） | 断面收缩率（%） | |
| 65Mn | 0.62~0.70 | 0.17~0.37 | 0.9~1.2 | | | | 830 油 | 540 | 980 | 785 | 8 | 30 | 各种小尺寸扁、圆弹簧、阀弹簧、制动器弹簧等 |
| 60Si2Mn | 0.56~0.64 | 1.50~2.00 | 0.60~0.90 | | | | 870 油 | 480 | 1275 | 1180 | 5 | 25 | 汽车、拖拉机、机车上的板弹簧、螺旋弹簧、安全阀弹簧、230℃以下使用的弹簧等 |
| 60Si2CrVA | 0.56~0.64 | 1.40~1.80 | 0.40~0.70 | 0.10~0.20 | | Cr: 0.70~1.00 | 850 油 | 410 | 1860 | 1665 | 6 | 20 | 250℃以下工作的弹簧、油封弹簧、碟形弹簧等 |
| 50CrVA | 0.46~0.54 | 0.17~0.37 | 0.50~0.80 | 0.10~0.20 | | Cr: 0.80~1.10 | 850 油 | 500 | 1275 | 1130 | 10 | 40 | |
| 60CrMnA | 0.56~0.64 | 0.17~0.37 | 0.70~1.00 | | | Cr: 0.70~1.00  B: 0.0001~0.004 | 830~860 油 | 460~520 | 1225 | 1080 | 9 | 20 | 210℃下工作的弹簧、气门弹簧、喷油嘴管、安全阀弹簧等 |

常用弹簧钢的成分、热处理、性能和应用见表 6-10。

### 6.3.7 滚动轴承钢

#### 1. 滚动轴承钢的工作条件与性能要求

滚动轴承钢是用于制造滚动轴承的滚动体和轴承套的专用钢种。滚动轴承（rolling bearing）工作时，内套和滚珠（柱）发生转动和滚动，承受周期性交变的接触应力及相对摩擦力。常见的失效方式为接触疲劳破坏时产生的麻点或剥落，长期摩擦造成磨损而丧失精度，处于润滑油环境下带来的锈蚀。因此要求材料要具有高的接触疲劳强度、高硬度、高耐磨性、良好的耐蚀性，以及足够的强度和冲击韧度。

#### 2. 滚动轴承钢的化学成分

滚动轴承钢的 $w(C) = 0.95\% \sim 1.10\%$，以保证高硬度、高强度和高耐磨性。主加元素 Cr 的作用是提高淬透性，并形成含 Cr 的碳化物 $(Fe,Cr)_3C$，且细小均匀分布，以提高耐磨性、耐蚀性和接触疲劳强度，提高耐回火性。但当 $w(Cr) > 1.65\%$ 时，会增加残留奥氏体量并增大碳化物的带状分布趋势，使硬度和疲劳强度下降，因而 $w(Cr) < 1.65\%$。辅加元素 Si 和 Mn 可进一步提高淬透性，V、Mo 可阻止奥氏体晶粒长大，防止过热，还可以进一步提高钢的耐磨性。

#### 3. 滚动轴承钢的热处理

滚动轴承钢的最终热处理采用淬火加低温回火（150~160℃），得到回火马氏体+细小均匀分布的碳化物+少量残留奥氏体。对于精密轴承零件，为减少淬火后的残留奥氏体量，可在淬火后直接进行冷处理；为消除残留内应力，在磨削加工后进行长时间的尺寸稳定化处理（120~130℃）。

GCr15 钢的热处理工艺曲线如图 6-7 所示。

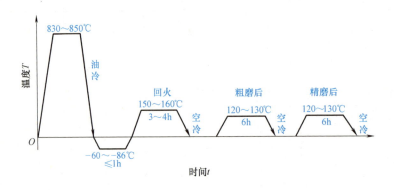

图 6-7　GCr15 钢的热处理工艺曲线

#### 4. 滚动轴承钢的典型钢种

最具有代表性的滚动轴承钢是 GCr15，占轴承钢的绝大部分。常用于制造中小轴承、模具、量具、丝锥等。为进一步提高淬透性，制造较大尺寸的轴承，还可加入 Si、Mn，如 GCr15SiMn、GCr15SiMo 等。

常用滚动轴承钢的成分、热处理、性能和应用见表 6-11。

表 6-11 常用滚动轴承钢的成分、热处理、性能和用途

| 钢 号 | 主要化学成分(质量分数,%) | | | | | | | 热处理温度/℃ | | 回火后硬度(HRC) | 应用范围 |
|---|---|---|---|---|---|---|---|---|---|---|---|
| | C | Cr | Mn | Si | Mo | V | RE | 淬火 | 回火 | | |
| GCr9 | 1.0~1.10 | 0.90~1.20 | 0.20~0.40 | 0.15~0.35 | | | | 810~830 | 150~170 | 62~66 | 10~20mm 的滚动体 |
| GCr15 | 0.95~1.05 | 1.30~1.65 | 0.20~0.40 | 0.15~0.35 | | | | 825~845 | 150~170 | 62~66 | 壁厚 20mm 的中小型套圈,$\phi$<50mm 的钢球 |
| GCr15SiMn | 0.95~1.05 | 1.30~1.65 | 0.90~1.26 | 0.40~0.65 | | | | 820~840 | 150~170 | ≥62 | 壁厚>30mm 的大型套圈,$\phi$50~100mm 钢球 |
| GSiMnV | 0.95~1.10 | | 1.30~1.80 | 0.55~0.80 | | 0.20~0.30 | | 780~810 | 150~170 | ≥62 | GCr15 的代用钢 |
| GSiMnVRE | 0.95~1.10 | | 1.10~1.30 | 0.55~0.80 | | 0.20~0.30 | 0.10~0.15 | 780~810 | 150~170 | ≥62 | 可代替 GCr15SiMn |
| GSiMnMoV | 0.95~1.10 | | 0.75~1.05 | 0.40~0.65 | 0.20~0.40 | 0.20~0.30 | | 770~810 | 165~175 | ≥62 | 可代替 GCr15SiMn |

## 6.3.8 耐磨钢

**1. 耐磨钢的工作条件和性能要求**

耐磨钢（wear-resistant steel）的工作条件是承受严重磨损及强烈冲击，如拖拉机、坦克、步兵车的履带板、破碎机的颚板，以及挖掘机的铲齿和铁路道岔等。因此，耐磨钢必须具有高的耐磨性和耐冲击性。

**2. 耐磨钢的化学成分**

耐磨钢为高碳高锰钢，$w(C) = 0.75\% \sim 1.45\%$，以保证高的耐磨性；$w(Mn) = 11\% \sim 14\%$，以保证形成单相奥氏体组织，获得良好的韧性。

**3. 耐磨钢的热处理**

高锰钢的铸态组织为奥氏体加碳化物，性能硬而脆。为此，需对其进行水韧处理，即把钢加热到1100℃，使碳化物完全溶入奥氏体，并进行水淬，从而获得均匀的过饱和单相奥氏体。这时其强度、硬度（180~200HBW）并不高，但塑性、韧性却很好。使用时，在冲击或压力作用下，表面奥氏体迅速加工硬化，同时形成马氏体并析出碳化物，表面硬度提高到 500~550HBW，获得高耐磨性，而心部仍为奥氏体组织，具有高耐冲击性。当表面磨损后，新露出的表面又可在冲击或压力作用下获得新的硬化层。

高锰钢经水淬后不应再受热，因加热到250℃以上时有碳化物析出，会使脆性增大。这种钢由于具有很高的加工硬化能力，很难切削加工，但采用硬质合金、含钴高速钢等切削工具，并采取适当的切削条件，还是可以加工的。

**4. 耐磨钢的典型钢种**

耐磨钢主要是指在冲击载荷作用下发生冲击硬化的铸造高锰钢，共包括五个牌号：ZGMn13-1、ZGMn13-2、ZGMn13-3、ZGMn13-4 和 ZGMn13-5。

常用耐磨钢的成分、热处理、性能和应用见表 6-12。

表 6-12 常用耐磨钢的成分、热处理、性能和应用

| 牌号 | 主要化学成分(质量分数,%) | | | | | | | 水韧处理后的力学性能 | | | | | 应用举例 |
| --- | --- | --- | --- | --- | --- | --- | --- | --- | --- | --- | --- | --- | --- |
| | C | Mn | Si | Cr | Mo | S | P | 屈服强度 $\sigma_s$/MPa | 抗拉强度 $\sigma_b$/MPa | 伸长率 $\delta_5$(%) | 冲击韧度 $A_{KU}$/(J/cm²) | 硬度(HBW) | |
| | | | | | | ≤ | ≤ | | | | | | |
| ZGMn13-1 | 1.00~1.45 | 11.00~14.00 | 0.30~1.00 | — | — | 0.040 | 0.090 | — | ≥635 | ≥20 | — | — | 用于结构简单、要求以耐磨为主的低冲击铸件,如衬板、齿板、破碎壁、轧臼壁、辊套和铲齿等 |
| ZGMn13-2 | 0.90~1.35 | 11.00~14.00 | 0.30~1.00 | — | — | 0.040 | 0.070 | — | ≥685 | ≥25 | ≥147 | ≤300 | |
| ZGMn13-3 | 0.95~1.35 | 11.00~14.00 | 0.30~0.80 | — | — | 0.035 | 0.070 | — | ≥735 | ≥30 | ≥147 | ≤300 | 用于结构复杂、要求以韧性高为主的高冲击铸件,如履带板、斗前壁、提梁等 |
| ZGMn13-4 | 0.90~1.30 | 11.00~14.00 | 0.30~0.80 | 1.50~2.50 | — | 0.040 | 0.070 | ≥390 | ≥735 | ≥20 | — | ≤300 | |
| ZGMn13-5 | 0.75~1.30 | 11.00~14.00 | 0.30~1.00 | — | 0.90~1.20 | 0.040 | 0.070 | — | | | | | |

## 6.4 工具钢

工具钢是用于制造刀具、模具和量具的钢种。按化学成分可分为碳素工具钢、低合金工具钢、高合金工具钢等;按用途可分为刃具钢、模具钢和量具钢。

### 6.4.1 刃具钢

刃具钢主要指制造车刀、铣刀、钻头等金属切削刀具的钢种。

**1. 刀具的工作条件和性能要求**

刀具在切削过程中承受着压应力、弯曲力、摩擦力,以及因摩擦产生的热量带来的刃部温度的升高(有时可高达 500~600℃),此外,还承受着一定的冲击和振动。其常见的失效方式为磨损、崩刃或折断。因此对刃具钢提出的性能要求为必须具有高硬度、高耐磨性、高的切断抗力、高的热硬性(即在高温下保持高硬度的能力),以及足够的塑性和韧性。

**2. 碳素工具钢**

(1) 碳素工具钢的化学成分 碳素工具钢(carbon tool steel)的碳含量范围为 $w(C) = 0.65\% \sim 1.35\%$,牌号中以 T(tool 的首字母)开头,后接钢的平均碳含量的千分数的数字,如 T10、T12 等。含锰量高的要标出 Mn。碳素工具钢均为优质钢,高级优质钢在末尾加"高"或 A。

碳素工具钢的高碳含量可保证淬火后有足够高的硬度。随着碳含量的增加,硬度变化不大,但是由于未溶渗碳体增多,使钢的耐磨性增大,而韧性下降。

(2) 碳素工具钢的热处理 碳素工具钢的预备热处理为球化退火,目的是降低硬度,改善切削加工性,为淬火作组织准备。最终热处理是淬火加低温回火,淬火温度为 780℃,回火温度为 180℃,组织为回火马氏体+粒状渗碳体+少量的残留奥氏体。

（3）碳素工具钢的性能　碳素工具钢的可锻性及切削加工性好，价格最便宜。但是由于不含合金元素，其淬透性和耐热性差，所以碳素工具钢主要用于制造一般切削速度下使用、尺寸较小的刀具和形状简单、精度较低的量具、模具等。

（4）碳素工具钢的典型钢种　碳素工具钢的牌号、成分、特性和应用见表6-13。

表6-13　碳素工具钢的牌号、成分、特性和应用

| 牌号 | 主要化学成分(质量分数,%) | | | 退火状态（HBW） | 试样淬火（HRC） | 应用举例 |
| --- | --- | --- | --- | --- | --- | --- |
| | C | Si | Mn | | | |
| T7<br>T7A | 0.65~0.74 | ≤0.35 | ≤0.40 | ≥187 | 800~820℃<br>水淬≥62 | 承受冲击、韧性较好，硬度适当的工具，如手钳、大锤、螺钉旋具、木工工具等 |
| T8<br>T8A | 0.75~0.84 | ≤0.35 | ≤0.40 | ≥187 | 780~800℃<br>水淬≥62 | 承受冲击、要求高硬度的工具，如冲头、压缩空气工具、木工工具等 |
| T8Mn<br>T8MnA | 0.80~0.90 | ≤0.35 | 0.40~0.60 | ≥187 | 780~800℃<br>水淬≥62 | 承受冲击、要求高硬度的工具，如冲头、压缩空气工具、木工工具等，但淬透性较高，可制作断面较大的工具 |
| T9<br>T9A | 0.85~0.94 | ≤0.35 | ≤0.40 | ≥192 | 760~780℃<br>水淬≥62 | 韧性中等、高硬度的工具，如冲头、木工工具、凿岩工具 |
| T10<br>T10A | 0.95~1.04 | ≤0.35 | ≤0.40 | ≥197 | 760~780℃<br>水淬≥62 | 不受剧烈冲击、高硬度、耐磨的工具，如车刀、刨刀、冲头、丝锥、钻头、手锯条 |
| T11<br>T11A | 1.05~1.14 | ≤0.35 | ≤0.40 | ≥207 | 760~780℃<br>水淬≥62 | 不受剧烈冲击、高硬度、耐磨的工具，如车刀、刨刀、冲头、丝锥、钻头、手锯条 |
| T12<br>T12A | 1.15~1.24 | ≤0.35 | ≤0.40 | ≥207 | 760~780℃<br>水淬≥62 | 不受冲击、要求高硬度、高耐磨的工具，如锉刀、刮刀、精车头、丝锥、量具 |
| T13<br>T13A | 1.25~1.35 | ≤0.35 | ≤0.40 | ≥217 | 760~780℃<br>水淬≥62 | 不受冲击、要求高硬度、高耐磨的工具，如锉刀、刮刀、精车头、丝锥、量具，要求更耐磨的工具，如剃刀、刮刀 |

**3．低合金工具钢**

（1）低合金工具钢的化学成分　低合金工具钢（low-alloy tool steel）是在碳素工具钢的基础上加入少量合金元素形成的。其碳含量为 $w(C)=0.75\%\sim1.5\%$，主加元素为Cr、Mn、Si，以提高钢的淬透性，Cr和Si还能提高耐回火性；辅加元素为W和V，加入的目的是细化晶粒、降低过热敏感性、提高硬度和耐磨性。为了避免碳化物的不均匀性，合金元素的总加入量一般不大于4%（质量分数）。

（2）低合金工具钢的热处理　低合金工具钢的预备热处理为球化退火。最终热处理为淬火加低温回火，组织为回火马氏体+未溶碳化物+残留奥氏体。

（3）低合金工具钢的性能　与碳素工具钢相比，由于合金元素的加入，提高了钢的淬透性、耐回火性，降低了过热倾向，因而可在油中淬火，淬火后的硬度与碳素工具钢处于同一范围，但淬火变形、开裂倾向小。切削温度可达250℃（比碳素工具钢提高50℃）。但是成本相应地提高，锻压及切削加工性降低。低合金工具钢广泛应用于制造各种形状复杂、要求变形小的低速切削刀具，如板牙、丝锥、铰刀、铣刀等。

（4）低合金工具钢的典型钢种　低合金工具钢的牌号、成分、特性和应用见表6-14。

表 6-14 低合金工具钢的牌号、成分、特性和应用

| 牌号 | 主要化学成分(质量分数,%) | | | | | | | 热处理 | | | | | 应用举例 |
|---|---|---|---|---|---|---|---|---|---|---|---|---|---|
| | C | Mn | Si | Cr | W | V | Mo | 淬火加热温度/℃ | 淬火冷却介质 | 硬度(HRC) | 回火温度/℃ | 硬度(HRC) | |
| 9Mn2V | 0.85~0.95 | 1.70~2.00 | ≤0.40 | — | — | 0.10~0.25 | — | 780~810 | 油 | ≥62 | 150~200 | 60~62 | 小冲模、冲模及剪刀、冷压模、雕刻模、落料模、各种变形小的量规、样板、丝锥、板牙、铰刀等 |
| 9SiCr | 0.85~0.95 | 0.30~0.60 | 1.20~1.60 | 0.95~1.25 | — | — | — | 860~880 | 油 | ≥62 | 180~200 | 60~62 | 板牙、丝锥、钻头、铰刀、齿轮铣刀、冲模、冷轧辊等 |
| Cr2 | 0.95~1.10 | ≤0.40 | ≤0.4 | 1.30~1.65 | — | — | — | 830~860 | 油 | ≥62 | 150~170 | 61~63 | 切削工具如车刀、铣刀、插刀、偏心轮、冷轧辊等;测量工具:如样板等;凸轮销、偏心轮、冷轧辊等 |
| CrWMn | 0.90~1.05 | 0.80~1.10 | ≤0.4 | 0.90~1.20 | 1.20~1.60 | — | — | 800~830 | 油 | ≥62 | 140~160 | 62~65 | 板牙、拉刀、量规、形状复杂且精度高的冲模等 |
| Cr12 | 2.00~2.30 | ≤0.40 | ≤0.40 | 11.50~13.00 | — | — | — | 950~1000 | 油 | ≥60 | 180~220 | 60~62 | 冲模冲头、冷切剪刀(硬薄的金属)、钻套、量规、螺纹滚模、粉末冶金模、落料模、拉丝模、木工切削工具等 |
| Cr12MoV | 1.45~1.70 | ≤0.40 | ≤0.40 | 11.00~12.50 | — | 0.15~0.30 | 0.40~0.60 | 1080 | 油 | 45~50 | 500~520(三次) | 59~60 | 冷切剪刀、圆锯、切边模、滚边模、缝口模、标准切削工具与量规、拉丝模、螺纹滚模等 |
| 5CrNiMo | 0.50~0.60 | 0.50~0.80 | ≤0.40 | 0.50~0.80 | Ni1.40~1.80 | — | 0.15~0.30 | 830~860 | 油 | ≥47 | 530~550 | 364~402HBW | 料压模、大型锻模等 |
| 5CrMnMo | 0.50~0.60 | 1.20~1.60 | 0.25~0.60 | 0.60~0.90 | — | — | 0.15~0.30 | 820~850 | 油 | ≥50 | 560~580 | 324~364HBW | 中型锻模等 |
| 3Cr2W8V | 0.30~0.40 | ≤0.40 | ≤0.40 | 2.20~2.70 | 7.50~9.00 | 0.20~0.50 | — | 1075~1125 | 油 | >50 | 560~580(三次) | 44~48 | 高应力压模、螺钉或铆钉热压模、热剪切刀、压铸型等 |

### 4. 高速工具钢

高速工具钢（high-speed steel）是指用于制造高速切削刃具的钢，主要性能特点是热硬性高，切削速度比碳素工具钢及低合金工具钢高 1~3 倍，耐用性提高 4~9 倍。切削温度达到 600℃ 硬度仍能保持在 55~60HRC。典型钢种有 W18Cr4V 和 W6Mo5Cr4V2。

（1）高速工具钢的化学成分　高速工具钢的碳含量为 $w(C)=0.7\%~1.6\%$，以保证马氏体基体的高硬度和形成足够数量的碳化物。

高速工具钢的合金元素总量一般大于等于 17%（质量分数），属于高合金钢。其主加合金元素是 W、Mo、Cr、V、W、Mo，在退火态时以 $M_6C$ 形式存在，加热奥氏体化时，大部分可溶入奥氏体，淬火时保留在马氏体中，回火时可有效阻止马氏体分解，还可以以 $M_2C$ 形式细小弥散析出，产生二次硬化，是保证高速工具钢具有高硬度、高热硬性的主要元素。未溶解进入奥氏体的 $M_6C$，可阻止奥氏体晶粒长大，有细化晶粒的作用。当 $w(W)>20\%$ 时，W 的碳化物的分布不均匀性增大。W 的导热性差，会降低钢的热导率。Cr 的主要作用是提高淬透性，高速工具钢中 $w(Cr)=4\%$ 左右，所以具有很高的淬透性，空冷即可淬火，俗称"风钢"，一般尺寸的刀具都可以淬透。但 Cr 会使 $Ms$ 点下降，淬火后残留奥氏体量增多，因此其加入量一般不超过 4%。Cr 还可提高高速工具钢的耐蚀性和抗氧化脱碳的能力。V 主要起细化晶粒的作用，也可提高钢的硬度和耐磨性。高速工具钢中的辅加元素为 Co、Al、Si，它们具有进一步提高热硬性的作用。Co 可提高钢的熔点，进而提高淬火温度，使更多的 W、Mo、V 等元素溶入奥氏体中，回火时二次硬化效果更显著。含 Co 高速工具钢回火时还可析出 CoW、$Fe_2W$ 等金属间化合物，起弥散强化的作用。此外 Co 是唯一具有改善钢的导热性的特性的元素，有利于提高钢的切削速度。Co 的缺点是价格较昂贵，脆性大，含 Co 高速工具钢脱碳倾向大，可用 Al、Si 代替 Co。

（2）高速工具钢的压力热加工及热处理　高速工具钢是莱氏体钢，其铸态组织为亚共晶组织，有大量的鱼骨状共晶体。这种组织脆性大且无法通过热处理改善，对使用性能和工艺性能都不利，会使钢的强度与韧性降低，热硬性下降，热塑性变差。因此需要在 900~1200℃ 反复锻打，击碎共晶碳化物，使其均匀分布。

高速工具钢锻后要及时进行球化退火，温度为 870~880℃，其目的是为了降低硬度，便于切削加工，并为淬火作组织准备。退火组织为索氏体+细块状的碳化物。其工艺曲线如图 6-8 所示。

为了使更多合金元素溶入奥氏体中，达到淬火后获得高合金马氏体的目的，高速工具钢淬火温度高达 1280℃。为缩短高温下的加热时间，防止加热时产生变形和内应力，加热时要经过 600~650℃ 和 800~880℃ 两次预热。淬火多采用盐浴分级淬火或油淬以减少变形和开裂（导热性差）。淬火组织为隐晶马氏体+较多残留奥氏体（30%）+未溶碳化物。硬度为 61~63HRC。

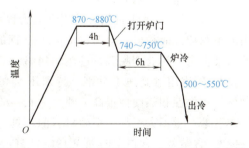

图 6-8　W18Cr4V 高速工具钢球化退火工艺曲线

高速工具钢常在 550℃ 左右进行三次回火。主要目的是稳定组织、产生二次硬化。首先是 550℃ 回火时，碳化物 $W_2C$ 或 $Mo_2C$ 弥散地从马氏体中析出，这些碳化物很稳定，不易长大，从而提高钢的强度和硬度，称为弥散强化。其次由于碳化物析出，使残留奥氏体中的碳及合金元素减少，$M_s$ 点升高，在随后冷却时，就会有部分残留奥氏体转变为马氏体，即二次淬火，也使钢的硬度变大。这两个原因使钢在回火时出现了硬度回升的二次硬化。

多次回火的第二个目的是为了充分消除残留奥氏体。W18Cr4V 在淬火后有 30% 左右的残留奥氏体，通过二次回火可使残留奥氏体在回火冷却时发生部分转变，三次回火后残留奥氏体剩下约 3%。后一次回火还可以消除前一次残留奥氏体转变为马氏体时产生的内应力。最终组织为回火马氏体+少量残留奥氏体（<5%）+未溶碳化物。

W18Cr4V 高速工具钢的最终热处理工艺曲线如图 6-9 所示。

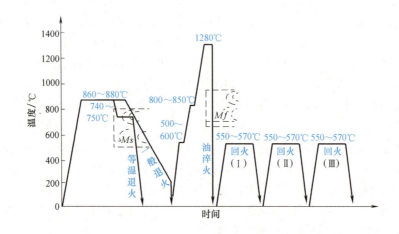

图 6-9　W18Cr4V 高速钢的最终热处理工艺曲线

（3）高速工具钢的性能　在高速切削或在加工强度高、韧性好的材料时，刀具刃部的温度有时可高达 500℃ 以上，此时碳素工具钢和低合金工具钢已不能胜任。高速工具钢则可用于制造生产率高、高温下（600℃ 左右）仍保持高硬度和高耐磨性的工具。其切削速度比碳素工具钢和低合金工具钢提高 1~3 倍，而耐用性提高 7~14 倍。

（4）高速工具钢的典型钢种

1）通用型高速工具钢。通用型的为钨系和钨钼系，如 W18Cr4V 和 W6Mo5Cr4V2。两种钢的组织和性能相似，但 W6Mo5Cr4V2 钢的耐磨性、热塑性和韧性更好些，而 W18Cr4V 钢的热硬性高、热处理脱碳及过热倾向小。

2）特殊用途高速工具钢。特殊用途高速工具钢一般为高碳高钒型，如 W12Cr4V4Mo。硬度、耐磨性和热硬性很高，硬度为 65~67HRC。其可锻性、磨削性较差，适用于制作形状简单、磨削量不大、加工很硬材料的工具。

3）含钴型。含钴型的如 W12Cr4V5Co5 和 W6Mo5Cr4V3Co8。其硬度、耐磨性和热硬性更高，硬度为 66~68HRC。Co 提高了钢的热导率，因而淬火时变形开裂倾向小。其缺点是价格昂贵，脱碳倾向大，脆性大。适用于制作重负荷条件下工作的刀具，如用于加工热导率小的奥氏体钢、耐热钢及强度较高的调质钢。

常用高速工具钢的牌号、成分见表 6-15，其热处理制度及淬火回火硬度见表 6-16。

## 第6章 工业用钢

表 6-15 高速工具钢的牌号与成分

| 序号 | 统一数字代号 | 牌号[①] | 化学成分(质量分数,%) | | | | | | | | | |
|---|---|---|---|---|---|---|---|---|---|---|---|---|
| | | | C | Mn | S[②] | S[③] | P | Cr | V | W | Mo | Co |
| 1 | T63342 | W3Mo3Cr4V2 | 0.95~1.03 | ≤0.40 | ≤0.45 | ≤0.030 | ≤0.030 | 3.80~4.50 | 2.20~2.50 | 2.70~3.00 | 2.50~2.90 | — |
| 2 | T64340 | W4Mo3Cr4VSi | 0.83~0.93 | 0.20~0.40 | 0.70~1.00 | ≤0.030 | ≤0.030 | 3.80~4.40 | 1.20~1.80 | 3.50~4.50 | 2.50~3.50 | — |
| 3 | T51841 | W18Cr4V | 0.73~0.83 | 0.10~0.40 | 0.20~0.40 | ≤0.030 | ≤0.030 | 3.80~4.50 | 1.00~1.20 | 17.20~18.70 | — | — |
| 4 | T62841 | W2Mo8Cr4V | 0.77~0.87 | ≤0.40 | ≤0.70 | ≤0.030 | ≤0.030 | 3.50~4.50 | 1.00~1.40 | 1.40~2.00 | 8.00~9.00 | — |
| 5 | T62942 | W2Mo9Cr4V2 | 0.95~1.05 | 0.15~0.40 | ≤0.70 | ≤0.030 | ≤0.030 | 3.50~4.50 | 1.75~2.20 | 1.50~2.10 | 8.20~9.20 | — |
| 6 | T66541 | W6Mo5Cr4V2 | 0.80~0.90 | 0.15~0.40 | 0.20~0.45 | ≤0.030 | ≤0.030 | 3.80~4.40 | 1.75~2.20 | 5.50~6.75 | 4.50~5.50 | — |
| 7 | T66542 | CW6Mo5Cr4V2 | 0.86~0.94 | 0.15~0.40 | 0.20~0.45 | ≤0.030 | ≤0.030 | 3.80~4.50 | 1.75~2.10 | 5.90~6.70 | 4.70~5.20 | — |
| 8 | T66642 | W6Mo6Cr4V2 | 1.00~1.10 | ≤0.40 | ≤0.45 | ≤0.030 | ≤0.030 | 3.80~4.50 | 2.30~2.60 | 5.90~6.70 | 5.50~6.50 | — |
| 9 | T69341 | W9Mo3Cr4V | 0.77~0.87 | 0.20~0.40 | 0.20~0.40 | ≤0.030 | ≤0.030 | 3.80~4.40 | 1.30~1.70 | 8.50~9.50 | 2.70~3.30 | — |
| 10 | T66543 | W6Mo5Cr4V3 | 1.15~1.25 | 0.15~0.40 | 0.20~0.45 | ≤0.030 | ≤0.030 | 3.80~4.50 | 2.70~3.20 | 5.90~6.70 | 4.70~5.20 | — |
| 11 | T66545 | CW6Mo5Cr4V3 | 1.25~1.32 | 0.15~0.40 | ≤0.70 | ≤0.030 | ≤0.030 | 3.75~4.50 | 2.70~3.20 | 5.90~6.70 | 4.70~5.20 | — |
| 12 | T66544 | W6Mo5Cr4V4 | 1.25~1.40 | ≤0.40 | ≤0.45 | ≤0.030 | ≤0.030 | 3.80~4.50 | 3.70~4.20 | 5.20~6.00 | 4.20~5.00 | — |
| 13 | T66546 | W6Mo5Cr4V2Al | 1.05~1.15 | 0.15~0.40 | 0.20~0.60 | ≤0.030 | ≤0.030 | 3.80~4.40 | 1.75~2.20 | 5.50~6.75 | 4.50~5.50 | Al:0.80~1.20 |
| 14 | T71245 | W12Cr4V5Co5 | 1.50~1.60 | 0.15~0.40 | 0.15~0.40 | ≤0.030 | ≤0.030 | 3.75~5.00 | 4.50~5.25 | 11.75~13.00 | — | 4.75~5.25 |
| 15 | T76545 | W6Mo5Cr4V2Co5 | 0.87~0.95 | 0.15~0.40 | 0.20~0.45 | ≤0.030 | ≤0.030 | 3.80~4.50 | 1.70~2.10 | 5.90~6.70 | 4.70~5.20 | 4.50~5.00 |
| 16 | T76438 | W6Mo5Cr4V3Co8 | 1.23~1.33 | ≤0.40 | ≤0.70 | ≤0.030 | ≤0.030 | 3.80~4.50 | 2.70~3.20 | 5.90~6.70 | 4.70~5.30 | 8.00~8.80 |
| 17 | T77445 | W7Mo4Cr4V2Co5 | 1.05~1.15 | 0.20~0.60 | 0.15~0.50 | ≤0.030 | ≤0.030 | 3.75~4.50 | 1.75~2.25 | 6.25~7.00 | 3.25~4.25 | 4.75~5.75 |
| 18 | T72948 | W2Mo9Cr4VCo8 | 1.05~1.15 | 0.15~0.40 | 0.15~0.65 | ≤0.030 | ≤0.030 | 3.50~4.25 | 0.95~1.35 | 1.15~1.85 | 9.00~10.00 | 7.75~8.75 |
| 19 | T71010 | W10Mo4Cr4V3Co10 | 1.20~1.35 | ≤0.40 | ≤0.45 | ≤0.030 | ≤0.030 | 3.80~4.50 | 3.00~3.50 | 9.00~10.00 | 3.20~3.90 | 9.50~10.50 |

① 表中牌号 W18Cr4V、W12Cr4V5Co5 为钨系高速工具钢,其他牌号为钨钼系高速工具钢。
② 电渣钢的硅含量下限不限。
③ 根据需方要求,为改善钢的切削加工性能,其硫含量可规定为 0.06%~0.15%。

表 6-16 高速工具钢的热处理制度及淬火回火硬度

| 序号 | 牌号 | 交货硬度① (退火态) HBW 不大于 | 试样热处理制度及淬回火硬度 | | | | | |
|---|---|---|---|---|---|---|---|---|
| | | | 预热温度/℃ | 淬火温度/℃ | | 淬火介质 | 回火温度②/℃ | 硬度③ HRC 不小于 |
| | | | | 盐浴炉 | 箱式炉 | | | |
| 1 | W3Mo3Cr4V2 | 255 | 800~900 | 1180~1120 | 1180~1120 | 油或盐浴 | 540~560 | 63 |
| 2 | W4Mo3Cr4VSi | 255 | | 1170~1190 | 1170~1190 | | 540~560 | 63 |
| 3 | W18Cr4V | 255 | | 1250~1270 | 1260~1280 | | 550~570 | 63 |
| 4 | W2Mo8Cr4V | 255 | | 1180~1120 | 1180~1120 | | 550~570 | 63 |
| 5 | W2Mo9Cr4V2 | 255 | | 1190~1210 | 1200~1220 | | 540~560 | 64 |
| 6 | W6Mo5Cr4V2 | 255 | | 1200~1220 | 1210~1230 | | 540~560 | 64 |
| 7 | CW6Mo5Cr4V2 | 255 | | 1100~1210 | 1200~1220 | | 540~560 | 64 |
| 8 | W6Mo6Cr4V2 | 262 | | 1190~1210 | 1190~1210 | | 550~570 | 64 |
| 9 | W9Mo3Cr4V | 255 | | 1200~1220 | 1220~1240 | | 540~560 | 64 |
| 10 | W6Mo5Cr4V3 | 262 | | 1190~1210 | 1200~1220 | | 540~560 | 64 |
| 11 | CW6Mo5Cr4V3 | 262 | | 1180~1200 | 1190~1210 | | 540~560 | 64 |
| 12 | W6Mo5Cr4V4 | 269 | | 1200~1220 | 1200~1220 | | 550~570 | 64 |
| 13 | W6Mo5Cr4V2Al | 269 | | 1200~1220 | 1230~1240 | | 550~570 | 65 |
| 14 | W12Cr4V5Co5 | 277 | | 1220~1240 | 1230~1250 | | 540~560 | 65 |
| 15 | W6Mo5Cr4V2Co5 | 269 | | 1190~1210 | 1200~1220 | | 540~560 | 64 |
| 16 | W6Mo5Cr4V3Co8 | 285 | | 1170~1190 | 1170~1190 | | 550~570 | 65 |
| 17 | W7Mo4Cr4V2Co5 | 269 | | 1180~1200 | 1190~1210 | | 540~560 | 66 |
| 18 | W2Mo9Cr4VCo8 | 269 | | 1170~1190 | 1180~1200 | | 540~560 | 66 |
| 19 | W10Mo4Cr4V3Co10 | 285 | | 1220~1240 | 1220~1240 | | 550~570 | 66 |

① 退火+冷拉态的硬度,允许比退火态指标增加 50HBW。
② 回火温度为 550~570℃时,回火 2 次,每次 1h;回火温度为 540~560℃时,回火 2 次,每次 2h。
③ 试样淬回火硬度供方若能保证可不检验。

【例 6-3】 W18Cr4V 钢的 $Ac_1$ 为 820℃,若以一般工具钢 $Ac_1$+(30~50)℃的常规方法来确定其淬火温度,最终热处理后能否达到高速切削刀具所要求的性能?为什么?其实际淬火温度是多少?W18Cr4V 钢在正常淬火后都要进行 560℃ 三次回火,这又是为什么?

**答**:高速工具钢淬火温度高达 1280℃,远远高于其 $Ac_1$,主要是为了使更多合金元素溶入奥氏体中,淬火后获得高合金马氏体,才能保证最终热处理后达到高速切削刀具所要求的性能。其淬火组织为隐晶马氏体+较多残余奥氏体(30%)+未溶碳化物。为了消除残余奥氏体,产生二次硬化,高速工具钢通常在 560℃ 进行三次回火。第一次回火,碳化物 $W_2C$ 或 $Mo_2C$ 弥散地从马氏体中析出,提高钢的强度和硬度。由于碳化物析出,使残余奥氏体中的碳及合金元素减少，$M_s$ 点升高，在随后冷却时，就会有部分残余奥氏体转变为马氏体，即"二次淬火"，也使钢的硬度升高。这两个原因使钢在回火时出现了硬度回升的"二次硬化"。第二次回火，可继续析出碳化物，残余奥氏体继续转变，由上次回火转变来的马氏体转变为回火马氏体，经三次回火后残余奥氏体剩下 3% 左右。后一次回火还可以消除前一次残余奥氏体转变为马氏体时产生的内应力。最终组织为回火马氏体+少量碳化物+未溶碳化物。

### 6.4.2 模具钢

模具钢

模具钢一般分为冷作模具钢和热作模具钢两大类。由于它们的工作条件不同，对模具钢的性能要求也有所区别。为了满足其性能要求，必须合理选用钢材，正确制订热处理工艺。

**1. 冷作模具钢**

（1）冷作模具的工作条件及性能要求　冷作模具钢（cold-working die steel）是指让金属在冷态下变形的模具用钢，通常用于制造冲模、冷挤压模、冷墩模和拉丝模等，工作温度不超过 200℃。冷作模具主要受被加工材料的强烈摩擦和挤压，且承受冲击、弯曲、压缩等多种应力作用。磨损、变形和断裂为主要失效形式。因此要求冷作模具钢具有高的硬度及耐磨性，硬度为 58～62HRC；高的强度与足够的韧性；良好的工艺性能，如良好的锻造工艺性、切削工艺性、淬透性、淬硬性及较小的热处理变形等。

（2）冷作模具钢的化学成分　常用的冷作模具钢包括碳素工具钢和大部分低合金工具钢，如 T8 钢、9SiCr 等，前面已经讨论。现主要讨论用于制造受力较大部件的冷作模具钢，有 Cr12 型冷作模具钢，如 Cr12 及 Cr12MoV；高碳中铬钢，如 Cr6WV 及 Cr5Mo1V。

Cr12 型冷作模具钢的 $w(C) = 1.3\% \sim 2.3\%$，以便形成足够的碳化物来保证高的耐磨性。其主加合金元素为 Cr，$w(Cr) = 11\% \sim 13\%$，如 Cr12 中 $w(C) = 2.0\% \sim 2.3\%$，$w(Cr) = 12\%$，由此可见冷作模具钢的碳含量和铬含量在工具钢中都是最高的。Cr 的主要作用是提高淬透性（模具都是大块的实心钢件）和耐回火性，与碳形成的 $(Cr, Fe)_7C_3$ 可提高耐磨性。辅加的合金元素有 W、Mo、V 等，主要是和 Cr 一起形成高硬度的合金渗碳体，以细化晶粒、提高耐磨性。

（3）冷作模具钢的热处理特点　同高速工具钢一样，Cr12 型钢属于莱氏体钢，其网状共晶碳化物需要通过反复锻造来改变其形态和分布。但是淬火与回火则与高速工具钢有所不同，它可以采用两种不同的淬火、回火方法。

1) 一次硬化法。采用较低的淬火温度淬火，直接获得高硬度，而后进行一次低温回火即可。得到的马氏体晶粒较细，强度、韧性较好，同时硬度、耐磨性也高。

2) 二次硬化法。采用较高的淬火温度淬火，由于溶入奥氏体中的铬含量较高，$M_s$ 点下降，淬火后残留奥氏体含量较高，淬火态的硬度低，而后采用多次高温回火，硬度变大。二次硬化法淬火、回火后的硬度随回火温度的变化规律与高速工具钢类似。

（4）冷作模具钢的性能　Cr12 型冷作模具钢具有很高的耐磨性，主要由高碳的基体马氏体和弥散分布的碳化物来保证。由于铬含量高，其淬透性也非常好。通过淬火温度选择调整残留奥氏体量可以获得最小的淬火变形。经二次硬化法处理可获得较高的热硬性和耐磨性。碳化物分布的不均匀性较大，可通过锻造或降低铬含量来改善。

（5）冷作模具钢的典型钢种　常用冷作模具钢的牌号、成分、特性及应用见表6-17。

表6-17　常用冷作模具钢的牌号、成分、特性及应用（摘自GB/T 1299—2014）

| 牌号 | 主要化学成分（质量分数,%） | | | | 球化退火 | |
|---|---|---|---|---|---|---|
| | C | Cr | Mo | V | 温度/℃ | 硬度（HBW） |
| Cr12 | 2.00~2.30 | 11.50~13.00 | — | — | 850~870 | 217~269 |
| Cr12MoV | 1.45~1.70 | 11.00~12.50 | 0.40~0.60 | 0.15~0.30 | 850~870 | 207~255 |

| 牌号 | 最终热处理 | | | | 应用举例 |
|---|---|---|---|---|---|
| | 淬火温度/℃ | 淬火硬度（HRC） | 回火温度/℃ | 回火硬度（HRC） | |
| Cr12 | 980 油 | 62~65 | 180~220 | 60~62 | 冲模冲头、冷切剪刀（硬薄的金属）、钻套、量规、拉丝模等 |
| | 1080 | 45~50 | 500~520（三次） | 59~60 | |
| Cr12MoV | 1030 油 | 62~63 | 160~180 | 61~62 | 冷切剪刀、圆锯、切边模、滚边模、量规、拉丝模、螺纹滚模等 |
| | 1120 油 | 41~50 | 570（三次） | 60~61 | |

**2. 热作模具钢**

热作模具钢（hot-working die steel）主要用于制造使加热金属或液态金属成形的模具。如热锻模、热挤压模、压铸型等，工作时型腔表面温度可达600℃以上。

（1）热作模具的工作条件及性能要求　实际上热模具和冷模具在工作时受力是一样的，都承受冲击力、拉应力、压应力和摩擦力。不同之处在于热模具加工的是热工件，相对来说受力程度要小一些，但是由于型腔表面与高温金属接触，可加热至300~400℃，局部高达500~600℃，在反复受热和冷却条件下工作时会受到交变热应力，易导致热疲劳裂纹产生。因此要求其具有良好的综合力学性能，在高温下能保持高的强度和冲击韧度，良好的热疲劳性能，良好的淬透性，使大、中型模具得到均匀一致的组织及力学性能，良好的抗氧化性能，良好的导热性与切削加工性能。

（2）热作模具钢的化学成分　其化学成分与调质钢相似，$w(C) = 0.3\% \sim 0.6\%$，以保证足够的强度和韧性。主加的合金元素为Cr、Ni、Mn、Si等，辅加元素为Mo、W、V。合金元素的作用是提高淬透性（Cr、Ni、Mn、Si），提高耐回火性（Cr、Ni、Mn、Si），防止第二类回火脆性（Mo、W），产生二次硬化（W、Mo、V），阻止奥氏体晶粒长大（W、Mo、V），以及提高高温强度和抗热疲劳性（Cr、W、Si）。

（3）热作模具钢的热处理　热作模具钢最终热处理是采用淬火加高温回火，得到回火索氏体组织，获得良好的综合力学性能。其实，热作模具钢的成分、热处理方式都与调质钢相似，但分属不同范围。

（4）热作模具钢的典型钢种

1）锤锻模用钢。如5CrNiMo、5CrMnMo。用于制造形状复杂、受冲击载荷大的各种中、大型锤锻模。

2) 热挤压模具钢。Cr系：4Cr5MoSiV、4Cr5W2VSi；W系：3Cr2W8V。用于制造高温下承受高应力，但不承受冲击负荷的压铸型、热挤压模和顶锻模等。

常见的热作模具钢的牌号、成分、热处理及应用见表6-18。

表6-18　常见热作模具钢的牌号、成分、热处理及应用（摘自 GB/T 1299—2014）

| 牌号 | 主要化学成分(质量分数,%) | | | | | | |
|---|---|---|---|---|---|---|---|
| | C | Cr | Ni | Mn | Mo | W | V |
| 5CrNiMo | 0.50~0.60 | 0.50~0.80 | 1.40~1.80 | 0.50~0.80 | 0.15~0.30 | — | — |
| 5CrMnMo | 0.50~0.60 | 0.60~0.90 | — | 1.20~1.60 | 0.15~0.30 | — | — |
| 3Cr2W8V | 0.30~0.40 | 2.20~2.70 | — | 0.20~0.40 | — | 7.50~9.00 | 0.20~0.50 |

| 牌号 | 淬　火 | | 回　火 | | 应用举例 |
|---|---|---|---|---|---|
| | 温度/℃ | 硬度 HRC | 温度/℃ | 硬度 | |
| 5CrNiMo | 830~860 | ≥47 | 530~550 | 364~402HBW | 大型热锻模 |
| 5CrMnMo | 820~850 | ≤50 | 560~580 | 324~364HBW | 中型热锻模 |
| 3Cr2W8V | 1075~1125 | >50 | 560~580（三次） | 44~46HRC | 高应力压模、铆钉热压模、压铸型等 |

## 6.5　特殊性能钢

用于制造在特殊条件或特殊环境（如腐蚀、高温等）下工作的、要求具有特殊性能的构件和零件的钢材，称为特殊性能钢（special steel）。一般包括不锈钢、耐热钢、耐磨钢和磁钢等。

### 6.5.1　不锈钢

不锈钢（stainless steel）是不锈耐酸钢的简称，指在自然环境下（大气、水蒸气）或一定工业介质（盐、酸、碱）中，具有高度化学稳定性、抵抗腐蚀的钢种。为了了解这类钢是如何通过合金化和热处理来保证其耐蚀性能的，需首先了解钢腐蚀过程及提高钢耐蚀性的途径。

**1. 金属腐蚀的基本概念**

腐蚀（corrosion）按照化学原理分为化学腐蚀和电化学腐蚀。化学腐蚀是指金属与化学介质直接发生化学反应而造成的腐蚀，如铁的氧化：$4Fe+3O_2 \rightarrow 2Fe_2O_3$，其特征是腐蚀产物覆盖在工件的表面，这层腐蚀膜的结构和性质决定了材料的耐蚀性。若腐蚀膜结构致密、化学稳定性好、能完全覆盖表面并且与基体牢固结合，就会有效地隔离化学介质和金属的接触，阻止腐蚀的继续进行。因此，提高金属抵抗化学腐蚀的主要措施之一是加入Si、Cr、Al等能形成致密保护膜的合金元素进行合金化。

电化学腐蚀是指金属在腐蚀介质中由于形成原电池而造成的腐蚀，阳极失去电子变成离子溶解进入腐蚀介质中，电子跑向阴极，被腐蚀介质中能够吸收电子的物质所接受，如图6-10所示。

电化学腐蚀产生的条件是有液体腐蚀介质，金属或相之间有电位差能够构成原电池

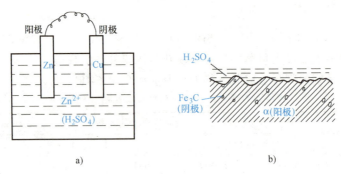

图 6-10 电化学腐蚀过程示意图

a) Zn-Cu 原电池原理图　b) 珠光体组织电化学腐蚀示意图

的两极，且两者连通或接触，其特征是腐蚀产物在溶液中。因此，提高材料抵抗电化学腐蚀的能力可以采用以下方法：①减少原电池形成的可能性，使金属具有均匀的单相组织，并尽可能提高金属的电极电位；②形成原电池时，尽可能减小两极的电极电位差，提高阳极的电极电位；③减小甚至阻断腐蚀电流，使金属"钝化"，即在表面形成致密、稳定的保护膜，将介质与金属隔离；④使不锈钢对具体使用的介质能具有稳定钝化区的阳极极化曲线。

### 2. 不锈钢的工作条件及性能要求

金属在大气、海水及酸碱盐介质下工作，腐蚀会自发进行。统计表明，全世界每年有 15% 的钢材在腐蚀中失效。为了提高材料在腐蚀介质中的寿命，人们研制出了一系列不锈钢。这些材料除了要求在相应的环境下具有良好的耐蚀性外，还要考虑其受力状态、制造条件，因而要求不锈钢具备高的耐蚀性、高的力学性能、良好的工艺性能和较低的成本。

### 3. 不锈钢的化学成分

不锈钢中的含碳量范围很大，$w(C) = 0.02\% \sim 0.95\%$，主要考虑以下几个方面：①从耐蚀性的角度看，碳含量越低，耐蚀性越好。因为碳与铬形成的碳化物 $Cr_{23}C_6$ 沿晶界析出，使晶界周围基体严重贫铬。当铬贫化到耐蚀性所必需的最低含量（约 12%，质量分数）以下时，贫铬区迅速被腐蚀，造成沿晶界发展的晶间腐蚀，使金属产生沿晶脆断。因此，为保证耐蚀性，大多数不锈钢的 $w(C) = 0.1\% \sim 0.2\%$。②从力学性能的角度看，碳含量提高，钢的强度、硬度、耐磨性会相应地提高，因而对于要求具有高硬度、高耐磨性的刃具和滚动轴承钢，其 $w(C)$ 高达 $0.85\% \sim 0.95\%$。为了避免由于铬的碳化物的析出产生贫铬区，对于高碳不锈钢，相应地要提高铬含量，保证形成碳化物后，基体的铬含量仍高于 12%（质量分数）。③碳还是扩大奥氏体区、强烈稳定奥氏体的元素。

**铬（chromium）** 是不锈钢中最重要的合金元素。它能按照 $n/8$ 规律显著提高基体的电极电位，即当铬加入量的原子比达到 1/8、2/8、3/8…时，会使钢的电极电位产生突变，跳跃式地增大，如图 6-11 所示，腐蚀会显著减小。铬还可以形成钝化膜 $Cr_2O_3$，使阳极极化，进一步提高钢的电极电位。铬可以扩大铁素体区、稳定铁素体元素，当碳含量低时，有利于获得单相铁素体，不构成原电池，保证好的耐蚀性。

**镍（nickel）** 是扩大奥氏体区元素，通过调整和铬之间的不同含量配比可获得各种不同类型的不锈钢，如 18-8 型的 12Cr18Ni9 为奥氏体不锈钢，14Cr17Ni2 为马氏体型不锈钢，17-7 型为奥氏体-马氏体不锈钢，$w(Cr) = 18\% \sim 26\%$ 和 $w(Ni) = 4\% \sim 7\%$ 配合可得到铁素体-奥氏体型双相不锈钢。

锰和氮也为扩大奥氏体元素，可用于部分替代镍，降低成本。钛和铌为强碳化物形成元素，可优先与碳形成碳化物，保证铬留在基体内，减小晶间腐蚀倾向。钼可形成钝化膜，对氯离子有抵抗作用。

**4. 不锈钢的典型钢种及性能**

不锈钢的应用范围非常广泛，除对其耐蚀性有要求外，在不同的工作应力条件下，对其力学性能的要求也相差甚远。因而针对不同的性能要求，其成分、热处理方式也有很大的不同。通常按照组织不同可分为铁素体不锈钢（ferritic stainless steel）、马氏体不锈钢（martensitic stainless steel）、奥氏体不锈钢（austenitic stainless steel）、铁素体-奥氏体不锈钢（duplex stainless steel）和奥氏体-马氏体不锈钢。一些典型的不锈钢牌号、热处理、性能及应用见表 6-19。

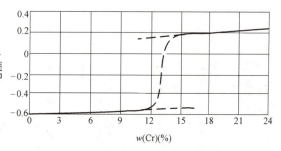

图 6-11　铁铬合金的电极电位（大气条件）

## 6.5.2　耐热钢

在高温下工作的钢称为耐热钢。温度升高会引起钢件的剧烈氧化，形成氧化皮，因有效承载截面缩小而失效，为了提高其高温下的抗氧化性而使用的钢称为抗氧化钢（oxidation-resistant steel）；高温下长期工作时还会引起强度的急剧下降，高温下要求具有高的高温强度的钢称为热强钢（refractory steel）。两种钢统称为耐热钢。

**1. 耐热钢的工作条件及性能要求**

耐热钢通常在 300℃ 以上的温度下工作，有时高达 1200℃。因而要求其在高温下具有良好的抗氧化性、热强性、抗蠕变性、组织稳定性、热传导性、工艺性，以及小的热膨胀性。

**2. 耐热钢的化学成分**

钢的氧化是典型的化学腐蚀。如果能够在钢的表面形成致密、稳定的氧化膜，就会阻止钢的进一步氧化。对于抗氧化钢，加入 Cr、Al、Si，都可以稳定 $Fe_3O_4$，含量高时，还可形成合金氧化物 $Cr_2O_3$、$Al_2O_3$、$Fe_2SiO_4$，它们的致密度更好，与基体的结合更牢固，保护性更强。Ni、Mn、N 都是扩大奥氏体区的元素，它们的加入是为了获得奥氏体抗氧化钢。抗氧化钢通常在高温下工作，但承受的载荷并不大，因此其碳含量为 $w(C)=0.10\%\sim0.30\%$。碳化物的析出会消耗 Cr，同时会破坏氧化膜的连续性。

在长时间的恒温、恒应力作用下，即使金属应力小于屈服强度，也会缓慢产生塑性变形，这种现象称为蠕变。蠕变是金属在应力和高温的双重作用下，同时发生加工硬化和回复再结晶软化。通常合金基体的原子间结合力越强，钢的抗蠕变性越好。因此热强钢合金化的目的是强化基体——提高合金基体的原子间结合力；强化晶界——晶界处缺陷多，原子扩散快，在高温下是弱化区；弥散相强化——阻止位错运动等。通常加入的合金元素为 Cr、Mo、V、W、Ni 等。热强钢 $w(C)=0.10\%\sim0.50\%$，依据不同的工作条件而变化。

**3. 耐热钢的典型钢种和性能**

耐热钢的种类很多，按组织分为铁素体型抗氧化钢、奥氏体型抗氧化钢、珠光体型热强钢、马氏体型热强钢和奥氏体型热强钢。一些典型的耐热钢牌号、热处理、性能及应用见表 6-20。

表 6-19 一些典型的不锈钢牌号、热处理、性能及应用

| 类型 | 牌号 | 主要化学成分（质量分数,%） | | | | | | 特性及应用 |
| --- | --- | --- | --- | --- | --- | --- | --- | --- |
| | | C | Si | Mn | Ni | Cr | 其他 | |
| 奥氏体型 | 12Cr18Ni9 | ≤0.15 | ≤1.00 | ≤2.00 | 8.00~10.00 | 17.00~19.00 | — | 经冷加工有的强度。用于建筑用装饰部件,也可用于无磁部件、低温装置的部件 |
| 奥氏体型 | 06Cr19Ni10 | ≤0.7 | ≤1.00 | ≤2.00 | 8.00~11.00 | 17.00~19.00 | — | 作为不锈品耐热钢使用最广泛,用于食品用设备、一般化工设备,原子能工业用设备 |
| 奥氏体型 | 022Cr19Ni10 | ≤0.03 | ≤1.00 | ≤2.00 | 8.00~12.00 | 18.00~20.00 | — | 耐晶间腐蚀性能优良,一般焊接后不进行热处理 |
| 奥氏体-铁素体型 | 14Cr18Ni11Si4AlTi | 0.10~0.18 | 3.40~4.00 | 0.80 | 10.00~12.00 | 17.50~19.50 | Al 0.10~0.30 Ti 0.40~0.70 | 用于制作抗高温浓硝酸介质的零件和设备 |
| 铁素体型 | 10Cr17 | ≤0.12 | ≤1.00 | ≤1.00 | ① | 16.00~18.00 | — | 耐蚀性良好的通用钢种,适用于建筑内装饰、重油燃烧器部件、家庭用具、家用电器部件 |
| 马氏体型 | 12Cr13 | 0.08~0.15 | ≤1.00 | ≤1.00 | ① | 11.50~13.00 | — | 具有良好的耐蚀性和机械加工性,一般用途为刀具类 |
| 马氏体型 | 40Cr13 | 0.36~0.45 | ≤0.60 | ≤0.80 | ① | 12.00~14.00 | — | 用于高硬度及耐磨性的热液压泵轴、阀片、阀门轴承、弹簧等零件 |
| 马氏体型 | 102Cr17Mo | 0.95~1.10 | ≤0.80 | ≤0.80 | ① | 16.00~18.00 | Mo 0.40~0.70 | 轴承套圈及滚动体用的高碳铬不锈钢 |
| 沉淀硬化型 | 07Cr17Ni7Al | ≤0.09 | ≤1.00 | ≤1.00 | 6.60~7.75 | 16.00~18.00 | Al 0.75~1.50 | 添加铝的沉淀硬化型钢种,用于弹簧、垫圈等部件 |

① 允许 Ni 含量为 $w(Ni) ≤ 0.6\%$。

## 表 6-20　一些典型的耐热钢牌号、热处理、性能及应用

| 类型 | 牌号 | 主要化学成分（质量分数，%） | | | | | | 特性及应用 |
|---|---|---|---|---|---|---|---|---|
| | | C | Si | Mn | Ni | Cr | 其他 | |
| 奥氏体型 | 53Cr21Mn9Ni14N | 0.48~0.58 | ≤0.35 | 8.00~10.00 | 3.25~4.50 | 20.00~22.00 | N:0.35~0.50 | 以经受高温为主的汽油及柴油机用排气阀 |
| 奥氏体型 | 16Cr23Ni13 | ≤0.20 | ≤1.00 | ≤2.00 | 12.00~15.00 | 22.00~24.00 | — | 承受980℃以下反复加热的抗氧化钢,加热炉部件、重油燃烧器 |
| 奥氏体型 | 06Cr19Ni10 | ≤0.08 | ≤1.00 | ≤2.00 | 8.00~11.00 | 18.00~20.00 | — | 通用耐氧化钢,可承受980℃以下反复加热 |
| 奥氏体型 | 45Cr14Ni14W2Mo（4Cr14Ni14W2Mo） | 0.40~0.50 | ≤0.80 | ≤0.70 | 13.00~15.00 | 13.00~15.00 | Mo:0.25~0.40 W:2.00~2.75 | 有较高的热强度,用于内燃机重负荷排气阀 |
| 奥氏体型 | 06Cr18Ni11Nb | ≤0.08 | ≤1.00 | ≤2.00 | 9.00~11.00 | 17.00~19.00 | Nb:10×w(C) | 用于在400~900℃腐蚀条件下使用的部件、高温用焊接结构件 |
| 铁素体型 | 06Cr13Al | ≤0.08 | ≤1.00 | ≤1.00 | — | 11.50~14.50 | Al:0.10~0.30 | 用于冷却硬化少的燃气透平压缩机叶片、退火箱、淬火台架 |
| 铁素体型 | 10Cr17 | ≤0.12 | ≤1.00 | ≤1.00 | — | 16.00~18.00 | — | 用于900℃以下耐氧化部件、散热器、炉用部件、油喷嘴 |
| 马氏体型 | 42Cr9Si2 | 0.35~0.50 | 2.00~3.00 | ≤0.70 | ≤0.60 | 8.00~10.00 | — | 有较高的热强度,用作内燃机进气阀,轻负荷发动机的排气阀 |
| 马氏体型 | 12Cr12Mo | 0.10~0.15 | ≤0.50 | 0.30~0.50 | 0.30~0.60 | 11.00~13.00 | Mo:0.30~0.60 Cu:0.30 | 用作汽轮机叶片 |
| 马氏体型 | 12Cr13（1Cr13） | 0.8~0.15 | ≤1.00 | ≤1.00 | ≤0.60 | 10.50~13.50 | — | 用作800℃以下抗氧化部件 |
| 马氏体型 | 13Cr13Mo | 0.08~0.18 | ≤0.60 | ≤1.00 | ≤0.60 | 11.50~14.00 | — | 用作汽轮机叶片、高温、高压蒸汽用机械部件 |
| 马氏体型 | 20Cr13 | 0.16~0.25 | ≤1.00 | ≤1.00 | ≤0.60 | 12.00~14.00 | — | 淬火硬度高,耐蚀性良好,用作汽轮机叶片 |
| 沉淀硬化型 | 05Cr17Ni4Cu4Nb | ≤0.07 | ≤1.00 | ≤1.00 | 3.00~5.00 | 15.50~17.50 | Cu:3.00~5.00 Nb:0.15~0.45 | 用作燃气透平压缩机叶片、燃气透平发动机绝热材料 |
| 沉淀硬化型 | 07Cr17Ni7Al | ≤0.09 | ≤1.00 | ≤1.00 | 6.50~7.50 | 16.00~18.00 | Al:0.75~1.50 | 用作高温弹簧、波纹管 |

## 思考题与习题

一、名词解释

合金元素、奥氏体稳定性、耐回火性、回火脆性、化学腐蚀和电化学腐蚀。

二、选择题

1. 合金元素对奥氏体晶粒长大的影响是_____。
   A. 均强烈阻止奥氏体晶粒长大    B. 均强烈促进奥氏体晶粒长大
   C. 无影响                      D. 上述说法都不全面
2. 适用于制造渗碳零件的钢有_____。
   A. Q345  15  20Cr  12Cr13  12Cr2Ni4A
   B. 45  40Cr  65Mn  T12
   C. 15  20Cr  18Cr2Ni4WA  20CrMnTi
3. 要制造直径为 25mm 的螺栓，要求整个截面上具有良好的综合力学性能，应选用_____。
   A. 45 钢经正火处理          B. 60Si2Mn 经淬火和中温回火    C. 40Cr 经调质处理
4. 制造手用锯条应选用_____。
   A. T12 钢经淬火和低温回火    B. 45 钢经淬火和高温回火      C. 65 钢淬火后中温回火
5. 汽车、拖拉机的齿轮要求表面具有高耐磨性，中心有良好的强韧性，应选用_____。
   A. 20 钢渗碳淬火后低温回火   B. 40Cr 淬火后高温回火        C. 20CrMnTi 渗碳淬火后低温回火
6. 65、65Mn、60Si2Mn、50CrV 等属于_____类钢，其热处理特点是_____。
   A. 工具钢，淬火加低温回火    B. 轴承钢，渗碳加淬火加低温回火
   C. 弹簧钢，淬火加中温回火
7. 二次硬化属于_____。
   A. 固溶强化     B. 细晶强化     C. 位错强化     D. 第二相强化
8. 12Cr18Ni9 奥氏体不锈钢进行固溶强化的目的是_____。
   A. 获得单一的马氏体组织，提高硬度和耐磨性    B. 提高耐蚀性，防止晶间腐蚀
   C. 降低硬度，便于切削加工
9. 坦克和拖拉机履带板受到严重的磨损及强烈冲击，应选用_____。
   A. 20Cr 渗碳后低温回火      B. ZGMn13-3 经水韧处理     C. W18Cr4V 淬火后低温回火
10. 制造轴、齿轮等所用的调质钢，其 $w(C)$ 为_____，为提高淬透性应加入合金元素_____。
    A. 0.27% ~ 0.50%    B. 0.6% ~ 0.9%    C. 小于 0.25%
    D. Cr、Ni、Si、Mn、B    E. W、Mo、V、Ti、Nb    F. Co、Al、P、S
11. 属于冷作模具钢的是_____。
    A. 9SiCr  9Mn2V  Cr12MoV    B. 5CrNiMo  9Mn2V  3Cr2W8V
    C. 5CrMnMo  Cr12MoV  9SiCr
12. 属于热作模具钢的是_____。
    A. 9CrWMn  9Mn2V  Cr12    B. 5CrNiMo  5CrMnMo  3Cr2W8V
    C. 9SiCr  Cr12MoV  3Cr2W8V
13. 制造高速切削刀具的钢是_____。
    A. T12A  3CrW8V    B. Cr2MoV  9SiCr    C. W18Cr4V  W6Mo5Cr4V2
14. 制造医疗手术刀具的钢是_____。
    A. GCr15  40Cr  Cr12    B. 1Cr17  20Cr13  1Cr18Ni9Ti
    C. 20Cr13  12Cr13  Cr12MoV    D. 30Cr13  40Cr13

15. 为了改善高速工具钢铸态组织中的碳化物不均匀性，应进行_____。
   A. 完全退火　　　B. 正火　　　C. 球化退火　　　D. 锻造加工
16. 为消除碳素工具钢中的网状渗碳体而进行正火，其加热温度是_____。
   A. $Ac_{cm}+(30\sim50)$℃　B. $Ar_{cm}+(30\sim50)$℃　C. $Ac_1+(30\sim50)$℃　D. $Ac_3+(30\sim50)$℃
17. 同种调质钢淬透试样和未淬透试样相比，当回火硬度相同时_____。
   A. 淬透试样 $\sigma_b$ 大大提高
   B. 淬透试样 $\sigma_b$ 大大降低
   C. 未淬透试样 $\sigma_b$ 和 $A_{KU}$ 明显下降
   D. 未淬透试样 $\sigma_b$ 和 $A_{KU}$ 明显提高

### 三、是非题

1. 所有的合金元素都能提高钢的淬透性。（　）
2. 调质钢的合金化主要是为了提高其热硬性。（　）
3. 合金元素对钢的强化效果主要是固溶强化。（　）
4. T8 钢比 T12 和 40 钢有更好的淬透性和淬硬性。（　）
5. 奥氏体型不锈钢只能采用加工硬化。（　）
6. 高速工具钢需要反复镦拔锻造是因为硬度高不易成形。（　）
7. T8 和 20MnVB 相比，淬硬性和淬透性都较低。（　）
8. W18Cr4V 高速工具钢采用很高的温度淬火，其目的是使碳化物尽可能多地溶入奥氏体中，从而提高钢的热硬性。（　）
9. 奥氏体不锈钢的热处理工艺是淬火后稳定化处理。（　）
10. 所有的合金元素均使 $Ms$、$Mf$ 下降。（　）
11. 碳素工具钢热处理后有良好的硬度和耐磨性，但热硬性不高，故只适用于制造手动工具。（　）
12. 在钢中加入多种合金元素比加入单一元素的效果好些，因而合金钢向合金元素多元少量的方向发展。（　）
13. 将两种或两种以上金属元素或金属元素与非金属元素熔合在一起，或烧结在一起得到具有金属特性的物质叫合金。（　）
14. 在碳钢中，具有共析成分的钢比亚共析钢和过共析钢有更好的淬透性。（　）
15. T8 钢与 T12 钢淬火温度相同，那么它们淬火后的残留奥氏体量也是一样的。（　）
16. 无论钢的含碳量高低，其淬火马氏体的硬度都高、脆性都大。（　）
17. 钢中合金元素含量越高，则淬火后硬度越高。（　）
18. 汽车、拖拉机的齿轮要求表面具有高硬度、高耐磨性，心部有良好的强韧性。应选用 40Cr 钢，应淬火加高温回火处理。（　）
19. 滚动轴承钢 GCr15 中铬的质量分数为 15%。（　）
20. 调质处理的目的主要是为了提高钢的塑性。（　）
21. 弹簧工作时的最大应力在它的表面上。（　）
22. 对于受弯曲或扭转变形的轴类调质零件，也必须淬透。（　）
23. 提高弹簧表面质量的处理方法之一是喷丸处理。（　）
24. 有第二类回火脆性的钢，回火后采用油冷或水冷。（　）
25. 除 Co 以外的合金元素都使奥氏体等温转变图右移，但必须使合金元素溶入奥氏体后方能有这样的作用。（　）

### 四、综合题

1. 为什么比较重要的大截面结构零件都必须用合金钢制造？与碳素钢相比，合金钢有何优点？
2. 合金钢中经常加入的元素有哪些？怎样分类？
3. 合金元素对回火转变有何影响？
4. 试述固溶强化、加工硬化和弥散强化的强化机制，并说明三者之间的区别。

5. 为什么说得到马氏体后再经过回火处理是钢中最经济而又最有效的强韧化方法？

6. 为什么低合金高强度钢用 Mn 作为主要的合金元素？

7. 试述渗碳钢和调质钢的合金化和热处理特点。

8. 弹簧钢淬火后为什么要进行中温回火？为了提高弹簧的使用寿命，在热处理后应采用什么有效措施？

9. 解释下列现象：

1) 在相同碳含量下，除了含 Ni、Mn 的合金钢外，大多数合金钢的热处理温度都比碳素钢高。

2) 碳含量相同时，含碳化物形成元素的合金钢比碳素钢具有更高的耐回火性。

3) $w(C)=0.4\%$、$w(Cr)=12\%$ 的钢属于过共析钢；而 $w(C)=1\%$、$w(Cr)=12\%$ 的钢属于莱氏体钢。

4) 高速工具钢经热轧或热锻后空冷可获得马氏体组织。

5) 在相同含碳量下，合金钢的淬火变形和开裂现象不易产生。

6) 调质钢在回火后需快冷至室温。

7) 高速工具钢需高温淬火和多次回火。

10. 直径为 25mm 的 40CrNiMo 的棒料毛坯，经正火处理后硬度高很难切削加工，这是什么原因？设计一个简单的热处理工艺以提高其机械加工性能。

11. 某厂的冲模原用 W18Cr4V 钢制造，在使用时经常发生崩刃、掉渣等现象，冲模寿命很短。后改用 W6Mo5Cr4V2 钢制造，热处理采用低温淬火（1150℃），冲模寿命大大提高。试分析其原因。

12. 一些中、小工厂在用 Cr12 型钢制造冷作模具时，往往是用原钢料直接进行机械加工或稍加改锻后进行机械加工，热处理后送交使用。经这种加工的模具寿命一般都比较短。改进的措施是将毛坯进行充分锻造，这样模具的使用寿命会明显提高。这是什么原因？

13. 不锈钢的固溶处理和稳定化处理的目的各是什么？

14. 试分析 20CrMnTi 和 12Cr18Ni9 钢中 Ti 的作用。

15. 试分析合金元素 Cr 在 40Cr、GCr15、CrWMn、12Cr13、1Cr18Ni9Ti 等钢中的作用。

16. 试就牌号为 20CrMnTi、65、T8、40Cr 的钢，讨论如下问题：

1) 在加热温度相同的情况下，比较其淬透性和淬硬性，并说明理由。

2) 简述各种钢的用途、热处理工艺及最终的组织。

17. 要制造机床主轴、拖拉机后桥齿轮、铰刀、汽车板弹簧等，请选择合适的钢种并制定热处理工艺。其最终组织是什么？性能如何？

18. 试述高速工具钢 W18Cr4V 铸造、退火、淬火和回火的组织。

19. 冷作模具钢所要求的性能是什么？为什么尺寸较大、承受重负荷、要求高耐磨和微变形的冲模具大都选用 Cr12MoV 制造？

20. 什么是化学腐蚀与电化学腐蚀？提高钢的耐蚀性的途径有哪些？

21. 不锈钢成分有何特点？Cr12MoV 是否为不锈钢？

22. 奥氏体不锈钢和耐磨钢的固溶处理目的与一般钢的淬火目的有何异同？

23. Distinguish among the following three types of carbon steel:

a. eutectoid, b. hypoeutectoid and c. hypereutectoid.

24. A 0.25 percent C hypoeutectoid carbon steel is slowly cooled from about 950℃ to a temperature just slightly below 727℃.

a. Calculate the weight percent proeutectoid ferrite in the steel.

b. Calculate the weight percent eutectoid ferrite and eutectoid cementite in the steel.

# 第 7 章

# 铸　　铁

> 曾经思考过这些问题吗？
> 1. 铸铁和钢有什么区别？
> 2. 铸铁还需要进行热处理吗？
> 3. 国际冶金行业过去一直认为球墨铸铁是英国人于 1947 年发明的。你相信中国在西汉中、晚期已经掌握了球墨铸铁的制备工艺吗？
> 4. 为什么大部分机床床身及导轨要用铸造制造？

在铁碳相图中，$w(C)>2.11\%$ 的铁碳合金称为铸铁（cast iron）。铸铁与钢（steel）相比，虽然力学性能如抗拉强度、塑性、韧性等均较低，但却具有优良的铸造性能、良好的耐磨性、消振性及低的缺口敏感性，且生产工艺简单，成本低廉，切削加工性能优良。合金化后，还具有良好的耐热性和耐蚀性等特殊性能，因此在工业中得到了普遍应用。如在汽车、拖拉机中，铸铁用量为 50%～70%，而在机床和重型机械（如矿山机械）中约占 60%～90%。

## 7.1 概述

### 7.1.1 铸铁的特点

铸铁的分类及特点

**1. 铸铁的化学成分特点**

铸铁是 $w(C)>2.11\%$ 的铁碳合金，其五大元素及质量分数为：$w(C)=2.50\%\sim4.00\%$，$w(Si)=1.00\%\sim3.00\%$，$w(Mn)=0.4\%\sim1.50\%$，$w(S)=0.02\%\sim0.25\%$，$w(P)=0.05\%\sim1.00\%$。由此可见，其特点是碳、硅含量较高，杂质元素硫、磷含量也高。有时为了进一步提高铸铁的性能或得到某些特殊性能，还加入 Cr、Mo、V、Cu、Al 或提高 Si、Mn、P 的含量，以获得合金铸铁。

**2. 铸铁的组织特点**

铸铁中的碳含量很高，碳既可能以化合物 $Fe_3C$ 的形式存在，也可能以游离态石墨的形式存在，具体形式取决于相变时的热力学条件和动力学条件。如果铸铁的结晶过程按铁-渗碳体相图进行，则铸铁组织可能为珠光体+莱氏体、莱氏体或莱氏体+渗碳体；若结晶过程按铁-石墨相图进行，组织可能为珠光体+石墨、珠光体+铁素体+石墨或铁素体+石墨，即钢的基体上分布着不同形态的石墨。

### 3. 铸铁的性能特点

铸铁的力学性能主要取决于铸铁的基体组织和石墨的数量、形状、大小及分布。

(1) **抗拉强度低，塑、韧性差，抗压强度高** 石墨与基体相比，由于其强度、硬度和塑性极低，可看成是分布在钢的基体上的空洞。石墨的存在，减小了铸铁件的有效承载面积，石墨尖端易产生应力集中，造成局部损坏并扩大，导致脆断。因此，石墨的数量越少，越接近球形，铸铁的强度、塑韧性越好。铸铁的抗压强度高，相当于抗拉强度的 2~4 倍。

(2) **耐磨性、减振性好，缺口敏感性低** 铸铁表面石墨易脱落，可作为固体润滑剂；脱落后留下的显微孔洞可储存润滑油，也可容留磨损产生的磨粒。石墨的质地松软，能吸收振动能量，石墨的存在也破坏了基体的连续性，不利于振动能的传递，故铸铁的减振性好，与钢相比，灰铸铁的减振能力大 6~10 倍，因此，灰铸铁可作为减振材料，如制造机床的床身。因灰铸铁中含有片状石墨，相当于原始存在的缺口，因而对后来的人为缺口不再敏感。

(3) **铸造性能优良，切削加工性好，压力加工及焊接性差** 铸铁的熔点低，接近共晶成分，铁液的流动性好，铸造收缩率小，故其铸造性能优良。石墨的存在使切削时切屑易断，对刀具磨损小。塑、韧性差使得压力加工性差。

另外，铸铁还有工艺简单、成本低廉等特点，用铸铁代替钢可节约金属材料。

## 7.1.2 铸铁的分类

根据碳在铸铁中的存在形式以及凝固后断口颜色的不同，可将铸铁分为以下几类。

(1) **灰铸铁** 碳全部或大部分以游离状态的石墨存在于铸铁中，其断口呈暗灰色。灰铸铁（grey cast iron）是目前应用最广泛的一类铸铁。

(2) **白口铸铁** 碳除了少量固溶于铁素体外，其余全部以渗碳体的形式存在于铸铁中，断口呈银白色。白口铸铁（white cast iron）含有大量的共晶组织，组织硬而脆，难以切削加工。所以很少直接用于制造机械零件，但可利用其硬而耐磨的特性，制成耐磨零件，如磨球。目前，白口铸铁主要用作炼钢原料和生产可锻铸铁的毛坯。

(3) **麻口铸铁** 碳一部分以石墨形式存在，另一部分以渗碳体形式存在，断口夹杂着白亮的渗碳体和暗灰色的石墨。麻口铸铁（mottled cast iron）的性能介于灰铸铁和白口铸铁之间。

也可根据石墨的形态来分类，分为灰铸铁（石墨为片状）、可锻铸铁（石墨为团絮状）、球墨铸铁（石墨为球状）和蠕墨铸铁（石墨为蠕虫状）等。

## 7.1.3 铸铁的石墨化及其影响因素

### 1. Fe-Fe$_3$C 和 Fe-G（石墨）双重相图

铸铁中的碳除少量固溶于基体，主要以化合态的渗碳体和游离态的石墨两种形式存在。石墨是碳的单质形态之一，其强度、塑性、韧性都几乎为零。渗碳体是亚稳相，在一定条件下将发生分解：Fe$_3$C→3Fe+C，形成游离态石墨。因此，铁碳合金实际上存在两个相图，即 Fe-Fe$_3$C 和 Fe-G 相图，如图 7-1 所示。这两个相图几乎重合，只是 $E$、$C$、$S$ 点的成分和温度稍有变化。根据条件不同，铁碳合金可全部或部分按其中一种相图结晶。

### 2. 铸铁的石墨化过程

铸铁中的石墨可以在结晶中直接析出，也可以由渗碳体加热时分解得到。**铸铁中的碳原子析出形成石墨的过程称为石墨化**（graphitizing）。

铸铁的石墨化过程分为三个阶段：液相至共晶反应阶段发生的石墨化为第一阶段石墨化，包括从过共晶的铁液中直接析出初生石墨（或一次石墨）、在共晶转变过程中形成的共晶石墨及一次渗碳体或共晶渗碳体在高温退火时分解为奥氏体+石墨；第二阶段石墨化发生在共晶温度和共析温度之间，包括从奥氏体中析出的二次石墨或者二次渗碳体高温退火时分解为奥氏体+石墨；在共析线及其以下发生的石墨化为第三阶段石墨化，包括共析转变过程中形成的共析石墨及共析渗碳体分解成铁素体+石墨。

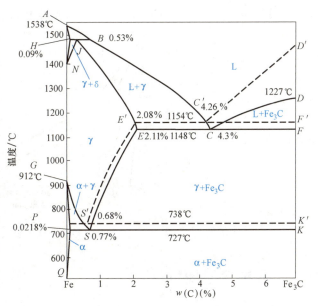

图 7-1 铁碳合金的双重相图

**石墨化过程是原子扩散过程**。一般来说，第一阶段和第二阶段的石墨化温度较高，碳原子容易扩散，故容易进行得完全；而第三阶段的石墨化温度较低，扩散困难些，往往进行得不充分。当冷却速度稍大时，第三阶段的石墨化只能部分进行，如果冷却速度再大些，第三阶段石墨化便完全不能进行。

如果第一阶段和第二阶段石墨化充分进行，由于第三阶段石墨化进行的程度不同，可获得的铸铁组织也不同。当第三阶段石墨化充分进行时，铸铁组织将由铁素体基体和石墨组成；当第三阶段石墨化部分进行时，将形成铁素体+珠光体为基体，其上分布石墨组织；当第三阶段石墨化完全被抑制不能进行时，其组织将由珠光体基体和石墨组成。显然，当冷却速度过快，三个阶段的石墨化均被抑制而不能进行时，则会得到白口铸铁。若第一阶段石墨化部分进行，可得到麻口铸铁。

### 3. 影响石墨化的因素

**铸铁的化学成分和结晶时的冷却速度是影响石墨化的主要因素**。

（1）化学成分　铸铁中的碳和硅是强烈促进石墨化的元素，3%的硅相当于1%碳（质量分数）的作用。为了综合考虑碳和硅对铸铁的影响，常将硅量折合成相当的碳量，并把实际的碳含量与折合成的碳量之和称为碳当量。如：铸铁中实际的碳的质量分数为3.2%，硅的质量分数为1.8%，则其碳当量=3.2%+1/3×1.8%=3.8%。碳、硅含量过低，易出现白口组织，力学性能和铸造性能变差；碳、硅含量过高，会使石墨数量增多且粗大，基体内铁素体量增多，降低铸件的性能和质量。因此，铸铁中的碳、硅含量一般控制在 $w(C)$ = 2.5%～4.0%、$w(Si)$ = 1.0%～3.0%。磷虽然可促进石墨化，但其含量高时，易在晶界上形成硬而脆的磷共晶，降低铸铁的强度，只有耐磨铸铁中磷含量偏高（$w(P)$>0.3%）。此外，Al、Cu、Ni、Co 等元素对石墨化也有促进作用，而 S、Mn、Cr、W、Mo、V 等元素则阻碍石墨化。在实际生产中，在铸件壁厚一定的情况下，常通过调配碳和硅的含量来得到预期的组织。

（2）冷却速度　铸件冷却缓慢，有利于碳原子的充分扩散，结晶将按 Fe-G 相图进行，因而促进石墨化；而快冷时由于过冷度大，结晶将按 Fe-Fe₃C 相图进行，不利于石墨化。

图 7-2 所示为在一般砂型铸造条件下,铸件壁厚和碳、硅含量对铸铁组织的影响。

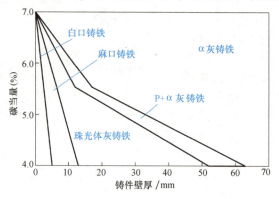

图 7-2 铸件壁厚和碳、硅含量对铸铁组织的影响

## 7.2 常用普通铸铁

### 7.2.1 灰铸铁

灰铸铁价格便宜,应用广泛,其产量超过铸铁总产量的 80%。

**1. 灰铸铁的成分**

灰铸铁的成分为 $w(C) = 2.5\% \sim 3.6\%$、$w(Si) = 1.1\% \sim 2.5\%$、$w(Mn) = 0.6\% \sim 1.2\%$、$w(P) \leq 0.3\%$、$w(S) \leq 0.15\%$。碳、硅促进石墨化,其成分范围的选择是为了保证获得灰铸铁;锰可阻止石墨化,抵消硫的有害作用;硫强烈阻止石墨的形成,降低铁液的流动性,应尽量减少;磷对石墨化无大的影响,可增加铁液流动性,提高耐磨性。但高磷铁的缺点是脆性大,因此磷为限制元素。

**2. 灰铸铁的组织**

灰铸铁的组织为钢的基体上分布着片状石墨,是由液态铁液缓慢冷却时通过石墨化过程形成的,基体组织有铁素体、珠光体、铁素体+珠光体三种,其显微组织如图 7-3 所示。为提高灰铸铁性能,常对灰铸铁进行孕育处理以细化片状石墨,常用的孕育剂有硅铁和硅钙合金,经孕育处理的灰铸铁称为孕育铸铁。

**3. 灰铸铁的热处理**

热处理只能改变铸铁的基体组织,而不能改变石墨的形态和分布。由于石墨片对基体连续性的破坏严重,易产生应力集中,因此热处理对灰铸铁强化效果不大,其基体强度利用率只有 30%~50%。对于灰铸铁,常用的热处理方法有下列几种。

(1) 去应力退火(或人工时效) 去应力退火主要是为了消除铸件在铸造冷却过程中产生的内应力,防止铸件变形或开裂。常用于形状复杂的铸件,如机床床身、柴油机气缸等,其工艺为:加热温度 500~550℃,经一定时间保温后,炉冷到 150~220℃ 出炉空冷。

(2) 石墨化退火 石墨化退火主要是为了消除白口,使渗碳体分解为奥氏体+石墨。铸件的表层和薄壁处由于铸造时冷却速度快,易产生白口组织,使硬度提高,加工困难,需进行退火处理以降低硬度。其工艺为:加热到 850~900℃,保温 2~5h 后,炉冷至 250~400℃

图 7-3 三种基体组织的灰铸铁
a) 铁素体基体　b) 铁素体+珠光体基体　c) 珠光体基体

出炉空冷。

(3) 表面淬火　对于一些表面需要高硬度和高耐磨性的铸件,如床身导轨、缸体内壁等,可进行表面淬火处理,表面淬火和低温回火后获得的表层组织为回火马氏体+片状石墨。

**4. 灰铸铁的牌号、性能及用途**

灰铸铁的常见牌号有 HT100、HT150、HT200、HT250、HT300 和 HT350 等,前面的字母代表灰铸铁,后面的数字表示最低抗拉强度。石墨对基体的割裂作用,使灰铸铁的抗拉强度、塑性和韧性都低于同样基体的碳素钢。但是石墨的存在使灰铸铁的减振性、耐磨性优良,抗压强度提高,缺口敏感性降低,因而灰铸铁主要用于制造承受压力和振动的零部件,如机床床身,发动机壳体,以及各种箱体、泵体、缸体等。

## 7.2.2　可锻铸铁

在汽车、农业机械上常有一些截面较薄、形状复杂、工作中又受到冲击和振动的零件,如汽车、拖拉机的前后桥壳、减速器壳、转向机构等。这些零件适宜用铸造法生产而不宜用锻造法生产。若用灰铸铁制造,则韧性不足;若用铸钢制造,则因其铸造性能差,不易获得合格产品,且价格较贵。在这种情况下,就要利用铸铁的优良铸造性能,先铸成白口铸铁铸件,然后经过石墨化退火处理,将 $Fe_3C$ 分解为团絮状的石墨,即得可锻铸铁(malleable cast iron)。

### 1. 可锻铸铁的成分

可锻铸铁成分选择的原则是既要保证铸态毛坯的全部断口为白口组织,即要求低的碳当量;又要在随后的石墨化退火处理中缩短退火周期,即要求高的碳当量;此外还要满足铸件的铸造性能、力学性能和组织要求。其成分范围为 $w(C) = 2.4\% \sim 2.7\%$、$w(Si) = 1.4\% \sim 1.8\%$、$w(Mn) = 0.5\% \sim 0.7\%$、$w(P) \leq 0.08\%$、$w(S) \leq 0.06\%$。由此可见,可锻铸铁的碳、硅含量比其他铸铁都低。碳当量过高在铸态组织中会出现片状石墨,在石墨化退火时,$Fe_3C$ 分解的石墨将依附在片状石墨上长大,从而得不到团絮状的石墨;碳当量过低会使退火时的石墨化困难,延长退火周期。

### 2. 可锻铸铁的组织

可锻铸铁的组织为钢的基体上分布着团絮状石墨,与第三阶段石墨化退火程度和方式有关。当第一阶段石墨化充分进行后,会得到奥氏体+团絮状石墨组织。在共析温度附近长时间保温,第三阶段石墨化充分进行,则得到铁素体+团絮状石墨组织,如图7-4a所示。由于表层脱碳而使心部石墨多于表层,断口心部呈灰黑色,表层呈灰白色,故称为黑心可锻铸铁。

若通过共析转变区时冷却较快,第三阶段石墨化未能进行,使奥氏体转变为珠光体,得到珠光体+团絮状石墨组织,称为珠光体可锻铸铁,如图7-4b所示。可见,其组织由石墨化退火工艺所决定。

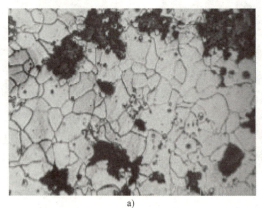 

a) b)

图7-4 铁素体可锻铸铁和珠光体可锻铸铁
a) 黑心可锻铸铁 b) 珠光体可锻铸铁

### 3. 可锻铸铁的热处理

可锻铸铁的热处理即石墨化退火,一般在中性气氛下进行,如图7-5所示。

石墨化退火前的组织为白口铸铁的珠光体基体+共晶渗碳体。加热到950~1000℃并长时间保温过程中,发生第一阶段石墨化,基体转变为奥氏体,共晶渗碳体分解为奥氏体+团絮状石墨。炉冷至750~720℃,发生第二阶段石墨化,即从奥氏体中析出二次石墨。750~720℃时缓慢冷却通过共析温度,发生

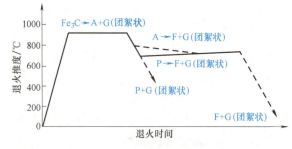

图7-5 可锻铸铁的退火工艺曲线

第三阶段石墨化,即奥氏体转变为铁素体+石墨。最终组织为铁素体+团絮状石墨。如退火在氧化性气氛中进行,使表层完全脱碳可得铁素体组织,而心部为珠光体+石墨,断口心部呈白亮色,故称为白心可锻铸铁。由于其退火周期长且性能并不优越,很少应用。

**4. 可锻铸铁的牌号、性能及应用**

常用牌号有黑心可锻铸铁 KTH300-06（KTH 为黑心可锻铸铁的代号,300-06 代表抗拉强度为 300MPa、断后伸长率为 6%）、KTH350-10；珠光体可锻铸铁 KTZ450-06（KTZ 为珠光体可锻铸铁的代号）、KTZ700-02；白心可锻铸铁 KTB350-04、KTB450-07 等。

由于可锻铸铁中的团絮状石墨对基体的割裂程度及引起的应力集中比灰铸铁小,因此其强度、塑性和韧性均比灰铸铁高,接近于铸钢。（要注意的是：可锻铸铁并不可锻）可锻铸铁的生产过程是先浇注成白口铸件,铸造生产与冷却速度无关。因此,可锻铸铁非常适用于制造形状复杂且承受振动载荷的薄壁小型件,如汽车、拖拉机前后轮壳、管接头、低压阀门等。这些零件若用铸钢制造则铸造性能差,用灰铸铁则韧性等性能达不到要求。

### 7.2.3 球墨铸铁

石墨呈球状分布的铸铁称为球墨铸铁（ductile cast iron）。自 1948 年问世以来,球墨铸铁使铸铁的性能发生了质的飞跃,是各种铸铁中力学性能最好的一种。由于球状的表面积最小,对基体的缩减作用和切口作用都最小,可以充分发挥金属基体组织的作用,因此,球墨铸铁具有比灰铸铁高得多的强度、塑性和韧性,并保持一定的耐磨、减振和缺口不敏感等特性。只要对一定成分的铁液进行适当的处理,即加入球化剂和孕育剂,浇注后铸件内就能直接形成圆球状石墨,因而与可锻铸铁相比,球墨铸铁的生产工艺简单,生产周期短,不受铸件尺寸限制。球墨铸铁还可以像钢一样进行各种热处理以改善金属基体组织,进一步提高力学性能。因此,在很多场合下可以代替钢使用。

**1. 球墨铸铁的球化处理和孕育处理**

球化处理和孕育处理是球墨铸铁生产中两个不可缺少的重要工艺环节。孕育处理（inoculation）是为了促使石墨的形核,通过外加的孕育剂,促使非自发形核产生大量的石墨晶核。因此,孕育剂必须含有强烈促进石墨化的元素,通常应用的是含质量分数为 75%Si 的硅铁。球化处理（spheroidizing）影响石墨晶核的生长形态,促使石墨晶核生长成球状。常用的球化剂为镁系球化剂、稀土硅铁或稀土硅铁+镁系球化剂。在孕育剂和球化剂的共同作用下,可获得球径小、数量多、圆整度高、分布均匀的球状石墨。

**2. 球墨铸铁的成分**

球墨铸铁的成分选择应当在有利于石墨球化的前提下,根据铸件的壁厚、组织与性能的要求来决定。其碳当量一般控制在 4.3%~4.6%。碳当量过低会导致石墨球化不良；而碳当量过高,易出现石墨漂浮现象。各成分范围为 $w(C) = 3.8\% \sim 4.0\%$、$w(Si) = 2.0\% \sim 2.8\%$、$w(Mn) = 0.6\% \sim 0.8\%$、$w(P) \leq 0.10\%$、$w(S) \leq 0.04\%$。

**3. 球墨铸铁的组织**

球墨铸铁的组织为钢的基体上分布着球状石墨。铸态下的组织通常是铁素体+珠光体+渗碳体+球状石墨,不同基体的球墨铸铁如图 7-6 所示。铸造后要经过退火、正火及等温淬火或调质处理来调整组织,钢的基体由热处理的方式决定,可以是铁素体、珠光体、铁素体+珠光体,也可以是回火马氏体、下贝氏体、回火索氏体等。

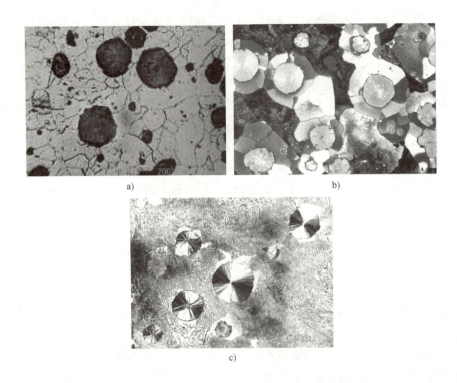

图 7-6 不同基体的球墨铸铁

a) 铁素体基体 b) 铁素体+珠光体基体 c) 珠光体基体

#### 4. 球墨铸铁的热处理

（1）热处理特点 球墨铸铁热处理时，其基体的相变与钢相似。只是由于石墨的存在及碳、硅含量较高，其热处理具有如下特点：①奥氏体化温度比碳素钢高，这是由于 Si 使共析温度升高的缘故；②淬透性比碳素钢好，这是由于 Si 使等温转变图右移；③奥氏体中的碳含量可以控制。由于奥氏体化时，石墨通过溶解和析出参与热处理相变，热处理虽然不能改变石墨的形状和分布，但可以控制其不同的石墨化程度，获得低、中、高碳的奥氏体，满足不同的工作条件对铸铁性能的要求。

（2）热处理工艺

1）退火。其目的是获得铁素体基体。当铸件薄壁处出现自由渗碳体和珠光体时，为了获得塑性好的铁素体基体，改善切削性能，消除铸造内应力，应对铸件进行退火处理。

2）正火。其目的是获得珠光体基体（占基体75%以上，体积分数），细化组织，从而提高球墨铸铁的强度和耐磨性。

3）淬火加回火。其目的是获得回火马氏体或回火索氏体基体。对于要求综合力学性能好的球墨铸铁件，可采用调质处理；而对要求高硬度和耐磨性的铸件，则采用淬火加低温回火处理。

4）等温淬火。其目的是得到下贝氏体基体，获得最佳的综合力学性能。由于盐浴的冷却能力有限，一般仅用于截面不大的零件。

此外，为提高球墨铸铁件的表面硬度和耐磨性，还可采用表面淬火、氮化、渗硼等工艺。总之，碳素钢的热处理工艺对球墨铸铁基本上都适用。

**5. 球墨铸铁的牌号、性能及应用**

球墨铸铁的常见牌号有铁素体基体的 QT400-15、铁素体+珠光体基体的 QT500-7、珠光体基体的 QT700-2、贝氏体或回火马氏体基体的 QT900-2（QT 为球墨铸铁的代号，400-15 代表最低抗拉强度为 400MPa、最低断后伸长率为 15%）等。与灰铸铁相比，球墨铸铁的强度、塑性和韧性要高得多，并保持有减振、耐磨、缺口不敏感等特性，但是铸造收缩率比灰铸铁大了近 3~4 倍。与可锻铸铁相比，除具有更高的力学性能外，还具有生产工艺简单、生产周期短且不受铸件尺寸限制的特点。与铸钢相比，由于球墨铸铁中硅、锰含量较高，基体的硬度、强度优于相应成分的碳素钢，尤其是屈服强度和屈强比要高很多，但是其塑性和韧性不如铸钢。球墨铸铁在汽车、机车、机床、矿山机械、动力机械、工程机械、冶金机械、机械工具、管道等方面得到广泛应用，可部分代替碳素钢，制造受力复杂而强度、韧性和耐磨性要求高的零件。

## 7.2.4 蠕墨铸铁

自球墨铸铁问世以来，人们就发现了石墨的另一种形态——蠕虫状，但当时被认为是球墨铸铁球化不良的缺陷形式。进入 20 世纪 60 年代中期，人们已经认识到具有蠕虫状石墨的铸铁在性能上具有一定的优越性，并逐步将其发展成为独具一格的铸铁。

**1. 蠕墨铸铁的成分**

蠕墨铸铁的成分范围与球墨铸铁的成分基本相似，即高碳、低硫，有一定的硅、锰含量。一般情况下为 $w(C) = 3.5\% \sim 3.9\%$、$w(Si) = 2.2\% \sim 2.8\%$、$w(Mn) = 0.4\% \sim 0.8\%$、$w(P) \leq 0.1\%$、$w(S) \leq 0.1\%$。

**2. 蠕墨铸铁的组织**

蠕墨铸铁的组织为钢的基体上分布着蠕虫状石墨。蠕虫状石墨是一种介于片状与球状石墨之间的过渡型石墨。在光学显微镜下的形状似乎也呈片状，但石墨片短而厚，头部较钝、较圆，形似蠕虫，如图 7-7 所示。蠕墨铸铁是在铁液中加入适量的蠕化剂进行蠕化处理后获得的。蠕化处理后还要进行孕育处理，以获得良好的蠕化效果。我国目前采用的蠕化剂主要有稀土镁钛合金、稀土镁、硅铁或硅钙合金。

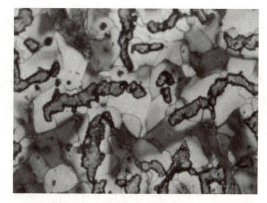

图 7-7 蠕墨铸铁

**3. 蠕墨铸铁的牌号、性能及用途**

蠕墨铸铁的常见牌号有铁素体基体的 RuT260、铁素体+珠光体基体的 RuT300、珠光体基体的 RuT420 等（RuT 为蠕墨铸铁代号，420 代表抗拉强度为 420MPa）。蠕墨铸铁的抗拉强度、伸长率、弹性模量等优于灰铸铁；其导热性、抗热疲劳性、铸造性、减振性和切削加工性等优于球墨铸铁。因其综合性能好，组织致密，蠕墨铸铁广泛应用于一些经受热循环载荷的铸件及一些结构复杂、强度要求高、组织致密的铸件，如柴油机缸盖、气缸套、机座、电机壳、机床床身和液压阀等零件。

【例 7-1】 为什么可锻铸铁适用于制造薄壁零件，而球墨铸铁不适用于制造这类零件？

答：薄壁铸件冷却速度快，易得到白口铸铁，而可锻铸铁是白口铸铁经长时间石墨化退火得到的。因此，可锻铸铁适用于制造薄壁零件。球墨铸铁的凝固收缩大，对熔炼和铸造工艺要求高，生产薄壁件困难。另外，可锻铸铁薄壁件一般要求能承受冲击和振动，而球墨铸铁的减振性不如可锻铸铁，所以不适用于制造这类零件。

【例 7-2】 为什么用热处理方法强化球墨铸铁的效果比强化其他铸铁更好？

答：首先，热处理主要是改变基体组织，不改变石墨形态（除去石墨化退火）；其次，石墨的形态不同，对基体的割裂作用不同。球状石墨对基体的割裂作用最小，钢的基体利用率可达 70%～90%。故用热处理的方法强化球墨铸铁的效果比强化其他铸铁更好。

【例 7-3】 出现下列不正常现象时，应采取什么有效措施予以防止和改善？
1）灰铸铁磨床床身，在铸造以后就进行切削，在切削加工后发生不允许的变形。
2）灰铸铁的薄壁处出现白口组织，造成切削加工困难。

答：1）可在铸件开箱之后或切削加工之前进行一次消除应力退火。即将铸件缓慢加热到 500～600℃，保温 4～8h，再缓慢随炉冷却。可消除 90%以上的内应力，防止和改善变形。

2）可采用退火或者正火来消除白口组织。即将铸件加热到 850～900℃，保温 2～5h，随炉缓冷至 400～500℃后空冷；或将铸件加热到 950℃进行正火，即可得到珠光体基体。

## 7.3 合金铸铁

随着铸铁的广泛应用，工业中对铸铁提出了各种特殊性能要求，如耐热、耐磨、耐蚀及其他特殊的物理、化学性能要求。通过了解提高这些特殊性能的途径，进行相应的成分和工艺的调整，可使铸铁的应用范围更广、使用更安全。

### 7.3.1 耐热铸铁

#### 1. 铸铁在高温下的损坏形式

铸铁在高温下反复加热、冷却后体积会发生膨胀，这种体积胀大的现象称为铸铁的生长。此时，体积胀大，失去精度，密度减小，强度下降，组织松散变脆，产生微小裂纹而损坏。其产生的原因主要是发生了内氧化，即加热到 550℃ 以上时，氧沿石墨片渗入内部，使石墨与基体交界面上的铁氧化，生成疏松的氧化铁。另外，珠光体中的渗碳体在高温下分解为铁素体+石墨，也会带来体积的胀大。故一般的铸铁只能在 400℃ 以下工作。

#### 2. 提高铸铁耐热性的途径

要避免内氧化发生，可通过提高基体的抗氧化性和减少氧的扩散通道两个途径来进行。通过合金化，加入 Si、Al、Cr 等元素，在高温下可在铸铁表面形成一层致密、稳定的氧化膜，防止氧化气氛渗入内部。提高铸铁金属基体的连续性，即减小石墨对基体的割裂作用，可减少氧渗入铸铁内部的通道，也可提高铸铁的耐热性。通常球墨铸铁和蠕墨铸铁的耐热性能高于灰铸铁。

### 3. 常用耐热铸铁的牌号、性能及应用

常用的耐热铸铁（heat-resistant cast iron）为硅系、铬系和铝系耐热铸铁。如 HTRSi5、QTRSi4Mo、HTRCr2、HTRCr16、QTRAl4Si4 和 QTRAl22 等，HTR、QTR 为耐热铸铁代号。合金元素加入量不同，其耐热温度会有很大的差别，如 HTRCr2 中 Cr 的加入量为 2%（质量分数，下同），其耐热温度为 600℃；而 HTRCr16 中 Cr 的加入量为 16% 左右，其耐热温度可提高到 900℃。耐热铸铁常用于制造炉条、退火炉、水泥焙烧炉零件、煤粉烧嘴、炉用件和烧结机箅条等零件。

## 7.3.2 耐磨铸铁

### 1. 铸铁在摩擦条件下的损坏形式

铸铁在摩擦条件下有两种不同的工作环境——有润滑的湿摩擦和无润滑的干摩擦。虽然其失效方式都是摩擦产生的磨损，但是两种工作环境对铸铁的要求不同。对于在润滑条件下工作的各种轴承、齿轮、机床导轨，为了提高效率、保持精度，需要减少摩擦导致的能量损失和磨损，要求具有低的摩擦因数和高的耐磨性。制造这类零件的铸铁称为减摩铸铁。在农业机械、工程机械和矿山设备中，许多机械零件与泥沙、矿石、灰渣等直接接触摩擦，产生不同形式的磨料磨损，要求具有高的耐磨性。制造这类零件的铸铁称为抗磨铸铁。

### 2. 提高铸铁耐磨性的途径

铸铁的耐磨性取决于基体组织和石墨的形状、数量和尺寸。对于减摩铸铁，石墨本身是良好的润滑剂，起储油和润滑的作用。而基体组织以托氏体和马氏体基体的耐磨性最好，珠光体基体比铁素体基体的耐磨性好。提高耐磨性的途径主要是合金化和孕育处理，常用的合金元素为 Cu、Mo、Mn、Si、P、Cr、Ti 等，孕育剂为硅铁。合金元素的作用是提高基体的耐磨性，改善基体的强度和塑性。抗磨铸铁应具有非常高而均匀的硬度和一定的抗冲击能力，通常在白口铸铁的基础上加入适量的 Cr、Mo、Cu、W、Ni、Mn 等合金元素，增加其韧性，组成抗磨合金白口铸铁。

### 3. 常用耐磨铸铁的牌号、性能及应用

常用的抗磨白口铸铁有 BTMCr9Ni5、BTMCr2、BTMCr20Mo 等，BTM 为抗磨白口铸铁代号。其组织为马氏体基体上分布着共晶碳化物和二次碳化物，硬度都很高，可制造承受中等载荷的磨料磨损下使用的各种耐磨零件。

我国试制成功一种具有较高冲击韧度和强度的中锰球墨铸铁，即在稀土镁球墨铸铁中加入质量分数为 5%~9.5% 的锰，硅的质量分数控制在 3.3%~5.0%，经球化和孕育处理，适当控制冷却速度，使铸铁在浇注后得到马氏体与大量残留奥氏体加碳化物与球状石墨的组织，具有高耐磨性。其牌号为 QTMMn6、QTMMn7 和 QTMMn8，QTM 表示抗磨球墨铸铁。

## 7.3.3 耐蚀铸铁

### 1. 铸铁在腐蚀环境下的损坏形式

铸铁在酸、碱、盐、大气及海水等介质的作用下，会发生腐蚀。铸铁本身是一种多相合金，在电解质中各相具有不同的电极电位，其电位高低顺序为 石墨>渗碳体>铁素体。这样就构成了原电池，电位低的铁素体作为阳极不断被溶解消耗，一直深入到铸铁内部，造成铸

件损坏。

### 2. 提高铸铁耐蚀性的途径

按 $n/8$ 规律加入 Cr、Mo、Cu、Ni 等合金元素，可有效提高基体的电极电位，减小两极的电位差，减小腐蚀速度。Si、Cr、Al 等元素还可在铸铁表面形成致密、牢固的氧化膜。改善铸铁组织、减少石墨数量、进行石墨的球化处理、获得单相基体组织等也可提高耐蚀性。

### 3. 常用耐蚀铸铁的牌号、性能及用途

常用的耐蚀铸铁（corrosion-resistant cast iron）有高硅耐蚀铸铁、高铝耐蚀铸铁和高铬耐蚀铸铁。如 HTSSi15R、HTSSi15Cr4R、HTSSi15Mo3R 等，HTS 为高硅耐蚀铸铁代号。高硅耐蚀铸铁在大多数的酸性介质中具有很好的耐蚀性，主要用于制作化工、化纤等工业中的耐酸泵零件；高铝耐蚀铸铁表面的 $Al_2O_3$ 对碱性介质有很高的稳定性；高铬耐蚀铸铁的铬含量为 26%~36%（质量分数），其耐蚀性极高，可用于制造化工机械中的各种铸件，但是太高的铬含量，会使其应用受到一定的限制。

## 思考题与习题

一、名词解释

石墨化、石墨化退火、白口铸铁、灰铸铁、球墨铸铁、可锻铸铁、蠕墨铸铁、孕育处理和球化处理。

二、选择题

1. 铸铁石墨化的几个阶段完全进行，其显微组织是_____。

   A. F+G　　B. F+P+G　　C. P+G

2. 铸铁石墨化的第一阶段完全进行，第二阶段部分进行，其显微组织是_____。

   A. F+G　　B. F+P+G　　C. P+G

3. 铸铁石墨化的第一阶段完全进行，第二阶段未进行，其显微组织是_____。

   A. F+G　　B. F+P+G　　C. P+G

4. 提高灰铸铁的耐磨性采用_____。

   A. 整体淬火　　B. 渗碳处理　　C. 表面淬火

5. 机架和机床床身应选用_____。

   A. 白口铸铁　　B. 灰铸铁　　C. 麻口铸铁

6. 根据冷却速度对铸铁石墨化的影响，_____。

   A. 金属型铸件易得到白口铸铁，砂型铸件易得到灰铸铁

   B. 金属型铸件易得到灰铸铁，砂型铸件易得到白口铸铁

   C. 厚壁铸件易得到白口铸铁，薄壁铸件易得到灰铸铁

   D. 上述说法都不正确

7. 为促进铸铁石墨化，可采用下述方法_____。

   A. 增加碳、硅含量，提高冷却速度　　B. 增加碳、硅含量，降低冷却速度

   C. 降低碳、硅含量，提高冷却速度　　D. 降低碳、硅含量，降低冷却速度

8. 灰铸铁中的片状石墨_____。

   A. 由白口铸铁经高温回火获得　　B. 由白口铸铁经低温回火获得

   C. 直接从液体中结晶获得　　D. 上述说法都不正确

9. 可锻铸铁中的团絮状石墨_____。

   A. 由白口铸铁经高温退火从渗碳体分解而来　　B. 直接从液体中结晶而来

   C. 由灰铸铁锻造而来　　D. 上述说法都不正确

10. 可锻铸铁应理解为_____。
A. 锻造成形的铸铁　　　　　　　　B. 可以锻的铸铁
C. 具有一定塑性和韧性的铸铁　　　D. 上述说法都不正确
11. 球墨铸铁热处理的作用是_____。
A. 只能改变基体组织，不能改变石墨形状和分布　　B. 不能改变基体组织，只能改变石墨形状和分布
C. 两者均可改变　　　　　　　　　　　　　　　　D. 两者均无法改变

三、是非题
1. 石墨化是指铸铁中碳原子析出形成石墨的过程。(　　)
2. 可锻铸铁可在高温下进行锻造加工。(　　)
3. 球墨铸铁可通过热处理来提高其性能。(　　)
4. 采用整体淬火的热处理方法，可以显著提高灰铸铁的力学性能。(　　)
5. 热处理可改变铸铁中的石墨形态。(　　)
6. 采用热处理方法，可使灰铸铁中的片状石墨细化，从而提高其力学性能。(　　)
7. 铸铁可以通过再结晶退火使晶粒细化。(　　)
8. 灰铸铁的减振性能比钢好。(　　)

四、综合题
1. 碳素钢和铸铁在成分和组织上有什么异同点？如何区分钢和铸铁？
2. 按照石墨形态不同，铸铁可分为哪几种？它们各有什么特点和用途？
3. 试总结铸铁石墨化发生的条件和过程。
4. 为什么一般机器的支架、机床的床身均采用灰铸铁制造？
5. 指出下列铸铁的类别、用途及性能的主要指标。
1) HT150、HT350。
2) KTH350-10、KTZ650-02
3) QT450-10、QTM1200-1。
6. What are the four basic types of cast irons? What are some of the applications for these four cast irons?
7. What casting conditions favor the formation of grey cast irons?
8. How are malleable cast irons produced?

# 第 8 章

# 有色金属及其合金

曾经思考过这些问题吗?
1. 人类发展进程中,铜和钢哪个材料先出现?
2. 出土的铜镜表面为什么是绿色的?
3. 汽车能否全部采用铝合金制造?
4. 纯铝比较软,用什么方法强化能使其成为飞机制造中的可用材料?
5. 哪些材料具有生物相容性和合适的性能,可以用于制作植入性医疗器械?

钢铁以外的金属及合金称为有色金属(nonferrous metals),同时把密度低于 $4.5×10^3 kg/m^3$ 的金属称为轻金属(light metals)。有色金属及其合金具有很多钢铁材料不具备的特殊性能,如比强度高、导电性好、耐蚀性和耐热性高等性能,因此在航空、航天、航海、机电、仪表等工业中起到重要作用。在工业中应用较广的有铝合金、铜合金、钛合金及其轴承合金。

## 8.1 铝及铝合金

### 8.1.1 纯铝的基本特性

铝及铝合金

铝(aluminum)是自然界蕴藏量最丰富的金属,约占地壳质量的 8% 左右。作为一种金属材料,铝具有以下特点:

1) **密度小,比强度高**。铝的密度为 $2.7×10^3 kg/m^3$,除镁和铍外,它是最轻的金属。虽然强度很低($\sigma_b=80~100MPa$),合金化以后的强度也不及钢,弹性模量只有钢的 1/3,但就比强度、比刚度而言,铝合金比钢有更大的优势,因此,飞机的主框架选用的是铝合金。

2) **导电、导热性好**。铝的电导率约为铜的 60%,如果按单位质量计,铝的电导率则超过了铜,在远距离传输时经常代替铜。

3) **耐蚀性好**。铝可与大气中的氧迅速作用,在表面生成一层 $Al_2O_3$ 薄膜,保护内部材料不受环境侵害。

4) **塑性好,强度低**。铝具有面心立方晶体结构,结晶后无同素异构转变,表现出极好的塑性,适于冷加工成形。工业纯铝可用于制作铝箔、导线及配制合金。但因强度和硬度都很低,难以作为工程结构材料直接使用。

5) **低温性能好**。$0~-253℃$ 时,塑性、冲击韧度不降低。随温度下降,强度、塑性升高。

6) **工艺性能好**。铸造、切削、压力加工性能好。

7) **耐热性差**。200℃时强度下降 1/3，热胀系数大，是铁的 2 倍。

## 8.1.2 铝的合金化及分类

### 1. 铝的合金化及组织特点

在铝中加入合金元素，配制成各种成分的铝合金，再经过冷变形加工或热处理，是提高纯铝强度、改善其组织和性能的有效途径。

铝合金中常用的主加合金元素有 Si、Cu、Mg、Mn、Zn 和 Li 等，辅加元素为 Cr、Ti、Zr、RE、Ca、Ni 和 B 等。铝与主加元素形成的二元相图的形式为有限固溶体类型，如图 8-1 所示。因此，铝合金中除形成铝基固溶体之外，还有第二相（金属间化合物）出现。

合金元素对铝的强化作用主要有 固溶强化、时效强化、细晶强化 和 第二相强化 四种。

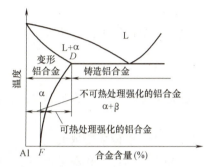

图 8-1 铝与主加元素形成的二元相图

### 2. 铝合金的分类

根据铝合金的成分和生产工艺特点，通常将铝合金分为 变形铝合金（wrought aluminum alloys）和 铸造铝合金（casting aluminum alloys）（图 8-1）。

所谓变形铝合金，是指合金经过熔化后浇成铸锭，再经压力加工（锻造、轧制、挤压等）制成板材、带材、棒材、管材、线材及其他各种型材，要求具有较高的塑性和良好的工艺成形性能。组织中不能含有过多的脆性第二相，其成分通常不超过最大固溶度 $D$ 点。根据成分和相变特点，变形铝合金又可分为不可热处理强化铝合金（合金元素含量<$F$ 点）和可热处理强化铝合金（$F$ 点<合金元素含量<$D$ 点）。不可热处理强化的（non-heat-treatable）铝合金为单相 α 组织，其耐蚀性好。可热处理强化的（heat-treatable）铝合金通过固溶+时效处理，可显著提高强度和硬度。

所谓铸造铝合金，则是将熔融的合金液直接浇入铸型中获得成形铸件，要求合金具有良好的铸造性能，如流动性好、收缩小、抗热裂性好。一般来说，共晶成分的合金具有优良的铸造性能，但是在实际使用中，还要兼顾其他性能，因此在相图中，铸造铝合金中合金元素含量比变形铝合金高一些。

## 8.1.3 铝合金的时效强化

### 1. 铝合金的时效强化现象

纯铝为面心立方结构，无同素异构转变。因此，其热处理强化与钢不同。如共析钢在淬火加热时，由（α+$Fe_3C$）转变为单相 γ（成分和结构都发生了变化），淬火时又转变为马氏体（结构改变、成分不变），强度、硬度显著提高，塑性和韧性下降。马氏体在回火时，强度、硬度下降，塑性和韧性提高。

铝合金在固溶处理（solution heat treatment）之前也是由 α+第二相组成，但是经固溶加热转变的单相 α 及快速冷却获得的过饱和 α 都没有结构变化，因而不会带来由于马氏体切变所产生的大量的位错或者孪晶的强化。并且由于硬脆的第二相消失，经固溶处理后塑性明显升高，而置换型固溶体的固溶强化效果不大，因而强度、硬度提高不明显。

然而，经固溶处理后的铝合金，再重新加热到一定温度并保温时，强度和硬度显著提高，而塑性明显降低，这种现象称为时效强化（age-hardening）。

### 2. 过饱和固溶体的性质

以 $w(Cu) = 4\%$ 的 Al-Cu 合金为例，其室温的平衡组织为 $\alpha + \theta$，加热到固溶线以上，获得单相 $\alpha$，快速冷却到室温，得到过饱和固溶体 $\alpha$（supersaturated solid solution $\alpha$）。过饱和的 $w(Cu) = 3.5\%$。

在快速冷却过程中，也获得了空位的过饱和。空位浓度与温度的关系为：

$$C = Ae^{-\frac{W}{kT}}$$

式中，$C$ 为空位浓度；$W$ 为形成 1mol 空位所做的功；$k$ 为玻耳兹曼常数；$T$ 为温度；$A$ 为系数。

温度越高，空位浓度越大。

成分和空位的过饱和都是极不稳定的状态，都有自发降低的趋势。空位易向晶界或其他缺陷处迁移，或者空位相互之间产生集聚形成新的缺陷，如位错环等。而 Cu 原子与空位之间存在一定的结合能，即 Cu 原子与空位结合在一起，使空位能够比较稳定地处于固溶体中，不易向缺陷地带迁移；空位使 Cu 原子的迁移更容易，携带空位的 Cu 原子将以极高的速度聚集，称为偏聚（segregation）。

### 3. 铝合金的时效序列

以 $w(Cu) = 4\%$ 的 Al-Cu 合金为例，固溶处理的铝铜合金在时效（aging）过程中随温度的升高或保温时间的延长会发生下列组织变化过程，如图 8-2 所示：过饱和 $\alpha \to$ 过饱和 $\alpha + GP$ 区 $\to$ 过饱和 $\alpha + \theta''$ 相 $\to \alpha + \theta'$ 相 $\to$ 平衡 $\alpha + \theta$。

（1）孕育期　过饱和固溶体在发生分解前，有一段准备过程，这段时间，组织、性能都不发生变化，合金塑性很高，极易进行铆接、弯曲、矫直等操作。

（2）GP 区　从过饱和固溶体中最先出现的是 GP 区，它是 Cu 原子在 Al 基固溶体的 {111} 面上偏聚，形成的 Cu 原子的富集区（segregated regions）。其结构与 $\alpha$ 相同，

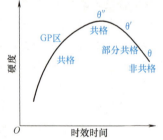

图 8-2　时效强化曲线示意图

并与 $\alpha$ 保持共格关系（coherent）。形状为片状，尺寸非常细小，仅在电子显微镜下可见。由于 Cu 原子半径小于铝原子半径，会发生点阵畸变，因此带来合金强度和硬度的提高。这一阶段的时效称为不完全时效，与其他阶段相比，合金的综合性能好。

（3）$\theta''$ 相　随着时效温度的升高或时效时间的延长，Cu 原子在 GP 区上进一步偏聚并有序化，结构转变为正方点阵，与基体仍保持共格关系，尺寸也在长大，称为 $\theta''$ 相。由于引起了更大的畸变，对位错运动的阻力更大，因此时效强化效果更好。这一阶段的时效强化效果最好，称为完全时效或峰值时效。

（4）$\theta'$ 相　随着时效温度的升高或时效时间的延长，Cu 原子在 $\theta''$ 上继续偏聚，尺寸继续长大，当铜和铝的原子比为 1∶2 时，形成 $\theta'$ 相。其结构仍为正方点阵，因其点阵常数变化较大，$\theta'$ 相与基体只能保持部分共格关系（semi-coherent）。引起的晶格畸变减小，对位

错的运动阻碍减小，合金的强度、硬度下降，进入过时效阶段。过时效的组织稳定性好，合金的寿命长，耐蚀性好。

(5) θ相　随着时效温度的升高或时效时间的延长，θ′相从Al基固溶体中完全脱溶，生成独立相$CuAl_2$，称为θ相。结构为正方点阵，与基体的共格关系完全破坏，为非共格关系（incoherent）。此时，畸变消失，强度、硬度进一步降低。θ相形状仍为片状，尺寸已增大到光学显微镜下可见。

#### 4. 影响时效强化的主要因素

时效强化效果与合金元素的性质、固溶处理工艺、时效处理工艺等有关。

(1) 合金元素的性质　要获得好的时效强化效果，首先，合金元素要能与铝形成固溶体，并且固溶度随着温度下降的变化程度要大；其次，析出相的结构与基体要有一定的差异，保持共格关系时能引起大的晶格畸变。

(2) 固溶处理工艺　在不发生过热、过烧的前提下，加热温度越高、保温时间越长，越有利于获得最大过饱和度的均匀固溶体，但是，晶粒也越大，一般选择低于固溶线5℃左右的加热温度。冷却速度控制在保证冷却过程中既不析出第二相，又不会出现变形、开裂现象为宜。

(3) 时效处理工艺　时效温度越高，在时效强化曲线上达到最大强化值所需的时间越短，但是强化的最大值越低，如图8-3所示。这是因为温度高，扩散容易进行，过饱和固溶体中析出相的临界晶核尺寸大，数量少，很快过渡到平衡相。固定时效时间，对同一成分的合金而言，有一个最佳时效温度。

时效时间的影响在图8-2中已清晰可见。为了获得最佳的时效强化效果，也可以采取分级时效的方式，即分为预时效和最终时效两个阶段。预时效的温度较低，目的是先形成高密度的GP区，达到一定尺寸时，就可以成为随后时效沉淀相的核心，因此预时效可看成是成核处理。最终时效的温度较高，可通过调整沉淀相的结构和弥散度达到预期的性能要求。

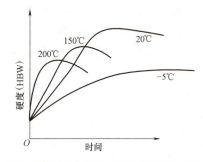

图8-3　时效温度对时效强化效果的影响

### 8.1.4　铝合金的细化组织强化

#### 1. 铸造铝合金的变质处理

以Al-Si系合金为例，其相图如图8-4所示。铸造铝合金要求铸造性能好，以含硅量在共晶点附近的ZL102为例，$w(Si) = 11\% \sim 13\%$。铸造组织为初生Si+共晶（α+Si），形态如图8-5a所示，共晶硅为粗大针状结构。因此，虽然该合金流动性极好，铸造收缩率小，焊接性好，但是力学性能很低，抗拉强度为160GPa，延伸率仅为1%左右。

对其采用变质处理（inoculation）后，共晶硅的形状变为细小的粒状，初生相也变成了α相，如

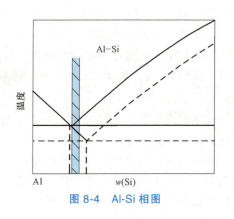

图8-4　Al-Si相图

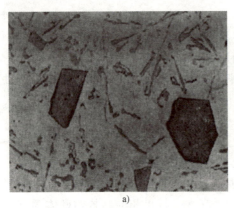 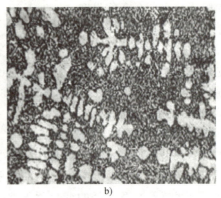

图 8-5　ZL102 合金变质前后的铸态组织

a) 变质前　b) 变质后

图 8-5b 所示，其抗拉强度提高到 180GPa，延伸率为 8%。

对于 Al-Si 合金，常用的变质剂为钠盐，还有 Sb、Sr、Bi、P 等。Na 的作用主要是吸附在硅晶核上，使其择优方向生长受到抑制，还能降低生长速度，保证高的形核率，使液态合金过冷，共晶点右移，因而组织更细化，初生相为 α。

### 2. 变形铝合金的变质处理

在变形铝合金的半连续铸造中，已广泛使用变质处理，来细化基体晶粒。常用的元素为 Ti、B、Zr、V、Nb、Mo、W 等。当 Ti 和 B 同时加入铝或铝合金熔液中，会生成 $TiB_2$ 和 $TiAl_3$ 质点，它们的结构与铝相似，且有良好的润湿性，可成为 α 基体的非自发形核核心，从而细化铝的晶粒。

## 8.1.5　各类铝合金简介

### 1. 铸造铝合金

铸造铝合金用于制作铸件，要求具有良好的铸造性能。其牌号由 ZL+三位数字构成，ZL 为"铸"、"铝"两字汉语拼音第一个字母，代表铸造铝合金。三位数字的第一位表示合金系别，1 为 Al-Si 系，2 为 Al-Cu 系，3 为 Al-Mg 系，4 为 Al-Zn 系。第二位和第三位表示合金的顺序号。如 ZL101～ZL111 为 1 号到 11 号 Al-Si 系铸造铝合金；ZL201、ZL202 为 1 号和 2 号 Al-Cu 系铸造铝合金；ZL301、ZL302 为 1 号和 2 号 Al-Mg 系铸造铝合金；ZL401、ZL402 为 1 号和 2 号 Al-Zn 系铸造铝合金。

各类铸造铝合金具有不同的特点。铝硅铸造铝合金的流动性好，铸造收缩率小，线胀系数小，焊接性和耐蚀性好。其缺点是致密度不高，强度低，不能时效强化。为了提高力学性能，常加入 Cu、Mg 等合金元素，可起固溶强化和时效强化作用，在工业中的应用十分广泛。

铝铜铸造铝合金的特点是耐热性高，耐蚀性差。常用于制造在 200～300℃ 下工作的零件，如增压器的导风叶轮、静叶片等。

铝镁铸造铝合金的特点是密度最小，耐蚀性最好，强度最高；缺点是流动性差，疏松倾向大，易产生氧化物夹杂，热强度低，时效强化效果差。因此，主要用于制造在海水中承受较大载荷的零件。

铝锌铸造铝合金的优点是铸造性能好，强度高，铸造冷却时可自行淬火，价格便宜；缺点是耐蚀性差，热裂倾向大，需采用变质处理或压力铸造来改善。主要用于制造工作温度不超过 200℃、结构形状复杂的汽车、飞机零件。

### 2. 变形铝合金

变形铝合金（wrought aluminum alloys）要求具有很好的塑性、压力加工性，成分在极限溶解度附近或以下。按照 GB/T 340—1976《有色金属及合金产品牌号表示方法》的规定，其牌号用汉语拼音字母+顺序号表示，如 LF5 表示 5 号防锈铝，LY12 表示 12 号硬铝，LC4 表示 4 号超硬铝，LD5 表示 5 号锻铝。L 为"铝"的拼音，F、Y、C、D 分别为"防""硬""超""锻"的拼音的首字母。随着铝合金的开发和应用越来越广泛，也为了与国际标准接轨，我国已先后出台了 GB/T 16474—1996《变形铝及铝合金牌号表示方法》和 GB/T 3190—2008《变形铝及铝合金化学成分》。在新的标准 GB/T 3190—2008 中，铝合金的牌号命名规则采用了国际标准化组织 ISO 所采用的 4 位数字体系和 4 位字符体系的表示方法，前者化学成分与国际注册合金成分完全一样，后者为我国生产的材料。在 4 位数字体系中，第一位数字表示合金系（2~8），第二位表示原始合金（0）或改型合金（1~9），第三、四位表示区分同一组中不同的铝合金，如 LF4 为 5083，LY19 为 2219。在 4 位字符体系中，第一位数字表示合金系（2~8），第二位表示原始合金（A），第三、四位表示区分同一组中不同的铝合金，如 LY11 为 2A11，LD11 为 4A11，LY8 为 2B11。其对比关系见表 8-1。

表 8-1　我国新旧材料类别及牌号的对比关系

| 新牌号 | 旧牌号 |
| --- | --- |
| 1×××、1A××、1B××…（纯铝） | L×（工业纯铝） |
| 2×××、2A××、2B××…（铝铜合金） | LY××（硬铝合金） <br> LD××（锻铝合金） |
| 3×××、3A××、3B××…（铝锰合金） | LF××（防锈铝合金） |
| 4×××、4A××、4B××…（铝硅合金） | LT××（特殊铝合金） |
| 5×××、5A××、5B××…（铝镁合金） | LF××（防锈铝合金） |
| 6×××、6A××、6B××…（铝镁硅合金） | LD××（锻铝合金） |
| 7×××、7A××、7B××…（铝锌镁合金） | LC××（超硬铝合金） |
| 8×××、8A××、8B××…（铝+其他元素） | L×（工业纯铝） |
| 9×××…（备用合金） | |

(1) Al-Cu 系合金（2×××）　Al-Cu 系合金经时效处理，可获得很高的硬度和强度。该合金也具有良好的加工工艺性能，可以加工成板、棒、管、线等型材及锻件半成品。其缺点是耐蚀性差，易产生晶间腐蚀。为提高耐蚀性，常在板材外包覆一层纯铝，制成包铝板材。Al-Cu 系合金主要用于制造各种轧材、锻材、冲压件及承受一定载荷的结构零件，如骨架、梁、铆钉等。

(2) Al-Mn 和 Al-Mg 系合金（3×××/5×××）　Al-Mn 和 Al-Mg 系合金的特点是耐蚀性好，塑性和焊接性好，因不能热处理强化，其强度低，硬度低，切削性差。相当于过去的防锈铝，主要用于制造管道、容器、铆钉及轻载零件及制品。

(3) Al-Si 系合金（4×××）　铝硅铸造铝合金的铸造性能好。其缺点是致密度不高，强度低，不能时效强化。为了提高其力学性能，常加入 Cu、Mg 等合金元素，可起固溶强化和时效强化的作用，因此 Al-Si 系合金既保持了优良的铸造性能，又具有足够高的强度，应用十分广泛。

(4) Al-Mg-Si 系合金（6×××）　Al-Mg-Si 系合金可用锻压的方法生产形状复杂的零件。可形成的强化相为 $Mg_2Si$、$Cu_4Mg_5Si_4Al$、$CuAl_2$ 和 $CuMgAl_2$ 等。其特点是压力加工性能良好，铸造性能好，力学性能较高，可用于制造形状复杂的锻件及模锻件、结构件和内燃机活塞等。

(5) Al-Zn-Mg 系合金（7×××）　Al-Zn-Mg 系合金可形成的强化相为 $MgZn_2$、$Al_2Mg_3Zn_3$ 等。因 Zn、Mg 在 Al 中的溶解度变化大，经人工时效，其时效效果显著，是室温强度最高的铝合金。其缺点是耐热性差，耐蚀性差，可加包铝层提高耐蚀性。主要用于制作受力较大的结构件及高载荷零件，如飞机大梁、加强框、起落架等。

各类变形铝合金的主要牌号、成分、性能及用途见表 8-2。

表 8-2　变形铝合金的主要牌号、成分、性能及用途

| 类别 | 代号 | 化学成分(质量分数,%) | | | | | | 热处理状态 | 力学性能 | | | 用途 |
|---|---|---|---|---|---|---|---|---|---|---|---|---|
| | | Cu | Mg | Mn | Zn | 其他 | Al | | $\sigma_b$/MPa | $\delta(\%)$ | 硬度HBW | |
| 防锈铝合金 | LF5 | | 4.5~5.5 | 0.3~0.6 | | | 余量 | M | 270 | 23 | 70 | 中载荷零件、铆钉、焊接油箱、油管 |
| | LF11 | | 4.8~5.5 | 0.3~0.6 | | V 0.02~0.2 | 余量 | M | 270 | 23 | 70 | 同上 |
| | LF21 | | | 1.0~1,6 | | | 余量 | M | 130 | 23 | 30 | 管道、容器、铆钉及轻载零件及制品 |
| 硬铝合金 | LY1 | 2.2~3.0 | 0.2~0.5 | | | | 余量 | CZ | 300 | 24 | 70 | 中等强度、工作温度不超过 100℃ 的铆钉 |
| | LY4 | 3.2~3.7 | 2.1~2.6 | 0.50~0.80 | | Ti 0.05~0.4 Be 0.001~0.01 | 余量 | CZ | 300 | 24 | 70 | 在 120~250℃ 环境下工作的工件 |
| | LY11 | 3.8~4.8 | 0.4~0.8 | 0.4~0.8 | | | 余量 | CZ | 420 | 18 | 100 | 中等强度结构件和零件，如骨架、螺旋桨叶片铆钉 |
| | LY12 | 3.8~4.9 | 1.2~1.8 | 0.3~0.9 | | | 余量 | CZ | 480 | 11 | 131 | 高强度的构件及 150℃ 以下工作的零件，如骨架、梁、铆钉 |
| 超硬铝合金 | LC4 | 1.4~2.0 | 1.8~2.8 | 0.2~0.6 | 5.0~7.0 | Cr 0.1~0.25 | 余量 | CS | 600 | 12 | 150 | 主要受力构件及高载荷零件，如飞机大梁、加强框、起落架 |
| | LC9 | 1.2~2.0 | 2.0~3.0 | | 5.1~6.1 | Cr 0.16~0.30 | 余量 | CS | 570 | 11 | 150 | 飞机构件和其他高强度结构件 |

(续)

| 类别 | 代号 | 化学成分(质量分数,%) | | | | | | 热处理状态 | 力学性能 | | | 用途 |
|---|---|---|---|---|---|---|---|---|---|---|---|---|
| | | Cu | Mg | Mn | Zn | 其他 | Al | | $\sigma_b$/MPa | $\delta(\%)$ | 硬度HBW | |
| 锻铝合金 | LD5 | 1.8~2.6 | 0.4~0.8 | 0.4~0.8 | | Si 0.7~1.2 | 余量 | CS | 420 | 13 | 105 | 形状复杂和中等强度的锻件及模锻件 |
| | LD7 | 1.9~2.5 | 1.4~1.8 | | | Ti 0.02~0.1 Ni 1.0~1.5 Fe 1.0~1.5 | 余量 | CS | 440 | 13 | 120 | 高温下工作的复杂锻件和结构件、内燃机活塞 |
| | LD31 | | 0.45~0.9 | | | Si 0.2~0.6 | 余量 | CS | 240 | 12 | 73 | 挤压型材、管材等作建筑结构材料和装饰材料 |

## 8.2 铜及铜合金

### 8.2.1 工业纯铜的基本特性

铜及镁合金

纯铜（copper），其密度为 8.94 g/cm³，属于重金属，熔点为 1083℃，比热容 386.0J/(kg·K)(0~100℃)，熔化热为 13.02kJ/mol，热导率为 387W/(m·K)(0~100℃)，20℃的电阻率为 1.694Ω·cm。铜无同素异构转变，无磁性。铜之所以获得广泛应用，是因为它具有一系列重要特性。

纯铜最显著的特点是导电、导热性好，仅次于银，广泛用于制作各种导电、电热器材。纯铜化学稳定性高，耐蚀性好，纯铜的标准电位比氢高，在大气、淡水及许多非氧化性酸溶液中具有良好的耐蚀性，但在海水中耐蚀性较差，同时在氧化性的硝酸、硫酸及各类盐中极易被腐蚀。纯铜的塑性极好，延伸率达50%，断面收缩率达70%，可进行冷、热压力加工。但是纯铜的强度、硬度低，抗拉强度只有 200~240MPa，屈服强度为 60~70MPa，硬度为 35HBW。

工业纯铜中常含有微量的脱氧剂和其他的杂质元素，如 O、S、Pb、Bi、As、P 等，它们对铜的力学、物理及加工性能都会产生很大的影响。Al、Fe、Ni、Sn、Ag、As、Sb 等为能固溶于铜中的杂质，在其允许的含量范围内均固溶于铜，形成固溶体，对金属变形能力影响不大，可提高纯铜的强度、硬度，但是导电和导热性有所下降。Pb 或 Bi 与铜形成富 Pb 或 Bi 的低熔点共晶，共晶温度分别为 326℃和 270℃。热加工时，在晶界处形成液膜，造成铜的热脆。故铜材中 Pb、Bi 的含量应严格控制，$w(Bi)=0.002\%~0.003\%$，$w(Pb)=0.005\%~0.05\%$。杂质 S、O 与铜形成共晶体（$Cu+Cu_2S$）和（$Cu+Cu_2O$），因为 $Cu_2S$ 和 $Cu_2O$ 属脆性化合物，沿晶界分布，产生冷脆，使冷变形困难。故工业纯铜中 S 和 O 的含量控制为 $w(S)<0.0015\%$、$w(O)=0.015\%~0.05\%$。另外，含氧铜在还原气氛中（含 $H_2$、CO、$CH_4$ 等气体的介质中）加热时，$H_2$、CO、$CH_4$ 等气体会扩散渗入铜中与 O 发生反应，形成水蒸气或 $CO_2$，既不溶于铜，也无扩散能力，在局部区域产生很大的压力，产生显微裂纹，使铜在随后的加工和使用过程中发生破裂，即产生所谓的"氢病"，故含氧铜的热处理应在氧化性气氛中进行。

纯铜按其氧含量的不同，分为工业纯铜、无氧铜和脱氧铜。

工业纯铜的牌号是以铜的汉语拼音字母"T"加数字表示,数字越大,杂质含量越高。依纯度将工业纯铜分为 T1、T2、T3 三种,氧的质量分数为 0.02%~0.10%;TU0、TU1、TU2 为无氧铜,氧的质量分数小于 0.003%;TP1、TP2 为脱氧铜,氧的质量分数小于 0.01%。

纯铜的力学性能不高,抗拉强度为 240MPa,伸长率为 50%,硬度为 40~50HBW,通常采用冷变形强化。冷变形后,抗拉强度可达 400~500MPa,硬度提高到 100~120HBW,但伸长率降到 5% 以下。采用退火处理消除铜的加工硬化,退火温度与铜的纯度有关,高纯铜的退火温度为 400~450℃,而一般纯铜的退火温度为 500~700℃。

纯铜具有优良的加工成形性能和焊接性能,可进行各种冷、热变形加工和焊接。除配制合金外,铜主要用于制作导电、导热及兼具耐蚀性的器材,如电线、电缆、电刷、铜管、散热器和冷凝零件等。

### 8.2.2 铜的合金化及分类

纯铜的强度不高,采用冷作硬化的方法提高强度,会引起塑性的急剧降低。因此要进一步提高铜的强度,并保持较高的塑性,就必须在铜中加入合金元素,通过固溶强化、时效强化和过剩相强化来提高合金的强度。

铜合金中的主要固溶强化元素为 Zn、Sn、Mn、Al、Ni 等,这些元素在铜中的固溶度均大于 9.4%,可显著产生固溶强化效应,强度可由 240MPa 提高到 650MPa。主要时效强化元素为 Be、Ti、Zr、Cr 等,这些元素在铜中的固溶度随温度的降低急剧减小,有助于产生时效强化,其中 Be 的作用最强。此外,通过一些合金元素的加入,产生过剩相强化也是铜合金提高强度的常用手段。

根据化学成分中主加元素的不同,铜合金分为黄铜(brass)、青铜(bronze)和白铜(cupro-nickel)三大类。以锌(zinc)为主加元素的铜合金称为黄铜。只含 Cu、Zn 两个元素的二元合金称为简单黄铜(或称普通黄铜),其牌号以"黄"字汉语拼音首字母"H"加数字表示,数字代表铜含量,如 H62 表示 $w(Cu)=62\%$、$w(Zn)=38\%$ 的普通黄铜。除锌以外还加入了其他合金元素的黄铜称为复杂黄铜(或称特殊黄铜)。特殊黄铜以"H"和第二主加元素的化学符号再加铜的含量和第二主加元素含量表示,如 HMn58-2 表示 $w(Cu)=58\%$、$w(Mn)=2\%$、其余为锌的特殊黄铜。此外,对于铸造用黄铜,需在其牌号前加"铸"字的汉语拼音首字母"Z"。

以 Ni 为主加元素的铜合金称为白铜。同样也分为简单白铜和复杂白铜。简单白铜的牌号以"白"汉语拼音首字母"B"加镍含量表示;在简单白铜的基础上添加其他合金元素的白铜称为复杂白铜,其牌号以"B"和第二主加元素的化学符号再加镍的含量和第二主加元素含量表示,如 BZn15-20 表示 $w(Ni)=15\%$、$w(Zn)=20\%$、其余为钝铜的复杂白铜。

除 Zn 和 Ni 以外的元素为主加元素的铜合金称为青铜。按所含主要合金元素的种类分为锡青铜(copper-tin bronzes)、铅青铜(copper-aluminum bronzes)、铅青铜(copper-lead bronzes)、铍青铜(copper-beryllium alloys)等。青铜的牌号以"青"字汉语拼音的首字母"Q"加主要合金元素的化学符号及含量表示,铸造用青铜则在其相应的牌号前冠以"Z",如 ZCuSn10Pb1 代表 $w(Sn)=10\%$ 的铸造锡青铜合金。

### 8.2.3 各类铜合金简介

#### 1. 黄铜

铜是以 Zn 为主加元素的铜合金,因其颜色呈黄色而得名。

图 8-6 所示为铜锌二元相图富铜端,锌在铜中可形成 α 固溶体,其晶体结构为面心立方,锌在铜中的最大固溶度为 39.0%。α 固溶体塑性好,适于冷热加工。

β 相是以电子化合物 CuZn 为基的固溶体,具有体心立方结构,456~468℃时,β 相发生有序化转变,形成 β′有序固溶体。高温无序的 β 相塑性好,而有序的 β′相难以冷变形。故含有 β′相的黄铜只能进行热加工成形。

γ 相是以电子化合物 $Cu_5Zn_8$ 为基的固溶体,为复杂立方点阵,270℃时,γ 转变为 γ′有序固溶体,硬而脆,致使合金不能承受压力加工,含有 γ 相的合金无实用价值,所以工业用黄铜中 w(Zn)<50%,以避免 γ′相出现。

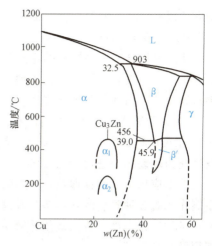

图 8-6 铜锌二元相图富铜端

(1) 普通黄铜  w(Zn)<32%的合金称为 α 黄铜,铸态组织为呈树枝状的单相 α,形变及再结晶退火后得到等轴 α 晶粒,具有退火孪晶,如图 8-7a 所示。w(Zn) = 32%~45%的合金为 (α+β) 两相黄铜,其形变及再结晶退火后的组织如图 8-7b 所示。

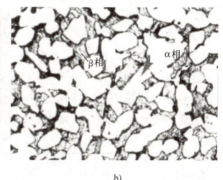

图 8-7 再结晶退火后的显微组织
a) α 黄铜   b) (α+β) 黄铜

铸态下,黄铜的强度和塑性随锌含量增加而升高,w(Zn) = 30%时,黄铜的伸长率达到最高值,而强度在 w(Zn) = 45%~47%时达到最高。继续增加锌含量,因全部组织为 β′相而导致脆性增大,强度急剧下降。因此,工业用黄铜中的锌含量均控制在 w(Zn)<50%,锌含量和组织对黄铜性能的影响如图 8-8 所示。黄铜经变形和退火后,其性能与锌含量的关系与铸态相似,由于成分的均匀化和晶粒细化,其强度和塑性比铸态均有提高。

单相 α 黄铜具有极好的塑性,能承受冷热塑

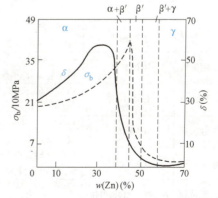

图 8-8 铸态黄铜的性能与锌含量和组织的关系

性变形，但在 200~700℃ 时存在低塑性区，塑性下降的原因是发生了固溶体的有序化转变和可能存在的微量低熔点的 Bi、Sb、Pb 等杂质元素引起的晶界脆性。由于稀土金属元素能与这些杂质元素结合成为高熔点的稳定化合物，如 $REPb_2$、$REBi_2$、$RE_3Sb_2$，又可减慢黄铜中原子的扩散，减慢有序化进程，故加入微量的稀土金属元素可消除这些杂质的有害影响，并改善黄铜在这个温度范围内的塑性。

单相 α 黄铜耐蚀性和室温塑性好，但强度低，适于进行冷变形加工；(α+β) 两相黄铜和 β′ 单相黄铜室温塑性较差，需进行热加工。$w(Zn)>20\%$ 的冷加工态黄铜，在潮湿气氛中易发生应力破裂，应进行低温去应力退火处理，温度为 250~300℃，保温 1~3h。

工业上应用最多的普通黄铜为 H62、H68 和 H80。其中 H62 被誉为"商业黄铜"，广泛用于制作水管、油管、散热器垫片及螺钉等；H68 强度较高，塑性好，适于经冲压或深冷拉伸制造各种复杂零件，曾大量用作弹壳，有"弹壳黄铜"之称；H80 因色泽美观，故多用于镀层及装饰品。

黄铜在干燥的大气和一般介质中的耐蚀性比铁和钢好，但是，经过冷变形的黄铜制品在潮湿的大气中，特别是在含有氨气的大气或海水中，会发生自动破裂，这种现象称为黄铜的"自裂"。黄铜自裂现象的实质是经冷加工变形的黄铜制品残留有内应力，在周围介质的作用下，腐蚀沿着应力分布不均匀的晶粒边界进行，并在应力作用下使制品破裂，故又称为"应力破裂"。防止黄铜自裂的方法是采用低温去应力退火，消除制品在冷加工时产生的残留内应力。此外，在黄铜中加入 $w(Si)=1.0\%~1.5\%$ 的硅也能明显降低自裂敏感性。

(2) 特殊黄铜　特殊黄铜中除锌外，常加入的合金元素有 Si、Al、Pb、Sn、Mn、Fe、Ni 等，形成锰黄铜、铝黄铜、铅黄铜、锡黄铜、锰黄铜、铁黄铜和镍黄铜等。这些元素的加入除均可提高合金的强度外，其中的 Al、Sn、Mn、Ni 可提高黄铜的耐蚀性和耐磨性，Mn 提高耐热性，Si 改善铸造性能。根据用途，特殊黄铜分为铸造黄铜和压力加工黄铜，后者加入合金元素较前者少，使合金具有较高的塑性。常用黄铜的化学成分及力学性能见表 8-3。

表 8-3　常用黄铜的化学成分及力学性能

| 合金类别 | 合金牌号 | 质量分数(%) | 力学性能(不小于) | | |
|---|---|---|---|---|---|
| | | | $\sigma$/MPa | $\delta$(%) | 硬度(HBW) |
| 普通黄铜 | H62 | Cu60.5~63.5,其余 Zn | 330 | 49 | 56 |
| | H68 | Cu66.5~68.5,其余 Zn | 320 | 56 | — |
| | H80 | Cu79.0~81.0,其余 Zn | 310 | 52 | 53 |
| 加工锡黄铜 | HSn90-1 | Cu89~91,Sn0.9~1.1,其余 Zn | (M)270 | 35 | — |
| 加工铅黄铜 | HPb59-1 | Cu57~60,Pb0.8~0.9,其余 Zn | 400 | 45 | 90 |
| 加工铝黄铜 | HAl59-3-2 | Cu57~60,Al2.5~3.5,Ni2.0~3.0,其余 Zn | 380 | 50 | 75 |
| 加工锰黄铜 | HMn58-2 | Cu57~60,Mn1.0~2.0,其余 Zn | 400 | 40 | 85 |
| 铸造硅黄铜 | ZCuZn16Si4 | Cu79~81,Pb2.0~4.0,Si2.5~4.5,其余 Zn | (J)300 (S)250 | 15 7 | 100 95 |
| 铸造铝黄铜 | ZCuZn26Al4Fe3Mn3 | Cu66~68,Al2.0~3.0,其余 Zn | (J)400 | 15 | 90 |

注：M—退火；J—金属模；S—砂模。

## 2. 青铜

青铜是铜合金中综合性能最好的合金,因该合金中最早使用的铜锡合金呈青黑色而得名。除铜锡合金外,近代工业相继研制和生产了铜铝合金、铜硅合金、铜铍合金等,人们习惯将 Cu-Zn 和 Cu-Ni 以外的铜合金统称为青铜,并通常在青铜合金前冠以主要合金元素的名称,如锡青铜、铝青铜等。青铜合金中,工业用量最大的是锡青铜和铝青铜,强度最高的是铍青铜。

(1) 锡青铜 图 8-9 所示锡青铜的力学性能受锡含量的影响显著。$w(Sn)<6\%$ 时,锡固溶于铜中形成固溶体,合金的强度随锡含量的增加而提高;当 $w(Sn)>6\%$ 时,合金组织中出现脆性 $Cu_3Sn_8$ 相,合金的塑性急剧下降,而合金的强度因过剩相强化作用继续提高;当 $w(Sn)=25\%$ 时,合金因脆性过剩相过多,强度显著下降,所以一般控制锡含量为 $w(Sn)=3\%\sim10\%$。

实践表明,$w(Sn)<8\%$ 的锡青铜具有良好的塑性,适于压力加工;$w(Sn)>10\%$ 的锡青铜的塑性较低,适于用作铸造合金。锡青铜的铸造流动性较差,易形成分散缩孔,铸件致密度不高,但合金的线收缩小,因此常用于制作铸造外形及尺寸要求精确的铸件。锡青铜的耐蚀性好,在大气、海水或无机盐溶液中的耐蚀性均高于纯铜和黄铜。广泛用于制造蒸汽锅炉、海船零件、轴承、轴套、齿轮和矿山机械等耐磨零件。

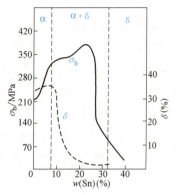

图 8-9 锡含量对锡青铜力学性能的影响

(2) 铝青铜 铝青铜具有良好的力学性能、耐蚀性和耐磨性,是青铜中应用最广泛的一种。铝青铜的性能受铝含量的影响如图 8-10 所示。铝含量增加,固溶强化作用增强,但塑性下降,一般铝含量控制在 $w(Al)<12\%$。工业上,压力加工用铝青铜中 $w(Al)<5\%\sim7\%$;铸造或热压力加工的铝含量可提高,$w(Al)>7\%$。

为进一步提高力学性能,工业铝青铜中常加入 Fe、Mn、Ni 等合金元素。铝含量较高的铝青铜可采用淬火加时效来强化。

铝青铜具有高强度、高冲击韧度、高耐磨性和高疲劳强度等特点,而且冲击时不产生火花,在海水、大气、碳酸及有机酸中耐蚀性极高,因此铝青铜主要用于制造耐磨、耐蚀和弹性零件,如齿轮、摩擦片、弹簧等。

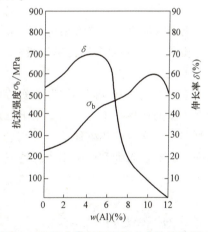

图 8-10 铝含量对铝青铜力学性能的影响

(3) 铍青铜 铍青铜是 $w(Be)=1.7\%\sim2.5\%$ 的铜合金。因铍在铜中的固溶度随温度降低而急剧减小,所以该合金是典型的可时效强化的合金。淬火加时效强化后具有很高的强度、硬度、弹性极限和疲劳极限,且稳定性好,弹性滞后小,并具有良好的导电性、导热性、耐蚀性和耐磨性,还具有无磁性、冲击无火花等特点,因而可制造高精密弹簧、膜片等弹性元件和轴承、齿轮等耐磨零件,还可用于制作电气转向开关、电接触器等。铍为强毒性金属，生产时应严格操作。

铍青铜的淬火温度为780～800℃，淬火冷却介质为水，时效温度为300～350℃，保温1～3h。时效过程为析出GP区（或称为γ″），随时效时间的延长形成过渡相γ′相，最后形成平衡相γ。铍青铜的最高强度出现在γ″向γ′转变阶段。

常用青铜的化学成分和力学性能见表8-4。

表8-4 常用青铜的化学成分和力学性能

| 合金类别 | 合金牌号 | 质量分数(%) | 力学性能(不小于) | | |
|---|---|---|---|---|---|
| | | | $\sigma_b$/MPa | δ(%) | 硬度(HBW) |
| 铸造锡青铜 | ZCuSn10Pb1 | Sn6～11,Pb0.8～1.2,其余Cu | (J)200～300 | 7～10 | 90～120 |
| 加工锡青铜 | QSn6.5-0.1 | Sn6～7,Pb0.1～0.25,其余Cu | (Y)700～800 | 1.2 | 160～200 |
| | QSn4-4-4 | Sn3～5,Zn3～5,Pb3.5～4.5,其余Cu | (Y)550～650 | 2～4 | 160～180 |
| 加工铝青铜 | QAl7 | Al6～8,其余Cu | (Y)600～700 | 5 | 170～190 |
| | QAl9-4 | Al6～8,Fe2～4,其余Cu | (Y)700～800 | 5 | 160～200 |
| 加工铍青铜 | QBe1.9 | Be1.8～2.1,其余Cu | (S)1150 | 2 | 300 |
| | QBe2 | Be1.9～2.2,其余Cu | (S)1250 | 2 | 330 |

注：J—金属模；Y—硬化。

### 3. 白铜

铜和镍均为体心立方结构，化学性质和原子半径相差不大，故Cu-Ni二元合金相图为匀晶型相图，Cu-Ni合金均为单相组织，不可热处理强化。$w(Ni)<50\%$时，可通过固溶强化和加工硬化提高性能。

普通白铜具有较高的抗腐蚀疲劳性，具有良好的抗海水冲蚀性和耐有机酸的腐蚀性，还具有优良的冷热加工性。主要用于制造在蒸汽、淡水和海水中工作的精密仪器、仪表零件、冷凝器及热交换管热电偶等，常用合金有B5、B19和B30等。特殊白铜主要为锌白铜和锰白铜，具有电阻大和电阻率小的特点，是制造低温热电偶、热电偶补偿电线及变阻器的理想材料，其中最常用的是BMn40-1.5康铜和BMn43-0.5考铜。

## 8.3 钛及钛合金

### 8.3.1 纯钛的基本特性

#### 1. 钛的性能特点

（1）具有同素异构转变  钛（titanium）有两种同素异构体：β-Ti和α-Ti，其晶体结构分别为体心立方晶格和密排六方晶格。二者之间的转变温度称为β相变点，这一温度对成分十分敏感，高纯钛的β相变点为882.5℃。在熔点1668±5℃至882.5℃之间为β-Ti，882.5℃之下为α-Ti。α-Ti虽然为密排六方晶格，但其晶格常数之比$c/a<1.633$，密排面不

只是基面，棱柱面和棱锥面也具有相近的密排程度，滑移系增多，塑性好。

（2）**熔点高、密度小、比强度高、导热性差、热胀系数小、弹性模量低**　钛的主要物理性能与其他金属的比较见表 8-5。

表 8-5　钛的主要物理性能与其他金属比较

| 物理性能 | Ti | Al | Fe |
| --- | --- | --- | --- |
| 密度/(g/cm$^3$) | 4.5 | 2.7 | 7.8 |
| 熔点/℃ | 1668 | 660 | 1535 |
| 比强度/10$^3$m | 25(TC4) | 18(TA04) | 15(30CrMnSi) |
| 热导率/(W/m·℃) | 16.75 | 217.8 | 83.8 |
| 线胀系数/(10$^{-6}$/℃) | 9.0 | 23.1 | 11.5 |
| 弹性模量/MPa | 112500 | 72400 | 214000 |

（3）**耐蚀性好**　钛与氧和氮可形成化学稳定性极高的致密氧化物和氮化物保护膜，在低、高温气体中具有极高的耐蚀性，在淡水和海水中的耐蚀性优于铝合金和不锈钢，在室温下对硝酸、铬酸、碱溶液和大多数有机酸和化合物有很好的耐蚀性。但是钛在任何浓度的氢氟酸、浓硫酸及盐酸中耐蚀性差。

（4）**化学性质特别活泼**　在 550℃ 以上，钛能与氧、氮、碳等气体强烈反应，造成严重污染，使性能急剧降低。因此钛的冶炼相当困难，需在真空下进行。生产上对钛进行加热或焊接时，采用氩气作保护气体。

（5）**切削性能差**　由于钛的导热性差，摩擦因数大，耐磨性也较差，因此在切削加工时，易使工件及刀具温度升高，造成粘刀，降低刀具寿命。切削时易与空气中的氧气和氮气反应，造成污染。

（6）**弹性模量低，屈强比大**　弹性模量低，成形加工时回弹大，冷成形困难，刚度也会减小，使细长杆件的使用受到限制。

2. 高纯钛的性能及杂质的影响

（1）性能　高纯钛的强度不高，塑性很好。其常规性能为：$\sigma_b = 220 \sim 260$MPa，$\sigma_{0.2} = 120 \sim 170$MPa，$\delta = 50\% \sim 60\%$，$\psi = 70\% \sim 80\%$，$a_K = 25$kg·m/cm$^2$。

（2）杂质的影响　钛中常见的杂质有 O、N、C、H、Fe、Si 等，这些元素可与钛形成间隙固溶体或置换固溶体，过量时形成脆性化合物。

O、N、C 固溶在钛的间隙位置，会带来固溶强化，使强度升高、塑性下降。还会使钛的 $c$ 轴增长大，$a$ 轴增长小，轴比 $c/a$ 增大，钛的滑移系减少，塑性变差。它们的存在还会使其断裂韧度降低，热稳定性变差。因此，在工业纯钛及钛合金中，对氧含量、氮含量和碳含量都有限制，分别为 0.12%~0.2%、0.05%~0.08% 和 0.1%~0.2%（质量分数）。

Fe 和 Si 主要形成置换固溶体，对塑性的影响比间隙元素小，作为杂质元素时要求质量分数分别小于 0.3% 和 0.15%。

H 在 β-Ti 中固溶度可达 2%，而在室温几乎全部以硬脆的 TiH$_2$ 相沿固溶体晶界呈片状析出，造成氢脆。因此，必须采用真空退火，使氢充分逸出，避免氢脆发生。

3. 工业纯钛的牌号、性能及应用

工业纯钛在退火状态为单相 α 组织，故工业纯钛属 α 钛合金。按照杂质含量的不同分为 9 种等级，编号为 TA1、TA2 和 TA3 等。TA 代表 α 钛合金，数字为顺序号，号数越大，杂质含量越高，强度越高，塑性越低。

工业纯钛的强度已接近高强度铝合金水平，且具有优良的塑性和冲击韧度，良好的耐蚀性及焊接性。故可直接用于飞机、船舶、化工及海水淡化方面，制造各种零部件，还可生产成各种规格的板、棒、管、线、带材等半成品。

### 8.3.2 钛的合金化及热处理原理

钛虽然具有一系列的优点，但是其强度不高，又不能热处理强化。因此，必须考虑对钛进行合金化，进而对其进行热处理强化，提高其力学性能。钛合金中常用的合金元素为 Al、Sn、Zr、V、Mo、Mn、Fe、Cr、Cu、Si 等。

**1. 合金元素的作用**

(1) 改变钛的同素异构转变温度　钛在合金化时，由于添加合金元素的种类和数量不同，钛的同素异构转变温度将发生相应变化，室温下得到的组织也将不同。所有合金元素可分为三类：

1) α 稳定元素。这类元素会提高钛的同素异构转变温度，扩大 α 相区，稳定 α 相，称为 α 稳定元素（alpha phase stabilizing elements）。它们主要是 Al、O、N、C 等，其中只有 Al 有实际意义。它们与 Ti 形成的相图的基本形式如图 8-11 所示。

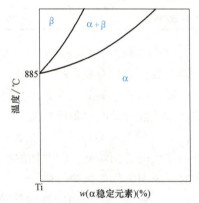

图 8-11　α 稳定元素与钛的相图

2) β 稳定元素。这类元素降低钛的同素异构转变温度，扩大 β 相区，稳定 β 相，称为 β 稳定元素（beta phase stabilizing elements）。它们与钛形成的相图有两种形式，如图 8-12 所示。其中 β 同晶元素与 β 钛结构相同，可与 β 钛形成无限固溶体，属于这类 β 稳定元素的有 Mo、V、Nb、Ta 等；β 共析元素与 β 钛形成有限固溶体，并具有共析转变，属于这类 β 稳定元素的有 Cr、Fe、Mn、Cu、Ni、Si 等。

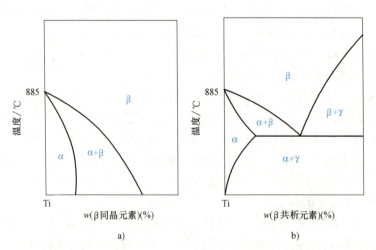

图 8-12　β 稳定元素与钛形成的相图基本形式
a) β 同晶元素　b) β 共析元素

3) 中性元素。这类元素对其同素异构转变温度影响不大。属于这类元素的有 Zr、Sn、Hf 等。它们与钛形成的相图基本形式如图 8-13 所示。

(2) 改变钛的力学性能　合金元素固溶到 α-Ti 或 β-Ti 中，形成固溶体，可起固溶强化的作用；当含量超过极限溶解度时，以硬的第二相形式析出，起弥散强化的作用。

(3) 改善钛的耐热性能　合金元素的加入可提高固溶体原子间的结合力，使其热强性、抗蠕变能力及热稳定性都有所提高。

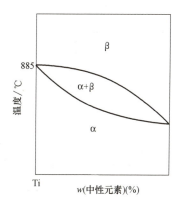

图 8-13　中性元素与钛形成的相图基本形式

(4) 改善工艺性能　合金元素 Al、Si、Mo 的加入都可以提高氢的固溶度，降低氢脆倾向；Zr 和 Sn 加入后可使合金具有良好的压力加工性和焊接性。

**2. 钛合金的热处理原理**

钛合金热处理强化的基本原理，与铝合金相似，属于淬火时效强化类型，又与钢的热处理相似，也有马氏体相变。其热处理工艺为淬火加时效。

(1) 淬火　钛合金淬火后能否得到介稳定相，是判断钛合金能否热处理强化的先决条件。对于只含 α 稳定元素或中性元素的钛合金，其相图如图 8-11 和图 8-13 所示，即使加热到 β 相区淬火，也得不到介稳定相。这类钛合金不能通过热处理进行强化，通常只进行退火处理。

钛与 β 稳定元素组成的合金，其相图为 8-12a，加热到 β 相区，若缓慢冷却，将从 β 相中析出 α，得到 α+β 组织；若进行淬火，由 β 相析出 α 相的过程来不及进行，但是 β 相的晶体结构发生了转变，即成分来不及变化，而点阵发生了改变，可得到不同的介稳定相 α′、α″、ω（两相共存）和过冷 β。由于这些介稳

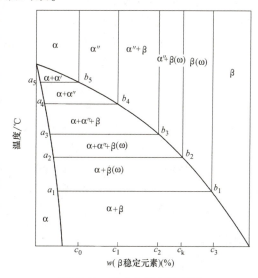

图 8-14　钛合金的介稳相图

定相的形成会导致合金力学性能的变化，这类钛合金可进行热处理强化。介稳定相的类型与合金成分和淬火温度有关。钛合金的介稳相图如图 8-14 所示。

bcc 结构的 β 相淬火时转变的介稳定相的形成条件及特点见表 8-6。

表 8-6　bcc 结构的 β 相淬火时转变的介稳定相形成条件及特点

| | α′ | α″ | ω | 过冷 β |
|---|---|---|---|---|
| β 稳定元素含量 | 少，转变阻力小，成分不变 | 较大，转变阻力大，成分不变 | $C_k$ 附近 | 很大，使得 $M_s$ 点降至室温以下 |
| 结构 | 密排六方 | 斜方 | 密排六方 | 体心立方 |

(续)

| | α′ | α″ | ω | 过冷 β |
|---|---|---|---|---|
| 形态及亚结构 | 板条或针状 位错 | 细针状 孪晶 | 椭圆或立方体形，非常细小，高度弥散，体积分数可达 80%，仅电镜下可见 | — |
| 性能（与 α 相比） | 硬度提高 10% 左右，塑性下降 | 硬度下降 20% 左右，塑性提高 | 500HBW, $\delta=0$ | 可进行时效强化或应力诱发马氏体强化 |

(2) **时效** 钛合金淬火形成的介稳定相在热力学上是不稳定的，加热时要发生分解。尽管分解的过程比较复杂，但是最终的产物均为平衡状态的 α+β。若合金有共析反应，则最终产物为 α+$Ti_xM_y$。

在分解过程的一定阶段可以获得弥散的（α+β）相，使合金强化。这就是淬火时效强化的基本原理。

(3) **钛、铝、钢强化热处理比较** 钛合金的强化热处理兼具钢和铝合金的特点，但是和它们又有区别。其主要异同点如下：

1）钢和钛合金淬火都可以得到马氏体，但是钢的马氏体硬度高，强化效果大（为过饱和间隙固溶体），回火使钢软化；而钛合金的马氏体硬度不高，强化效果不大（为过饱和置换固溶体），回火使合金弥散强化。

2）成分一定的钢或铝合金，只有一个强化机理，而成分一定的 α+β 钛合金却视淬火温度的不同，有两种不完全相同的强化机制。在较高温度淬火时先得到马氏体（成分不变，结构变化），时效时马氏体分解为弥散相；在较低温度淬火时得到过冷 β 相（成分、结构都不变），时效时 β 相分解为弥散相。

3）钛合金的固溶处理和时效过程与铝合金基本相似，不同之处在于钛合金的时效主要靠马氏体或过冷 β 相在时效过程中分解析出弥散的（α+β）使合金强化；而铝合金则主要依靠时效形成与母相共格的中间过渡相使合金强化。

【例 8-1】 钢、铝、钛强化热处理的异同点是什么？

答：钢的强化热处理是淬火+回火。淬火发生马氏体转变——该过程包括了间隙原子过饱和带来的固溶强化、马氏体板条或片带来的细化组织强化、大量的亚结构位错或孪晶形成带来的强化等，使得淬火后的强度、硬度升高；回火过程中根据不同的回火温度马氏体发生不同程度的分解，消除应力的同时带来软化，即强度、硬度下降，塑性、韧性升高。

铝合金的强化热处理为固溶+时效。固溶处理因为仅仅有置换原子带来的固溶强化，强度增加不多，反而是在时效的过程中由于第二相析出带来的共格或部分共格界面的存在，产生了更大的强化效果。

钛合金的强化处理是淬火+时效。淬火后得到的介稳定相为置换原子过饱的固溶体，强化效果不大，而时效时在分解过程的一定阶段可以获得弥散的（α+β）相，使合金强化。

### 8.3.3 钛合金类型、牌号及应用

钛合金按其β稳定元素含量及退火状态组织的不同分成三类，部分钛合金的特点、牌号及应用见表 8-7。

表 8-7 钛合金的类型、牌号及应用

| 类型 | α型钛合金 | α+β型钛合金 | β型钛合金 |
|---|---|---|---|
| 成分 | 不含或只含很少量β稳定元素 | 含β稳定元素 Cr、Mo、V、Fe、Mn 等，总质量分数 <10% | 含β稳定元素 Cr、Mo、V 等，总质量分数>17% |
| | 都含有α稳定元素 Al 和中性元素 Zr、Sn | | |
| 组织 | α 或 α+微量 $Ti_xM_y$ | α+β | β |
| 组织稳定性 | 好 | 不好 | 不好 |
| 耐热性 | 高温耐热性好 | 中温耐热好 | 不耐热 |
| 焊接性 | 好 | 不好 | 不好 |
| 室温强度 | 700~900MPa | 900~1200MPa | 1200~1400MPa |
| 塑性 | 差 | 热塑性好 | 冷塑性好 |
| 热处理 | 退火 | 淬火+时效 | 淬火+时效 |
| 牌号 | TA1~TA8 | TC1~TC4、TC6、TC8~TC10 | TB2 |
| 用途 | TA1~TA6：焊丝；TA7：500℃以下长期工作的零件；TA8：发动机压气机盘、叶片等 | 火箭发动机外壳、压气机盘、叶片、结构锻件、紧固件等 | 螺栓、铆钉、冷轧板、带材等 |

## 思考题与习题

一、名词解释

固溶处理、时效强化、黄铜、锡青铜、再结晶退火和β稳定元素。

二、选择题

1. 将变形加工后的黄铜加热到 250~300℃，保温 1~3h 后空冷，这种处理叫做_____。

   A. 去应力退火　　B. 再结晶退火　　C. 高温回火　　D. 稳定化回火

2. HMn58-2 是_____的代号，它表示_____的质量分数为 58%，而_____的质量分数为 2%。

   A. 普通黄铜　　B. 特殊黄铜　　C. 无锡青铜　　D. Mn　　E. Cu　　F. Zn

3. 在青铜中，常用淬火回火方法进行强化的铜合金为_____。

   A. 铍青铜　　B. 铝青铜　　C. 锡青铜

4. 对于α+β两相钛合金，可采用_____热处理方法强化。

   A. 再结晶退火　　B. 淬火回火　　C. 淬火时效　　D. 上述方法都不能强化

5. 可热处理强化的变形铝合金，淬火后在室温放置一段时间，则其力学性能发生的变化是_____。

   A. 强度和硬度显著下降，塑性提高　　B. 强度和硬度显著提高，塑性下降

C. 强度、硬度和塑性都显著提高　　D. 强度、硬度和塑性都显著下降

6. 与变形铝合金相比，铸造铝合金热处理的主要特点是_____。

A. 淬火加热温度要高，淬火后均采用自然时效　　B. 淬火加热温度要高，淬火后均采用人工时效

C. 淬火加热温度要低，淬火后均采用自然时效　　D. 淬火加热温度要低，淬火后均采用人工时效

7. 属于工业纯钛的有_____，属于 α 型钛合金的有_____，属于 β 型钛合金的有_____，属于 α+β 型钛合金的有_____。

A. TC4　　B. TA5　　C. TA3　　D. TB2

8. 根据 Al-Cu 系相图分析，铝合金含铜量不同，其组织和性能也不相同，为此也可根据铝合金含铜量的不同分类，如 $w(Cu)$ = 0.5% ~ 5.7% 的铝合金属于_____。

A. 铸造铝合金　　B. 可热处理强化的变形铝合金　　C. 不能热处理强化的变形铝合金

三、是非题

1. 单相黄铜比双相黄铜的塑性和强度都高。（　　）
2. 铸造铝合金的铸造性能好，但塑性较差，不宜进行压力加工。（　　）
3. 铜和铝及其合金均可以利用固态相变来提高强度和硬度。（　　）
4. 有色金属及其合金以马氏体型相变强化为主。（　　）
5. 晶粒粗大的铝合金，可通过重新加热退火细化晶粒。（　　）
6. 黄铜可进行时效强化。（　　）

四、综合题

1. 铝合金是如何分类的？铝合金的强化方式有哪些？
2. 试述铝合金的合金化原则。为什么 Si、Cu、Mg、Mn 等元素作为铝合金的主加元素，而 Ti、B、RE 等作为辅加元素？
3. 铝合金性能上有哪些特点？为什么在工业上得到了广泛应用？
4. 铸造铝合金为何要进行变质处理？
5. 以 Al-Cu 系合金为例，说明时效强化的基本过程及影响时效强化过程的因素有哪些？
6. 铜合金的性能有什么特点？在工业上的主要用途是什么？
7. 钛合金的性能有什么特点？在工业上的主要用途是什么？
8. What type of phase diagram is necessary for a binary alloy to be precipitation-hardenable?
9. Describe the four decomposition structures that can be developed when a supersaturated solid solution of an Al-4%Cu alloy is aged。
10. What are the highest-strength commercial copper alloys? What type of heat treatment and fabrication method makes alloys so strong?
11. What are some applications for titanium and its alloys?

# 第 9 章

# 高分子材料

曾经思考过这些问题吗？
1. CD 碟片是用什么材料制作的？
2. 口香糖中含有哪种高分子材料？
3. 为什么塑料袋难以分解而形成白色污染？
4. 为什么有些塑料盒可用于微波炉加热，有些不能？
5. 哪种高分子材料也可用于制造防弹背心？
6. 不粘锅中的不粘层是由什么高分子材料制造的？

## 9.1 概述

高分子材料（polymer materials），是指以高分子化合物为基础的材料，包括橡胶（rubber）、塑料（plastic）、纤维（fiber）、涂料（coating）、胶黏剂（adhesive）和高分子基复合材料（polymer matrix composites）。高分子材料按来源分为天然（natural）高分子材料，如松香、天然橡胶和淀粉等；半合成（改性天然高分子材料），如硝化纤维素、醋酸纤维素等；合成（synthetic）高分子材料，如尼龙、聚酯和合成橡胶等。人类社会一开始就利用天然高分子材料作为生活资料和生产资料，并掌握了其加工技术，如利用蚕丝、棉、毛织成织物，用木材、棉、麻造纸等。19 世纪 30 年代末期，进入天然高分子材料改性阶段，出现半合成高分子材料。1870 年，美国人 Hyatt 用硝化纤维素和樟脑制得赛璐珞塑料——有划时代意义的一种人造高分子材料。1907 年出现合成高分子酚醛树脂，标志着人类应用化学合成方法有目的的合成高分子材料的开始。1953 年，德国科学家 Zieglar 和意大利科学家 Natta 发明了配位聚合催化剂，大幅扩大了合成高分子材料的原料来源，得到了一大批新的合成高分子材料，使聚乙烯和聚丙烯这类通用合成高分子材料走入了千家万户，使合成高分子材料成为当代人类社会文明发展阶段的标志之一。现如今，高分子材料已与金属材料、无机非金属材料相同，成为科学技术、经济建设中的重要材料。本章主要介绍人工合成的工业高分子材料。

### 9.1.1 高分子材料分类

高分子材料的分类方法很多，常用的有以下几种。

1) 按用途可分为塑料、橡胶、纤维、胶黏剂等。塑料在常温下有固定形状，强度较大，受力后能发生一定变形。橡胶在常温下具有高弹性，而纤维的

高分子材料分类

单丝强度高。有时把聚合后未加工的聚合物称为树脂（resin），如电木未固化前称为酚醛树脂。

2）按聚合反应类型可分为加聚物和缩聚物。加聚物是由加成聚合反应（简称加聚反应 addition polymerization）得到的，链接结构与单体（monomer）结构相同，如聚乙烯；而缩聚物是由缩合聚合反应（简称缩聚反应，condensation polymerization）得到的，聚合过程中有小分子（水、氨等分子）副产物放出，如氨基酸的缩聚反应。

3）按聚合物的热行为可分为热塑性聚合物（thermoplastic polymers）和热固性聚合物（thermosetting pol6ymers）。热塑性聚合物的特点是热软冷硬，如聚乙烯；热固性聚合物受热时固化，成形后再受热不软化，如环氧树脂。

4）按主链上的化学组成可分为碳链聚合物、杂链聚合物和元素有机聚合物。碳链聚合物的主链由碳原子一种元素组成，如-C-C-C-C-C-C-。杂链聚合物的主链除碳外还有其他元素，如-C-C-O-C-、-C-C-N-、-C-C-S-等。元素有机聚合物的主链由氧和其他元素组成，如-O-Si-O-Si-O-等。

5）按高分子主链几何形状的不同可分为线形高聚物（linear polymer）、支链形高聚物（branched polymer）和体形高聚物（three dimension polymer），如图9-1所示。

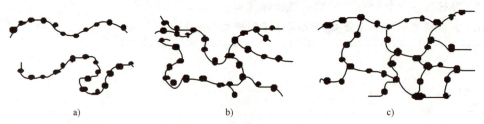

图 9-1 高分子主链的几何形状
a）线形 b）支链形 c）体形

### 9.1.2 高分子材料的命名

高分子材料多采用习惯命名。常用的有以下几种方法：

1）在原料单体名称前加"聚"字，如聚乙烯（polyethylene）、聚氯乙烯（polyvinyl chloride）等。

2）在原料单体名称后加"树脂"，如环氧树脂（epoxy resin）、酚醛树脂等。

3）采用商品名称，如聚酰胺称为尼龙（nylon）或锦纶，聚酯（polyester）称为涤纶（terylene），聚甲基丙烯酸甲酯称为有机玻璃（organic glasses）等。

4）采用英文字母缩写，如聚乙烯用 PE，聚氯乙烯用 PVC 等。

### 9.1.3 高分子材料的力学状态

**1. 线形非晶态高聚物的力学状态**

根据线形非晶态高聚物的温度-形变曲线，可以描述聚合物在不同温度下出现的3种力学状态，如图9-2所示。

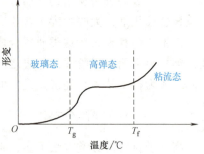

图 9-2 线形非晶态高聚物的温度-形变曲线

（1）**玻璃态**（glassy state） 在低温下，分子运动能量低，链段不能运动，在外力作用下，只能使大分子的原子发生微量位移而发生少量弹性变形。高聚物呈玻璃态的最高温度称为玻璃化温度（glass transition temperature），用 $T_g$ 表示。在这种状态下使用的材料有塑料和纤维。

（2）**高弹态**（rubbery state） 温度高于 $T_g$ 时，分子活动能力增强，大分子的链段发生运动，因此受力时产生很大的弹性变形，可达 100%～1000%。在这种状态下使用的高聚物是橡胶。

（3）**黏流态**（viscous state） 由于温度高，分子活动能力很大，在外力作用下，大分子链可以相对滑动。黏流态是高分子材料的加工态，大分子链开始发生黏性流动的温度称为黏流温度（viscous flow temperature），用 $T_f$ 表示。

一些常见高分子材料的 $T_g$ 和 $T_f$ 见表 9-1。

表 9-1 常见高分子材料的 $T_g$ 和 $T_f$

| 聚合物 | $T_g$/℃ | $T_f$/℃ | 聚合物 | $T_g$/℃ | $T_f$/℃ | 聚合物 | $T_g$/℃ | $T_f$/℃ |
| --- | --- | --- | --- | --- | --- | --- | --- | --- |
| 聚乙烯 | −80 | 100～300 | 聚甲醛 | −50 | 165 | 乙基纤维素 | 43 | — |
| 聚丙烯 | −80 | 170 | 聚砜 | 195 | — | 尼龙6 | 75 | 210 |
| 聚苯乙烯 | 100 | 140 | 聚碳酸酯 | 150 | 230 | 尼龙66 | 50 | 260 |
| 聚氯乙烯 | 85 | 165 | 聚苯醚 | — | 300 | 硝化纤维 | 53 | 700 |
| 聚偏二氯乙烯 | −17 | 198 | 硅橡胶 | −123 | −80 | 涤纶 | 67 | 260 |
| 聚乙烯醇 | 85 | 240 | 聚异戊二烯 | −73 | 122 | 腈纶 | 104 | 317 |
| 聚乙酸乙烯 | 29 | 90 | 丁苯橡胶 | −60 | — | | | |
| 聚甲基丙烯酸甲酯 | 105 | 150 | 丁腈橡胶 | −75 | — | | | |

**2. 线形晶态高聚物和体形高聚物的力学状态**

线形晶态高聚物的温度-形变曲线如图 9-3 所示（$T_m$ 为熔点），这种高聚物分为一般相对分子质量和很大相对分子质量两种情况。一般相对分子质量的高聚物在低温时，链段不能活动，变形小，因此在 $T_m$ 以下，与非晶态高聚物的玻璃态相似，高于 $T_m$ 则进入黏流态。相对分子质量很大的晶态高聚物存在高弹态（$T_m$～$T_f$）。由于高分子材料只是部分结晶，因此在非晶区的 $T_g$ 与晶区的 $T_m$ 温度区间，非晶区柔性好，晶区刚性好，处于韧性状态，即皮革态（leathery state）。

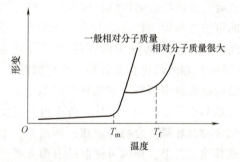

图 9-3 线形晶态高聚物的温度-形变曲线

体形高聚物的力学状态与交联点的密度有关，密度小，链段仍可运动，具有高弹态，如轻度硫化的橡胶；密度大，链段不能运动，此时 $T_g = T_f$，高聚物变得硬而脆，如酚醛树脂。

### 9.1.4 常用高分子材料的化学反应

**1. 交联反应**

**交联反应**（cross-linking reaction）是指大分子由线形结构转变为体形结构的过程。交联反应使聚合物的力学性能、化学稳定性提高。如树脂的固化、橡胶的硫化等。

### 2. 裂解反应

裂解反应（cracking reaction）是指大分子链在各种外界因素（光、热、辐射、生物等）作用下，发生链的断裂，相对分子质量下降的过程。

### 3. 高分子材料的老化

老化（aging）是指高分子材料在长期使用过程中，在受热、氧、紫外线、微生物等因素的作用下发生变硬变脆或变软发黏的现象。老化的主要原因是大分子的交联或裂解，可通过加入防老化剂、涂镀保护层等方法防止或延缓。

## 9.2 常用高分子材料

常用高分子材料

### 9.2.1 工程塑料

塑料是以树脂为主要组成，加入各种添加剂（additives），在一定温度、压力下可塑制成型，在玻璃态下使用的高分子材料，并在常温下保持其形状不变。塑料与橡胶、纤维的界限并不严格，橡胶在低温下、纤维在定向拉伸前都是塑料。由于塑料的原料丰富，制取方便，成型加工简单，成本低，并且不同塑料具有多种性能，因此应用非常广泛。

#### 1. 塑料的组成

塑料的主要组分是树脂。树脂黏合着塑料中的其他组成部分，并使其具有成型性能。树脂的种类、性质及它在塑料中占有的比例大小，对塑料的性能起着决定性作用。因此，绝大多数塑料是以所用树脂命名的。

添加剂是为改善塑料的某些性能而加入的物质，其中，填料（fillers）是为改善塑料的某些性能（如强度等）、扩大其应用范围、降低成本而加入的一些物质，它在塑料中占有相当大的比例，可达20%~50%（质量分数）。如加入铝粉可提高光反射能力和防老化；加入二硫化钼可提高润滑性；加入石棉粉可提高耐热性等。增塑剂（plasticizers）用于提高树脂的可塑性和柔顺性。常用熔点低的低分子化合物（甲酸酯类、磷酸酯类）来增加大分子链间的距离，降低分子间作用力，从而达到提高大分子链柔顺性的目的。固化剂（curing agents）加入后可在聚合物中生成横跨链，使分子交联，并由受热可塑的线形结构变成体形结构的热稳定塑料（如在环氧树脂中加入乙二胺等）。稳定剂（stabilizers）可以提高树脂在受热和光作用时的稳定性，防止过早老化，延长使用寿命。常用的稳定剂有硬脂酸盐、铅的化合物及环氧化合物等。加入润滑剂（如硬脂酸等）可以防止塑料在成型过程中粘在模具或其他设备上，同时可使制品表面光亮美观。着色剂（pigments）可使塑料制品具有美观的颜色。其他的还有发泡剂（foaming agents）、催化剂（catalysts）、阻燃剂（flame retardants）、抗静电剂（antistatic agents）等。

#### 2. 塑料的分类

1) 按树脂特征分类。依树脂受热时的行为分为热塑性和热固性塑料；依树脂合成反应的特点分为聚合塑料和缩合塑料。

2) 按塑料的使用范围可分为通用塑料、工程塑料和特种塑料。通用塑料指产量大、价格低、用途广的塑料，主要指聚烯烃类塑料、酚醛塑料和氨基塑料。它们占塑料总产量的3/4以上，是一般工农业生产和生活中不可缺少的廉价材料。工程塑料是指作为结构材料在机械设备和工程结构中使用的塑料。它们的力学性能较高，耐热、耐蚀性也较好，主要有聚酰胺、聚甲醛、聚碳酸酯、ABS、聚苯醚、聚砜和氟塑料等。特种塑料是指具有某些特殊性能的塑料，如医用塑料、耐高温塑料等。这类塑料产量少、价格贵，只用于有特殊需要的场合。

### 3. 塑料制品的成型

塑料的成型工艺形式多样，主要有注射成型、压制成型、浇注成型、挤压成型、吹塑成型、真空成型等。

(1) 注射成型　又称注塑成型（injection molding）。在专门的注射机上进行，如图9-4所示。将颗粒或粉状塑料置于注射机的料筒内加热熔融，以推杆或旋转螺杆施加压力，使熔融塑料自料筒末端的喷嘴、以较大的压力和速度注入闭合模具型腔内成型，然后冷却脱模，即可得到所需形状的塑料制品。注射成型是热塑性塑料的主要成型方法之一，近来也有用于热固性塑料的成型。此法生产率很高，可以实现高度机械化、自动化生产，制品尺寸精确，可以生产形状复杂、壁薄和带金属嵌件的塑料制品，适用于大批量生产。

(2) 模压成型（compression molding）　塑料成型中最早使用的一种方法，如图9-5所示。它将粉状、粒状或片状塑料放在金属模具中加热软化，在液压机的压力下充满模具成型，同时发生交联反应而固化，脱模后即得压塑制品。模压成型法通常用于热固性塑料的成型，有时也用于热塑性塑料，如聚四氟乙烯由于熔液黏度极高，几乎没有流动性，故也采用压模法成型。模压成型法特别适用于形状复杂或带有复杂嵌件的制品，如电气零件、电话机件、收音机外壳、钟壳或生活用具等。

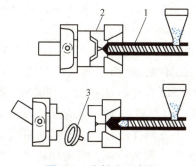

图9-4　注射法示意图
1—注射机　2—模具　3—制品

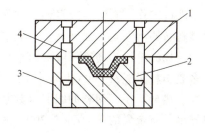

图9-5　模压成型示意图
1—上模　2、4—导柱　3—下模

(3) 浇注成型　又称浇塑（casting）。类似于金属的浇注成形，有静态铸型、嵌铸型和离心铸型等方式。它是在液态的热固性或热塑性树脂中加入适量的固化剂或催化剂，然后浇入模具型腔中，在常压或低压下，常温或适当加热条件下，固化或冷却凝固成型。这种方法设备简单，操作方便，成本低，便于制作大型制件；但生产周期长，收缩率较大。

(4) 挤压成型　又称挤塑成型（extrusion molding），它与金属型材挤压的原理相同。将原料放在加压筒内加热软化，利用加压筒中螺旋杆的挤压力，使塑料通过不同型孔或口模连续地挤出，以获得不同形状的型材，如管、棒、条、带、板及各种异型断面型材。挤压成型法用于热塑性塑料各种型材的生产，一般需经二次加工才制成零件。

此外，还有吹塑成型、层压成型、真空成型、模压烧结等成型方法，以适应不同品种塑料和制品的需要。

#### 4. 塑料的加工

塑料加工即塑料成型后的再加工，亦称二次加工，主要工艺方法有机械加工、连接和表面处理。

（1）机械加工　塑料具有良好的切削加工性，塑料的机械加工与金属切削的工艺方法与设备相同，只是由于塑料的切削工艺性能与金属不同，因此所用的切削工艺参数与刀具几何形状及操作方法与金属切削有所差异。可用金属切削机床对其进行车、铣、刨、磨、钻及抛光等各种形式的机械加工。但塑料的散热性差、弹性大，加工时容易引起工件的变形、表面粗糙，有时可能出现分层、开裂，甚至崩落或伴随发热等现象。因此要求切削刀具的前角与后角要大、刃口锋利，切削时要充分冷却，装夹时不宜过紧，切削速度要高，进给量要小，以获得光洁的表面。

（2）连接　塑料间、塑料与金属或其他非金属的连接，除用一般的机械连接方法外，还有热熔接、黏合剂粘接等。

（3）塑料制品的表面处理　为改善塑料制品的某些性能、美化其表面、防止老化、延长使用寿命，通常采用表面处理。主要方法有涂漆、镀金属（铬、银、铜等）。镀金属可以采用喷镀或电镀。

#### 5. 塑料的性能特点

塑料的相对密度小，一般为 0.9~2.3，比强度高，这对交通运输工具来说是非常有利的。塑料的耐蚀性能好，对一般化学药品都有很强的耐蚀能力，如聚四氟乙烯在煮沸的"王水"中也不受影响。电绝缘性能好，大量应用在电机、电器、无线电和电子工业中。摩擦系数较小，耐磨性好，可应用在轴承、齿轮、活塞环、密封圈等，在无润滑油的情况下也能有效地进行工作。有消声吸振性，制作传动摩擦零件可减小噪声、改善环境。

塑料制品的刚性差、强度低，一般情况下其弹性模量只有钢铁材料的 1/100~1/10，强度只有 30~100MPa，用玻璃纤维增强的尼龙也只有 200MPa，相当于铸铁的强度。耐热性差，大多数塑料只能在 100℃ 以下使用，只有少数几种可以在超过 200℃ 的环境下使用。热胀系数大、热导率小，塑料的线胀系数是钢铁的 10 倍，因而塑料与钢铁结合较为困难。塑料的热导率只有金属的 1/600~1/200，因而散热不好，不宜用作摩擦零件。蠕变温度低，金属在高温下才发生蠕变，而塑料在室温下就会有蠕变出现，称为冷流。有老化现象。在某些溶剂中会发生溶胀或应力开裂。

#### 6. 常用工程塑料

（1）常用热塑性塑料

1) 聚酰胺（尼龙、绵纶、PA）。聚酰胺是最早发现能够承受载荷的热塑性塑料，在机械工业中应用比较广泛。各种尼龙的性能见表 9-2。

表 9-2　各种尼龙的性能

| 名称 | 相对密度 | 拉伸强度/MPa | 抗压强度/MPa | 抗弯强度/MPa | 伸长率（%） | 弹性模量/MPa | 熔点/℃ | 24h 吸水率（%） |
| --- | --- | --- | --- | --- | --- | --- | --- | --- |
| 尼龙 6 | 1.13~1.15 | 54~78 | 60~90 | 70~100 | 150~250 | 830~2600 | 215~223 | 1.9~2.0 |
| 尼龙 66 | 1.14~1.15 | 57~83 | 90~120 | 100~110 | 60~200 | 1400~3300 | 265 | 1.5 |
| 尼龙 610 | 1.08~1.09 | 47~60 | 70~90 | 70~100 | 100~240 | 1200~2300 | 210~223 | 0.5 |
| 尼龙 1010 | 1.04~1.06 | 52~55 | 55 | 82~89 | 100~250 | 1600 | 200~210 | 0.39 |

尼龙6、尼龙66、尼龙610、尼龙1010、铸型尼龙和芳香尼龙常应用于机械工业。由于其强度较高,耐磨、自润滑性好,且耐油、耐蚀、消声、减振,被大量用于制造小型零件(齿轮、涡轮等)以替代有色金属及其合金。但尼龙易吸水,吸水后其性能及尺寸将发生很大变化,使用时应特别注意。

铸型尼龙(MC尼龙)是通过简便的聚合工艺使单体直接在模具内聚合成型的一种特殊尼龙。它的力学性能、物理性能比一般尼龙更好,可制造大型齿轮、轴套等。

芳香尼龙具有耐磨、耐蚀及很好的电绝缘性等优点,在95%的相对湿度下,性能不受影响,能在200℃长期使用,是尼龙中耐热性最好的品种。它可用于制作高温下耐磨的零件、H级绝缘材料和宇航服等。

2) 聚甲醛(POM)。聚甲醛是以线形结晶高聚物甲醛树脂为基的塑料,可分为均聚甲醛、共聚甲醛两种,其性能见表9-3。

表9-3 聚甲醛的性能

| 名称 | 相对密度 | 结晶度(%) | 熔点/℃ | 拉伸强度/MPa | 弹性模量/MPa | 伸长率(%) | 压缩强度/MPa | 弯曲强度/MPa | 24h吸水率(%) |
|---|---|---|---|---|---|---|---|---|---|
| 均聚甲醛 | 1.43 | 75~85 | 175 | 70 | 2900 | 15 | 125 | 980 | 0.25 |
| 共聚甲醛 | 1.41 | 70~75 | 165 | 62 | 2800 | 12 | 110 | 910 | 0.22 |

聚甲醛的结晶度可达75%,有明显的熔点,并具有高强度、高弹性模量等优良的综合力学性能。其强度与金属相近,摩擦因数小并有自润滑性,因而耐磨性好,同时它还具有耐水、耐油、耐化学腐蚀、绝缘性好等优点。其缺点是热稳定性差,易燃,长期在大气中暴晒会老化。

聚甲醛塑料价格低廉,且性能优于尼龙,可代替有色金属合金,并逐步取代尼龙制作轴承、衬套等。

3) 聚砜(PSF)。聚砜是以透明微黄色的线形非晶态高聚物聚砜树脂为基的塑料,其性能见表9-4。

表9-4 聚砜的性能

| 项目 | 相对密度 | 拉伸强度/MPa | 弹性模量/MPa | 伸长率(%) | 压缩强度/MPa | 弯曲强度/MPa | 24h吸水率(%) |
|---|---|---|---|---|---|---|---|
| 数值 | 1.24 | 85 | 2500~2800 | 20~100 | 87~95 | 105~125 | 0.12~0.22 |

聚砜的强度高、弹性模量大、耐热性好,最高使用温度可达150~165℃,蠕变抗力高、尺寸稳定性好。其缺点是耐溶剂性差。主要用于制作要求高强度、耐热、抗蠕变的结构件、仪表零件和电气绝缘零件,如精密齿轮、凸轮、真空泵叶片、仪器仪表壳体、仪表盘和电子计算机的积分电路板等。此外,聚砜具有良好的可电镀性,可通过电镀金属制成印制电路板和印制电路薄膜。

4) 聚碳酸酯(PC)。聚碳酸酯是以透明的线形部分结晶高聚物聚碳酸酯树脂为基的新型热塑性工程塑料,其性能见表9-5。

表 9-5 聚碳酸酯的性能

| 项目 | 拉伸强度/MPa | 弹性模量/MPa | 伸长率(%) | 压缩强度/MPa | 弯曲强度/MPa | 熔点/℃ | 使用温度/℃ |
|---|---|---|---|---|---|---|---|
| 数值 | 66~70 | 2200~2500 | ~100 | 83~88 | 106 | 220~230 | -100~140 |

聚碳酸酯的透明度为 86%~92%，被誉为"透明金属"。它具有优异的冲击韧度和尺寸稳定性，有较高的耐热性和耐寒性，使用温度范围为-100~+130℃，有良好的绝缘性和加工成型性。缺点是化学稳定性差，易受碱、胺、酮、芳香烃的侵蚀，在四氯化碳中会发生"应力开裂"现象。主要用于制造高精度的结构零件，如齿轮、蜗轮、蜗杆、防弹玻璃、飞机挡风罩、座舱盖和其他高级绝缘材料。如波音 747 飞机上约有 2500 个零件用聚碳酸酯制造，总质量达 2t。

5) **ABS 塑料**。ABS 塑料是以丙烯腈（A）、丁二烯（B）、苯乙烯（S）的三元共聚物 ABS 树脂为基的塑料，可分为不同级别，其性能见表 9-6。

表 9-6 ABS 塑料的性能

| 级别(温度) | 相对密度 | 拉伸强度/MPa | 弹性模量/MPa | 抗压强度/MPa | 抗弯强度/MPa | 24h 吸水率(%) |
|---|---|---|---|---|---|---|
| 超高冲击型 | 1.05 | 35 | 1800 | — | 62 | 0.3 |
| 高、中冲击型 | 1.07 | 63 | 2900 | — | 97 | 0.3 |
| 低冲击型 | 1.07 | 21~28 | 700~1800 | 18~39 | 25~46 | 0.2 |
| 耐热型 | 1.06~1.08 | 53~56 | 2500 | 70 | 84 | 0.2 |

ABS 塑料兼有聚丙烯腈的高化学稳定性和高硬度、聚丁二烯的橡胶态韧性和弹性、聚苯乙烯的良好成型性。故 ABS 塑料具有较高强度和冲击韧度、良好的耐磨性和耐热性、较高的化学稳定性和绝缘性，以及易成型、机械加工性好等优点。缺点是耐高温、耐低温性能差，易燃、不透明。

ABS 塑料应用较广，主要用于制造齿轮、轴承、仪表盘壳、冰箱衬里，以及各种容器、管道、飞机舱内装饰板、窗框、隔音板等。

6) **聚四氟乙烯（PTFE、特氟龙）**。聚四氟乙烯是以线形晶态高聚物聚四氟乙烯为基的塑料，其性能见表 9-7。

表 9-7 聚四氟乙烯的性能

| 项目 | 相对密度 | 拉伸强度/MPa | 弹性模量/MPa | 伸长率(%) | 抗压强度/MPa | 抗弯强度/MPa | 24h 吸水率(%) |
|---|---|---|---|---|---|---|---|
| 数值 | 2.1~2.2 | 14~15 | 400 | 250~315 | 42 | 11~14 | <0.005 |

聚四氟乙烯的结晶度为 55%~75%，熔点为 327℃，具有优异的耐化学腐蚀性，不受任何化学试剂的侵蚀，即使在高温下及强酸、强碱、强氧化剂中也不受腐蚀，故有"塑料之王"之称。它还具有较突出的耐高温和耐低温性能，在-195~+250℃范围内长期使用，其力学性能几乎不发生变化。摩擦因数小（0.04），有自润滑性，吸水性小，在极潮湿的条件下仍能保持良好的绝缘性。但其硬度、强度低，尤其抗压强度不高，但成本较高。

它主要用于制作减摩密封件、化工机械中的耐蚀零件及高频或潮湿条件下的绝缘材料，如化工管道、电气设备、腐蚀介质过滤器等。

7) 聚甲基丙烯酸甲酯（PMMA、有机玻璃）。聚甲基丙烯酸甲酯是目前最好的透明材料，透光率达92%以上的线形高分子材料，比普通玻璃好。它的相对密度小（1.18），仅为玻璃的一半。还具有较高的强度和韧性、不易破碎、耐紫外线、防大气老化、易于加工成型等优点。但其硬度不如玻璃高，耐磨性差，易溶于有机溶剂。另外，其耐热性差（使用温度不能超过180℃），导热性差，热胀系数大。

主要用途是制作飞机座舱盖、炮塔观察孔盖、仪表灯罩及光学镜片，亦可作防弹玻璃、电视和雷达标图的屏幕、汽车风挡、仪器设备的防护罩等。

（2）常用热固性塑料　热固性塑料的种类很多，大都是经过固化处理获得的。所谓固化处理就是在树脂中加入固化剂并压制成型，使其由线形聚合物变成体形聚合物的过程。常见热固性塑料的性能见表9-8。

表9-8　常见热固性塑料的性能

| 名称 | 24h吸水率（%） | 耐热温度/℃ | 拉伸强度/MPa | 弹性模量/MPa | 抗压强度/MPa | 抗弯强度/MPa | 成型收缩率 |
|---|---|---|---|---|---|---|---|
| 酚醛塑料 | 0.01~1.2 | 100~150 | 32~63 | 5600~35000 | 80~210 | 50~10 | 0.3~1.0 |
| 脲醛塑料 | 0.4~0.8 | 100 | 38~91 | 7000~10000 | 175~310 | 70~100 | 0.4~0.6 |
| 三聚氰胺塑料 | 0.08~0.14 | 140~145 | 38~49 | 13600 | 210 | 45~60 | 0.2~0.8 |
| 环氧塑料 | 0.03~0.20 | 130 | 15~70 | 21280 | 54~210 | 42~100 | 0.05~1.0 |
| 有机硅塑料 | 2.5mg/cm$^2$ | 200~300 | 32 | 11000 | 137 | 25~70 | 0.5~1.0 |
| 聚氨酯塑料 | 0.02~1.5 | — | 12~70 | 700~7000 | 140 | 5~31 | 0~2.0 |

1) 酚醛塑料。酚醛塑料是以酚醛树脂为基，加入木粉、布、石棉、纸等填料，经固化处理而形成的交联型热固性塑料。它具有较高的强度和硬度，较高的耐热性、耐磨性、耐蚀性及良好的绝缘性。广泛用于机械、电气、电子、航空、船舶、仪表等工业中，如齿轮、耐酸泵、雷达罩、仪表外壳等。

2) 环氧塑料（EP）。环氧塑料是以环氧树脂为基，加入各种添加剂经固化处理形成的热固性塑料。具有比强度高、耐热性、耐蚀性、绝缘性及加工成型性好的特点；缺点是价格昂贵。它主要用于制作模具、精密量具、电气及电子元件等重要零件。

常用工程塑料的性能及应用见表9-9。

表9-9　常用工程塑料的性能和应用

| 名称（代号） | 密度/（g/cm$^3$） | 拉伸强度/MPa | 冲击韧度/（J/cm$^2$） | 特点 | 应用举例 |
|---|---|---|---|---|---|
| 聚酰胺(尼龙)（PA） | 1.14~1.16 | 55.9~81.4 | 0.38 | 坚韧、耐磨、耐疲劳、耐油、耐水、抗霉菌、无毒、吸水性大 | 轴承、齿轮、凸轮、导板、轮胎帘布等 |
| 聚甲醛（POM） | 1.43 | 58.8 | 0.75 | 良好的综合性能，强度、刚度、冲击韧度、抗疲劳、抗蠕变等性能均较高，耐磨性好，吸水性小，尺寸稳定性好 | 轴承、衬垫、齿轮、叶轮、阀、管道、化工容器等 |

（续）

| 名称<br>（代号） | 密度/<br>（g/cm³） | 拉伸强度/<br>MPa | 冲击韧度/<br>（J/cm²） | 特点 | 应用举例 |
|---|---|---|---|---|---|
| 聚砜<br>（PSF） | 1.24 | 84 | 0.69~0.79 | 优良的耐热、耐寒、抗蠕变及尺寸稳定性，耐酸、碱及高温蒸汽，良好的可电镀性 | 精密齿轮、凸轮、真空泵叶片、仪表壳、仪表盘、印制电路板等 |
| 聚碳酸酯<br>（PC） | 1.2 | 58.5~68.6 | 6.3~7.4 | 突出的冲击韧度，良好的力学性能，尺寸稳定性好，无色透明，吸水性小，耐热性好，不耐碱、酮、芳香烃，有应力开裂倾向 | 齿轮、齿条、蜗轮、蜗杆、防弹玻璃、电容器等 |
| 共聚丙烯腈-丁二烯-苯乙烯<br>（ABS） | 1.02~1.08 | 34.3~61.8 | 0.6~5.2 | 较好的综合性能，耐冲击，尺寸稳定性好 | 齿轮轴承、仪表盘壳、窗框、隔音板等 |
| 聚四氟乙烯<br>（特氟龙）<br>（PTFE） | 2.11~2.19 | 15.7~30.9 | 1.6 | 优异的耐蚀、耐老化及电绝缘性，吸水性小，可在-195~250℃长期使用，但加热后黏度大，不能注射成型，可烧结成型。 | 化工管道泵、内衬、电气设备隔离防护屏等 |
| 聚甲基丙烯酸甲酯<br>（有机玻璃）<br>（PMMA） | 1.19 | 60~70 | 1.2~1.3 | 透明度高，密度小，高强度，韧性好，耐紫外线和防大气老化，但硬度低，耐热性差，易溶于极性有机溶剂 | 光学镜片、飞机座舱盖、窗玻璃、汽车风挡、电视屏幕等 |
| 酚醛塑料<br>（PF） | 1.24~2.0 | 35~140 | 0.06~2.17 | 力学性能变化范围宽，耐热性、耐磨性、耐蚀性能好，良好的绝缘性 | 齿轮、耐酸泵、制动片、仪表外壳、雷达罩等 |
| 环氧塑料<br>（EP） | 1.1 | 69 | 0.44 | 比强度高，耐热性、耐蚀性、绝缘性好，易于加工成型，但成本较高 | 模具、精密量具、电气和电子元件等 |

**7. 塑料在机械工程中的应用**

塑料在工业上应用的历史比金属材料要短得多，因此，塑料的选材原则、方法和过程，基本是参照金属材料的做法。根据各种塑料的使用和工艺性能特点，结合具体的塑料零件结构设计进行合理选材，尤其应注意工艺和试验结果，综合评价，最后确定选材方案。以下介绍几种机械上常用零件的塑料选材。

（1）一般结构件 包括各类机械上的外壳、手柄、手轮、支架、仪器仪表的底座、罩壳、盖板等。这些构件在使用时负荷小，通常只要求一定的机械强度和耐热性。因此，一般选用价格低廉、成型性好的塑料，如聚氯乙烯、聚乙烯、聚丙烯、聚苯乙烯和ABS等。若制品常与热水或蒸汽接触或对稍大的壳体结构件有刚性要求时，可选用聚碳酸酯、聚砜；如要求透明的零件，可选用有机玻璃、聚苯乙烯或聚碳酸酯等。

(2) **普通传动零件** 包括机器上的齿轮、凸轮、蜗轮等。这类零件要求有较高的强度、韧性、耐磨性、耐疲劳性及尺寸稳定性。可选用的材料有尼龙、MC 尼龙、聚甲醛、聚碳酸酯、增强增塑聚酯和增强聚丙烯等。如大型齿轮和蜗轮,可选用 MC 尼龙浇注成型,需要高的疲劳强度时选用聚甲醛,在腐蚀介质中工作可选用聚氯醚,聚四氟乙烯充填的聚甲醛可用于有重载摩擦的场合。

(3) **摩擦零件** 主要包括轴承、轴套、导轨和活塞环等。这类零件要求强度一般,但要具有摩擦因数小和良好的自润滑性,要求一定的耐油性和热变形温度,可选用的塑料有低压聚乙烯、尼龙 1010、MC 尼龙、聚氯醚、聚甲醛和聚四氟乙烯。由于塑料的热导率小、线胀系数大,因此,只有在低负荷、低速条件下才适宜选用。

(4) **耐蚀零件** 主要应用在化工设备上,在其他机械工程结构中应用也甚广。由于不同的塑料品种,其耐蚀性能各不相同,因此,要依据所接触的不同介质来选择。全塑结构的耐蚀零件,还要求较高的强度和热变形性能。常用耐蚀性塑料有聚丙烯和硬聚氯乙烯、填充聚四氟乙烯、聚全氟乙丙烯和聚三氟氯乙烯等。还有的耐蚀工程结构采用塑料涂层结构或多种材料的复合结构,既保证了工作面的耐蚀性,又提高了支撑强度、节约了材料。通常选用热胀系数小、黏附性好的树脂及其玻璃钢作衬里材料。

(5) **电气零件** 塑料用作电气零件,主要是利用其优异的绝缘性能(填充导电性填料的塑料除外)。用于工频低压下的普通电气元件的塑料有酚醛塑料、氨基塑料、环氧塑料等;用于高压电器的绝缘材料要求耐压强度高、介电常数小、抗电晕及优良的耐候性,常用塑料有交联聚乙烯、聚碳酸酯、氟塑料和环氧塑料等。用于高频设备中的绝缘材料有聚四氟乙烯、聚全氟乙丙烯及某些纯碳氢的热固性塑料,也可选用聚酰亚胺、有机硅树脂、聚砜、聚丙烯等。

【例 9-1】 与金属相比,在设计塑料零件时,有哪些受限制的因素?

答:塑料的原料丰富,成形加工简单,成本低,密度小,绝缘性好,化学稳定性和耐磨性高,比强度高,不同塑料具有多种性能,因此可以部分取代金属材料。但是由于塑料还具有刚性差、强度低、耐热性差、膨胀系数大、老化等缺点,在要求制造承载能力强、工作环境温度高、使用寿命长及热稳定性好等零件时,采用塑料是不可行的。

### 9.2.2 橡胶

橡胶是具有可逆形变的高弹性聚合物材料。在室温下富有弹性,在很小的外力作用下能产生较大形变,除去外力后能恢复原状。橡胶属于完全无定形聚合物,它的玻璃化温度($T_g$)低,相对分子质量往往很大(大于几十万)。橡胶的分子链可以交联,交联后的橡胶受外力作用发生变形时,具有迅速复原的能力,并具有良好的力学性能和化学稳定性。

橡胶分为天然橡胶与合成橡胶两种。从橡胶树、橡胶草等植物中提取胶乳,经凝聚、洗涤、成型、干燥即得具有弹性、绝缘性、不透水和空气的天然橡胶;合成橡胶则由特定单体经聚合反应而得,采用不同的原料(单体)可以合成出不同种类的橡胶。1900~1910 年,化学家 C·D·哈里斯(Harris)测定出天然橡胶的主要组分是异戊二烯的高聚物,为人工合成橡胶开辟了途径。1910 年,俄国化学家列别捷夫以金属钠为引发剂使 1,3-丁二烯聚合成丁钠橡胶,以后又陆续出现了许多新的合成橡胶品种,如顺丁橡胶、氯丁橡胶、丁苯橡胶等。现在，合成橡胶的产量已大大超过天然橡胶，其中产量最大的是丁苯橡胶。

橡胶是橡胶工业的基本原料，广泛用于制造轮胎、胶管、胶带、电缆及其他各种橡胶制品。

### 1. 橡胶的组成

(1) 生胶  生胶是橡胶制品的主要组分部分，其来源可以是天然的，也可以是合成的。生胶在橡胶制备过程中不但起着黏结其他配合剂的作用，而且是决定橡胶品质性能的关键因素。使用的生胶种类不同，则橡胶制品的性能也不同。

(2) 配合剂  配合剂是为了提高和改善橡胶制品的各种性能而加入的物质。主要有硫化剂、硫化促进剂、防老剂、软化剂、填充剂、发泡剂及着色剂等。

### 2. 橡胶的性能特点

橡胶最显著的性能特点是有高弹性，其主要表现为在较小的外力作用下就能产生很大的变形，且当外力去除后又能很快恢复到近似原来的状态；高弹性的另一个表现为其宏观弹性变形量可高达100%~1000%。同时橡胶具有优良的伸缩性和可贵的积储能量的能力，良好的耐磨性、绝缘性、隔音性和阻尼性，一定的强度和硬度。橡胶成为常用的弹性材料、密封材料、减振防振材料、传动材料和绝缘材料。

### 3. 橡胶的分类

按原料来源，橡胶可分为天然橡胶和合成橡胶两大类。按应用范围又可分为通用橡胶和特种橡胶两类，通用橡胶是指用于制造轮胎、工业用品、日常用品的量大面广的橡胶，特种橡胶是指用于制造在特殊条件（高温、低温、酸、碱、油和辐射等）下使用的零部件的橡胶。按形态分为块状生胶、乳胶、液体橡胶和粉末橡胶。乳胶为橡胶的胶体状水分散体；液体橡胶为橡胶的低聚物，未硫化前一般为黏稠的液体；粉末橡胶是将乳胶加工成粉末状，以利配料和加工制作。

### 4. 常用橡胶材料

(1) 天然橡胶  天然橡胶具有较高的弹性、较好的力学性能、良好的电绝缘性及耐碱性，是一类综合性能较好的橡胶。缺点是耐油、耐溶胶性较差，耐臭氧老化性差，不耐高温及浓强酸。主要用于制造轮胎、胶带、胶管等。

(2) 通用合成橡胶

1) 丁苯橡胶。它是由丁二烯和苯乙烯共聚而成的。其耐磨性、耐热性、耐油性、抗老化性均比天然橡胶好，并能以任意比例与天然橡胶混用，且价格低廉。缺点是生胶强度低、粘接性差、成型困难、硫化速度慢，制成的轮胎弹性不如天然橡胶。主要用于制造汽车轮胎、胶带、胶管等。

2) 顺丁橡胶。它由丁二烯聚合而成。其弹性、耐磨性、耐寒性均优于天然橡胶，是制造轮胎的优良材料。缺点是强度较低，加工性能差，抗撕性差。主要用于制造轮胎、胶带、弹簧、减振器和电绝缘制品等。

3) 氯丁橡胶。它由氯丁二烯聚合而成。氯丁橡胶不仅具有可与天然橡胶比拟的高弹性、高绝缘性、较高的强度和高耐碱性，而且具有天然橡胶和一般通用橡胶所没有的优良性能，如耐油、耐溶剂、耐氧化、耐老化、耐酸、耐热、耐燃烧和耐挠曲等性能，故有"万能橡胶"之称。缺点是耐寒性差、密度大，生胶稳定性差。氯丁橡胶应用广泛，由于其耐燃烧，故可用于制作矿井的运输带、胶管、电缆，也可制作高速V带及各种垫圈等。

4）乙丙橡胶。它由乙烯与丙烯共聚而成。具有结构稳定，抗老化能力强，绝缘性、耐热性、耐寒性好，在酸、碱中耐蚀性好等优点。缺点是耐油性差、黏着性差、硫化速度慢。主要用于制造轮胎、蒸汽胶管、耐热输送带、高压电线管套等。

（3）特种合成橡胶

1）丁腈橡胶。它由丁二烯与丙烯腈聚合而成。其耐油、耐热、耐燃烧、耐磨、耐碱、耐有机溶剂，抗老化。缺点是耐寒性差，其脆化温度为 $-10 \sim -20℃$，耐酸性和绝缘性差。主要用于制作耐油制品，如油箱、储油槽、输油管等。

2）硅橡胶。它由二甲基硅氧烷与其他有机硅单体共聚而成。硅橡胶具有高耐热性和耐寒性，在 $-100 \sim 350℃$ 范围内保持良好弹性，抗老化能力强，绝缘性好。缺点是强度低，耐磨性、耐酸性差，价格较贵。主要用于飞机和航天器中的密封件、薄膜、胶管和耐高温的电线、电缆等。

3）氟橡胶。它是以碳原子为主链，含有氟原子的聚合物。其化学稳定性高，耐蚀性能居各类橡胶之首，耐热性好，最高使用温度为 300℃。缺点是价格昂贵，耐寒性差，加工性能不好。主要用于国防和高技术中的密封件，如火箭、导弹的密封垫圈及化工设备中的衬里等。

常见橡胶的种类、性能和应用见表 9-10。

表 9-10 常见橡胶的种类、性能和应用

| 类别 | 名称（代号） | 生胶密度/（g/cm³） | 拉伸强度/MPa | | 伸长率（%） | | 回弹率（%） | 最高使用温度/℃ | 脆化温度/℃ | 主要特性 | 应用举例 |
|---|---|---|---|---|---|---|---|---|---|---|---|
| | | | 未补强硫化胶 | 补强硫化胶 | 未补强硫化胶 | 补强硫化胶 | | | | | |
| 通用橡胶 | 天然橡胶（NR） | 0.90~0.95 | 17~29 | 25~35 | 650~900 | 650~900 | 70~95 | 100 | -55~-70 | 高弹、高强、绝缘、耐磨、耐寒、防振 | 轮胎、胶管、胶带、电线电缆绝缘层及其他通用橡胶制品 |
| | 异戊橡胶（IR） | 0.92~0.94 | 20~30 | 20~30 | 800~1200 | 600~900 | 70~90 | 100 | -55~-70 | 合成天然橡胶，耐水、绝缘、耐老化 | 可代替天然橡胶制作轮胎、胶管、胶带及其他通用橡胶制品 |
| | 丁苯橡胶（SBR） | 0.92~0.94 | 2~3 | 15~20 | 500~800 | 500~800 | 60~80 | 120 | -30~-60 | 耐磨、耐老化，其余同天然橡胶 | 代替天然橡胶制作轮胎、胶板、胶管及其他通用制品 |
| | 顺丁橡胶（BR） | 0.91~0.94 | 1~10 | 18~25 | 200~900 | 450~800 | 70~95 | 120 | -73 | 高弹、耐磨、耐老化、耐寒 | 一般和天然或丁苯橡胶混用，主要用于制作轮胎胎面、运输带和特殊耐寒制品 |
| | 氯丁橡胶（CR） | 1.15~1.30 | 15~20 | 15~17 | 800~1000 | 800~1000 | 50~80 | 150 | -35~-42 | 抗氧和臭氧、耐酸碱油、阻燃、气密 | 重型电缆护套、胶管、胶带和化工设备衬里，耐燃地下采矿用品及汽车门窗嵌条、密封圈 |

(续)

| 类别 | 名称<br>(代号) | 生胶密度/<br>(g/cm³) | 拉伸强度/MPa | | 伸长率(%) | | 回弹率(%) | 最高使用温度/℃ | 脆化温度/℃ | 主要特性 | 应用举例 |
|---|---|---|---|---|---|---|---|---|---|---|---|
| | | | 未补强硫化胶 | 补强硫化胶 | 未补强硫化胶 | 补强硫化胶 | | | | | |
| 通用橡胶 | 丁基橡胶<br>(IIR) | 0.91~0.93 | 14~21 | 17~21 | 650~850 | 650~800 | 20~50 | 170 | -30~-55 | 耐老化、耐热、防振、气密、耐酸碱油 | 主要做内胎、水胎、电线电缆绝缘层、化工设备衬里及防振制品、耐热运输带等 |
| | 丁腈橡胶<br>(NBR) | 0.96~1.20 | 2~4 | 15~30 | 300~800 | 300~800 | 5~65 | 170 | -10~-20 | 耐油、耐热、耐水、气密、黏结力强 | 主要用于各种耐油制品，如耐油胶管、密封圈、储油槽衬里等，也可用于耐热运输带 |
| | 乙丙橡胶<br>(EPDM) | 0.86~0.87 | 3~6 | 15~25 | — | 400~800 | 50~80 | 150 | -40~-60 | 密度小、化学稳定、耐候、耐热、绝缘 | 主要用于化工设备衬里、电线电缆绝缘层、耐热运输带、汽车零件及其他工业制品 |
| 特种橡胶 | 氯磺化聚乙烯橡胶<br>(CSM) | 1.11~1.13 | 8.5~24.5 | 7~20 | — | 100~500 | 30~60 | 150 | -20~-60 | 耐臭氧、耐日光老化、耐候 | 臭氧发生器密封材料、耐油垫圈、电线电缆包皮及绝缘层、耐蚀件及化工设备衬里等 |
| | 丙烯酸酯橡胶<br>(AR) | 1.09~1.10 | 7~12 | — | 400~600 | 30~40 | | 180 | 0~-30 | 耐油、耐热、耐氧、耐日光老化、气密 | 用作一切需要耐油、耐热、耐老化的制品，如耐热油软管、油封等 |
| | 聚氨酯橡胶<br>(UR) | 1.09~1.30 | 20~35 | — | 300~800 | 40~90 | | 80 | -30~-60 | 高强、耐磨、耐油、耐日光老化、气密 | 用作轮胎及耐油、耐苯零件、垫圈、防振制品及其他要求耐磨、高强度零件 |
| | 硅橡胶<br>(SR) | 0.95~1.40 | 2~5 | 4~10 | 40~300 | 50~500 | 50~85 | 315 | -70~-120 | 耐高低温、绝缘 | 耐高低温制品，耐高温电绝缘制品 |
| | 氟橡胶<br>(FPM) | 1.80~1.82 | 10~20 | 20~22 | 500~700 | 100~500 | 20~40 | 315 | -10~-50 | 耐高温、耐酸碱油、抗辐射、高真空性 | 耐化学腐蚀制品，如化工设备衬里、垫圈、高级密封件、高真空橡胶件 |
| | 聚硫橡胶<br>(PSR) | 1.35~1.41 | 0.7~1.4 | 9~15 | 300~700 | 100~700 | 20~40 | 180 | -10~-40 | 耐油、耐化学介质、耐日光、气密 | 综合性能较差，易燃，有催泪性气味，工业上很少采用，仅用作密封腻子或油库覆盖层 |
| | 氯化聚乙烯橡胶<br>(CPE) | 1.16~1.32 | — | >15 | 400~500 | — | — | — | — | 耐候、耐臭氧、耐酸碱油水、耐磨 | 电线电缆护套、胶带、胶管、胶辊、化工衬里 |

## 9.2.3 合成纤维

凡能使长度比本身直径大100倍的均匀条状或丝状的高分子材料均称为纤维（fibers），分为天然纤维和化学纤维。化学纤维又可分为人造纤维和合成纤维。人造纤维用自然界的纤维加工制成，如叫"人造丝""人造棉"的粘胶纤维和硝化纤维、醋酸纤维等。合成纤维是将人工合成的、具有适宜相对分子质量并具有可溶（或可熔）性的线形聚合物，经纺丝成型和后处理而制得，如图9-6、图9-7所示。通常将这类具有成纤性能的聚合物称为成纤聚合物。与天然纤维和人造纤维相比，合成纤维的原料是由人工合成的方法制得的，生产不受自然条件的限制。合成纤维除了具有化学纤维的一般优越性能，如强度高、质轻、易洗快干、弹性好、不怕霉蛀等外，不同品种的合成纤维各具有某些独特性能，因此发展很快，产量最多的有以下六大品种（占总产量的90%）。

  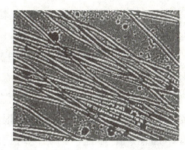

图 9-6　合成纤维　　　　　　　　　　　图 9-7　显微镜下的聚乳酸纤维

（1）涤纶　又叫的确良，其主要成分是聚对苯二甲酸乙二醇酯。具有高强度、耐磨、耐蚀、易洗快干等优点，是很好的衣料纤维。

（2）尼龙　在我国又称绵纶，其主要成分是聚酰胺。其强度大、耐磨性好、弹性好；主要缺点是耐光性差。

（3）腈纶　在国外叫奥纶、开米司纶，其主要成分是聚丙烯腈。它柔软、轻盈、保暖，有人造羊毛之称。

（4）维纶　其主要成分为聚乙烯醇。维纶的原料易得，成本低，性能与棉花相似且强度高；缺点是弹性较差，织物易皱。

（5）丙纶　主要成分是聚丙烯。是后起之秀，发展快，以轻、牢、耐磨著称；缺点是可染性差，且晒易老化。

（6）氯纶　主要成分是聚丙乙烯。具有难燃、保暖、耐晒、耐磨、弹性好等特性；由于染色性差、热收缩大，限制了它的应用。

## 9.2.4 合成胶黏剂

### 1. 胶黏剂的组成

胶黏剂（adhesives）又称黏结剂、胶合剂或胶水。有天然胶黏剂和合成胶黏剂之分，也可分为有机胶黏剂和无机胶黏剂。主要组成除基料（一种或几种高聚物）外，还有固化剂、填料、增塑剂、增韧剂、稀释剂、促进剂及着色剂。

### 2. 胶接的特点

用胶黏剂把物品连接在一起的方法叫胶接，也称粘接。和其他连接方法相比，它有以下特点：

1）整个胶接面都能承受载荷，因此强度较高，而且应力分布均匀，避免了应力集中，耐疲劳性好。

2）可连接不同种类的材料，而且可用于薄形零件、脆性材料以及微型零件的连接。

3）胶接结构质量轻，表面光滑美观。

4）具有密封作用，而且胶黏剂电绝缘性好，可以防止金属发生电化学腐蚀。

5）胶接工艺简单，操作方便。

#### 3. 常用胶黏剂

（1）环氧胶黏剂　基料主要使用环氧树脂，我国使用最广的是双酚 A 型环氧树脂。它的性能较全面、应用广，俗称"万能胶"。为满足各种需求，有很多配方。

（2）改性酚醛胶黏剂　酚醛树脂胶的耐热性、耐老化性好，粘接强度也高，但脆性大、固化收缩率大，常加其他树脂改性后使用。

（3）聚氨酯胶黏剂　它的柔韧性好，可低温使用，但不耐热、强度低，通常作为非结构胶使用。

（4）α-氰基丙烯酸酯胶　它是常温快速固化胶黏剂，又称为"瞬干胶"。黏结性能好，但耐热性和耐溶性较差。

（5）厌氧胶　这是一种常温下有氧时不能固化，排掉氧后即能迅速固化的胶。它的主要成分是甲基丙烯酸的双酯，根据使用条件加入引发剂。厌氧胶有良好的流动性和密封性，其耐蚀性、耐热性、耐寒性均比较好，主要用于螺纹的密封，因强度不高仍可拆卸。厌氧胶也可用于堵塞铸件砂眼和构件细缝。

（6）无机胶黏剂　高温环境要用无机胶黏剂，有的可在 1300℃ 下使用，胶接强度高，但脆性大，它的种类很多，机械工程中多用磷酸-氧化铜无机胶。

#### 4. 胶黏剂的选择

为了得到最好的胶接效果，必须根据具体情况选用适当的胶黏剂成分，万能胶黏剂是不存在的。胶黏剂的选用要考虑被胶接材料的种类、工作温度、胶接和结构形式以及工艺条件、成本等。

### 9.2.5　涂料

#### 1. 涂料的作用

涂料（coating）是一种有机高分子的分散体系，涂在物体表面上能干结成膜。涂料的作用有以下几点：

1）保护作用。避免外力碰伤、摩擦，也防止大气、水等的腐蚀。

2）装饰作用。使制品表面光亮美观。

3）特殊作用。可作标志用，如管道、气瓶和交通标志牌等。船底漆可防止微生物附着，保护船体光滑，减少行进阻力。另外还有绝缘涂料、导电涂料、抗红外线涂料、吸收雷达涂料、示温涂料，及医院手术室用的杀菌涂料等。

#### 2. 涂料的组成

（1）黏结剂　黏结剂是涂料的主要成膜物质，它决定了涂层的性质。过去主要使用油料，现在使用合成树脂。

（2）颜料　颜料也是涂膜的组成部分，它不仅使涂料着色，而且能提高涂膜的强度、耐磨性、耐久性和防锈能力。

(3) 溶剂　溶剂用以稀释涂料，以便于加工，干结后挥发。

(4) 其他辅助材料　如催干剂、增塑剂、固化剂、稳定剂等。

### 3. 常用涂料

(1) 酚醛树脂涂料　应用最早的涂料，有清漆、绝缘漆、耐酸漆、地板漆等。

(2) 氨基树脂涂料　涂膜光亮、坚硬，广泛用于电风扇、缝纫机、化工仪表、医疗器械、玩具等各种金属制品。

(3) 醇酸树脂涂料　涂膜光亮、保光性强、耐久性好，适用于作金属底漆，也是良好的绝缘涂料。

(4) 聚氨酯涂料　综合性能好，特别是耐磨性和耐蚀性好，适用于列车、地板、舰船甲板、纺织用的纱管及飞机外壳等。

(5) 有机硅涂料　耐高温性能好，也耐大气腐蚀、耐老化，适用于在高温环境下使用。

为拓宽高分子材料在机械工程中的应用，人们用物理及化学方法对现有的高分子材料进行改进，积极探索及研制性能优异的新型高分子材料（如纳米塑料），采用新的工艺技术制取以高分子材料为基的复合材料，从而提高其使用性能。同时人们利用纳米技术解决了"白色污染"的问题，将可降解的淀粉和不可降解的塑料通过超微粉碎设备粉碎至纳米级后，进行物理共混改性。用这种新型原料，可生产出100%降解的农用地膜、一次性餐具、各种包装袋等类似产品。农用地膜经4~5年的大田实验表明：在70~90天内淀粉完全降解为水和二氧化碳，塑料则变成对土壤和空气无害的细小颗粒，并且地膜在17个月内完全降解为水和二氧化碳，这是彻底解决"白色污染"的实质性突破。

功能高分子材料是近年来发展较快的领域。一批具有光、电、磁等物理性能的高分子材料被相继开发，应用在计算机、通信、电子、国防等工业部门，与此同时，生物高分子材料在医学、生物工程方面也获得了较大进展。可以预计，未来高分子材料将在高性能化、高功能化及生物化方面发挥日益显著的作用。

【例 9-2】　玻璃钢为什么比无机玻璃和有机玻璃有更高的强度和韧性？

答：玻璃钢为玻璃纤维增强塑料，属于纤维增强复合材料，在外加载荷作用下，基体材料将载荷传递给增强纤维，增强纤维承担大部分外力，保证整体材料的高强度，基体主要保证整体材料的塑性和韧性。

无机玻璃为陶瓷材料，由于陶瓷为离子键和共价键，键力很高，断键很难，位错不能滑移，所以陶瓷材料塑、韧性低。

有机玻璃为工程塑料，分子链与链之间由分子键结合，键力很弱且结晶度不高，所以其强度、韧性不高。

## 思考题与习题

一、名词解释

塑料、增塑剂、稳定剂、固化剂、润滑剂、热固性塑料、热塑性塑料、通用塑料、工程塑料、特种塑料、注塑成型、浇注成型、挤压成型、橡胶、合成纤维、胶黏剂、涂料、聚酰胺、聚甲醛、酚醛树脂、单体、链节、分子链、链段、加聚、缩聚、共聚、均聚、构象、柔顺性、玻璃态、高弹态、黏流态和老化。

二、选择题

1. 制作电源插座选用_____，制作飞机窗玻璃选用_____，制作化工管道选用_____。
   A. 酚醛树脂    B. 聚氯乙烯    C. 聚甲基丙烯酸甲酯    D. 尼龙

2. 橡胶是优良的减振材料和磨阻材料，因为它具有突出的_____。
   A. 高弹性    B. 黏弹性    C. 塑性    D. 减摩性

3. 硅酸盐玻璃、云母、石棉属于_____，有机硅树脂、有机硅橡胶属于_____，尼龙、聚砜属于_____，聚四氟乙烯、有机玻璃（聚甲基丙烯酸甲酯）属于_____。
   A. 碳链有机聚合物    B. 杂链有机聚合物    C. 元素有机聚合物    D. 无机聚合物

4. 热胀系数最低的高分子化合物的形态是_____。
   A. 线形    B. 支链形    C. 体形

5. 较易获得晶态结构的是_____。
   A. 线形分子    B. 支链形分子    C. 体形分子

6. 合成纤维的使用状态为_____。
   A. 晶态    B. 玻璃态    C. 高弹态    D. 黏流态

7. 高聚物受力被拉伸时温度_____。
   A. 升高    B. 降低    C. 不变    D. 不定

8. 高分子材料受力时，由键长的伸长所实现的弹性为_____，由链段的运动所实现的弹性为_____。
   A. 普弹性    B. 高弹性    C. 黏弹性    D. 受迫弹性

9. 高聚物的弹性与_____有关，塑性与_____有关。
   A. $T_m$    B. $T_g$    C. $T_b$    D. $T_d$

10. 从力学性能角度比较，高聚物的_____比金属材料的好。
    A. 刚度    B. 强度    C. 冲击韧度    D. 比强度

11. 组成高聚物大分子的每一个基本重复结构单元称为_____。
    A. 单体    B. 链段    C. 链节

12. 玻璃和室温下的塑料都是非晶态固体材料，其性能表现为_____。
    A. 各向同性    B. 各向异性

13. 高分子材料中有结晶体存在，其熔点是_____。
    A. 固定温度    B. 变化温度    C. 软化温度区间

14. 塑料制品的玻璃化温度_____为好，橡胶制品的玻璃化温度_____为好。
    A. 高    B. 低    C. 中等

15. 高分子材料分子链中作为热运动单元的链段越长，则高分子链柔性越_____。
    A. 大    B. 小    C. 不变

三、是非题

1. 聚合物由单体构成，聚合物的成分就是单体的成分；分子链由链节构成，分子链的结构和成分就是链节的结构和成分。（　　）

2. 相对分子质量大的线型高聚物有玻璃态（或晶态）、高弹态和粘流态。交联密度大的体型高聚物没有高弹态和黏流态。（　　）

3. 共聚化有利于降低聚合物的结晶度。（　　）

4. 拉伸变形能提高高聚物的结晶度。（　　）

5. 高聚物是黏弹性材料，存在时温等效现象，即增大加载速度和降低工作温度，或者相反，对高聚物力学性能的影响具有相似的效果。（　　）

6. 高聚物的力学性能主要取决于其聚合度、结晶度和分子键力。（　　）

7. 塑料就是合成树脂。（　　）

8. 完全固化后的酚醛塑料磨碎后可以再用，完全固化后的聚乙烯塑料磨碎后亦可再用。（　　）
9. 聚四氟乙烯的摩擦因数极低，在无润滑、少润滑的工作条件下是极好的耐磨、减摩材料。（　　）
10. ABS塑料是综合性能很好的工程材料。（　　）
11. 塑料之所以用于机械结构是由于其强度和硬度比金属高，特别是比强度高。（　　）
12. 聚酰胺是最早发现能够承受载荷的热固性塑料。（　　）
13. 聚四氟乙烯由于具有优异的耐化学腐蚀性，即使在高温下及强碱、强氧化剂下也不受腐蚀，故有"塑料之王"之称。（　　）
14. 聚甲基丙烯酸甲酯是塑料中最好的透明材料，但其透光率仍比普通玻璃差很多。（　　）
15. 酚醛树脂具有较高的强度和硬度，良好的绝缘性等性能，因此是电子、仪表工业中的最理想的热塑性塑料。（　　）

四、综合题

1. 何谓高聚物的老化？怎样防止老化？
2. 试述常用工程材料的种类、性能和应用。
3. 用全塑料制造的零件有何优缺点？
4. 橡胶为什么可以制作减振制品？
5. 用塑料制造轴承，应选用什么材料？选用依据是什么？
6. 简述常用合成纤维及胶黏剂的种类、性能特点及应用。
7. 何谓聚合度？聚乙烯和聚苯乙烯分子的聚合度分别为10000和100000时，它们的相对分子质量各是多少（相对原子质量：$H=1$，$C=12$）？若C-C键长为0.154nm，问它们的分子链长各是多少？
8. 写出合成下列聚合物的反应方程式，并指出合成反应的类型。
   （1）聚苯乙烯　　　（2）聚甲基丙烯酸甲酯　　　（3）ABS塑料　　　（4）丁苯橡胶
9. 何谓柔顺性？影响柔顺性的因素是什么？
10. 何谓玻璃化温度？它与聚合物的什么性能有关？主要受哪些因素的影响？玻璃态的应用特点是什么？
11. 说明聚合物的晶态结构、结晶度的主要影响因素，晶态聚合物的性能特点和应用。
12. 为了提高聚合物的柔韧性加入所谓增塑剂，试问增塑剂应是何种特性的物质？在聚合物中进行何种聚合？应对玻璃化温度和结晶度发生怎样的影响？并说明其原理。
13. 与金属材料对比，说明作为工程材料的高分子材料的优缺点。
14. 简介聚酰胺、聚碳酸酯、聚甲醛的结构、合成方法、性能特点和应用举例。
15. 什么是高分子材料？简述高聚物的力学性能特性。
16. 线形无定形高聚物的三种力学状态各具什么特征？如何应用于生产实际？
17. 高分子材料的结构与金属材料相比有什么特点？
18. 影响结晶度的因素是什么？结晶度对高聚物性能有什么影响？
19. 什么叫高聚物的改性？试述物理与化学改性的方法。
20. 从结构上考虑怎样提高高分子材料的力学性能。
21. 选用两种塑料制造中等载荷的齿轮，说明选材的依据。
22. 用塑料制造轴瓦应选用哪个品种？选用依据是什么？
23. The glass transition temperature of a polymer is defined as the temperature at which mers become free to move upon heating or frozen upon cooling. It requires excess energy to rise above the glass transition temperature because the mers absorb energy at the glass transition temperature. It is possible that units smaller than mers are capable of energy absorption. Such transitions are capable of providing high impact resistance to polycarbonate and enable characterization of polymers. Will such transitions occur at temperatures below or above the glass transition temperature? Why?
24. Suppose your job is to design a flexible, rubberlike material for use in outer space. What are the difficulties of this assignment?

# 第 10 章

# 陶瓷材料

> 曾经思考过这些问题吗？
> 1. 信用卡上的磁条是由什么材料制造的？
> 2. 火花塞是由什么材料制造的？
> 3. 骨头和牙齿中含有哪些陶瓷材料？
> 4. 有没有摔不碎的陶瓷？
> 5. 什么材料可用于覆盖航天飞机外表面，保护其在往返过程中穿越大气层时不被烧毁？

## 10.1 概述

陶瓷材料

陶瓷（ceramics）是陶器与瓷器的总称，是一种既古老而又现代的工程材料，同时也是人类最早利用自然界所提供的原料制造而成的材料，亦称无机非金属材料（inorganic nonmetallic materials）。陶瓷材料由于具有耐高温（high temperature stability）、耐蚀（high chemical stability）、高硬度（high hardness）、绝缘（insulation）等优点，在现代宇航、国防等高科技领域得到越来越广泛的应用。随着现代科学技术的发展，出现了许多性能优良的新型陶瓷材料。

陶瓷材料的发展经历了三次重大飞跃。旧石器时代的人们只会采集天然石料加工成器皿和工件。经历了漫长的发展和演变过程，以黏土（clay）、石英（silica）、长石（feldspar）等矿物原料配置而成的瓷器才登上了历史舞台。从陶器发展到瓷器，是陶瓷发展史上的第一次重大飞跃。由于低熔点的长石和黏土等成分相互配合，在焙烧过程中形成了流动性很好的液相，且冷却后成为玻璃态，形成釉，因此使瓷器更加坚硬、致密和不透水。从传统陶瓷（traditional ceramics）到先进陶瓷（advanced ceramics），是陶瓷发展史上的第二次重大飞跃，这一过程始于 20 世纪 40~50 年代，目前仍在不断发展。当然，传统陶瓷与先进陶瓷之间并无绝对的界限，但二者在原材料、制备工艺、产品显微结构等多方面却有相当的差别，二者的对比可参见表 10-1。从先进陶瓷发展到纳米陶瓷（nanocrystalline ceramics）将是陶瓷发展史上的第三次飞跃，陶瓷科学家还需在诸如纳米粉体的制备、成型、烧结等许多方面进行艰苦的工作，预期在本世纪，这一方面将取得重大突破，有可能解决陶瓷的致命弱点——脆性问题。陶瓷研究发展的三次飞跃如图 10-1 所示。

# 第 10 章 陶瓷材料

表 10-1 传统陶瓷和先进陶瓷的对比

| 类别 | 传统陶瓷 | 先进陶瓷 |
|---|---|---|
| 原料 | 天然原料 | 人造原料 |
| 成型烧结 | 浇浆铸造、陶土制坯、窑 | 热等静压机、热压机 |
| 产品 | 陶瓷、砖 | 涡轮、核反应堆、汽车件、机械件、人工骨 |

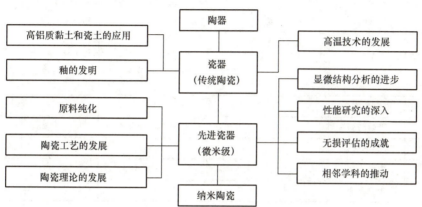

图 10-1 陶瓷发展的三次飞跃

## 10.1.1 陶瓷材料的特点

### 1. 相组成特点

陶瓷材料通常是由晶体相（crystals）、玻璃相（glass phases）和气相（pores）三种不同的相组成的，如图 10-2 所示。决定陶瓷材料物理化学性能的主要是晶体相。而玻璃相的作用是填充晶粒间隙，黏结晶粒，提高材料致密度，降低烧结温度和抑制晶粒长大。气相是在工艺过程中形成并保留下来的，它对陶瓷的电性能及热性能影响很大。

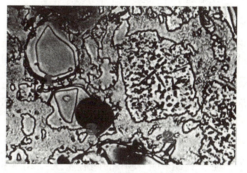

图 10-2 陶瓷的典型组织

### 2. 结合键特点

陶瓷材料的主要成分是氧化物、碳化物、氮化物、硅化物等，其结合键以离子键（如 MgO、$Al_2O_3$）、共价键（如 $Si_3N_4$、BN）及离子键和共价键的混合键为主，取决于两原子间电负性差异的（electronegativity difference）大小。

### 3. 性能特点

陶瓷材料的结合键为共价键或离子键，因此，陶瓷材料具有高熔点、高硬度、高化学稳定性、耐高温、耐氧化、耐腐蚀等特性。此外，陶瓷材料还具有密度小、弹性模量大、耐磨损、强度高、脆性大等特点。功能陶瓷还具有电、光、磁等特殊性能。

## 10.1.2 陶瓷的分类

陶瓷材料种类繁多，性能各异，见表 10-2。

表 10-2 陶瓷的分类

| 普通陶瓷 | 特种陶瓷 | | | | | |
|---|---|---|---|---|---|---|
| | 按性能分类 | 按化学组成分类 | | | | |
| | | 氧化物陶瓷 | 氮化物陶瓷 | 碳化物陶瓷 | 复合陶瓷 | 金属陶瓷 |
| 日用陶瓷 | 高强度陶瓷 | 氧化铝陶瓷 | 氮化硅陶瓷 | 碳化硅陶瓷 | 氧氮化硅铝瓷 | |
| 建筑陶瓷 | 高温陶瓷 | 氧化锆陶瓷 | 氮化铝陶瓷 | 碳化硼陶瓷 | 镁铝尖晶石瓷 | |
| 绝缘陶瓷 | 耐磨陶瓷 | 氧化镁陶瓷 | 氮化硼陶瓷 | | 锆钛酸铝镧瓷 | |
| 化工陶瓷 | 耐酸陶瓷 | 氧化铍陶瓷 | | | | |
| 多孔陶瓷（过滤陶瓷） | 压电陶瓷 | | | | | |
| | 电介质陶瓷 | | | | | |
| | 光学陶瓷 | | | | | |
| | 半导体陶瓷 | | | | | |
| | 磁性陶瓷 | | | | | |
| | 生物陶瓷 | | | | | |

**1. 按原料分类**

按原料来源不同可将陶瓷材料分为普通陶瓷（传统陶瓷）和特种陶瓷（先进陶瓷）。普通陶瓷是以天然硅酸盐矿物为原料（黏土、长石、石英），经过原料加工、成型、烧结而成，因此这种陶瓷又叫硅酸盐陶瓷。特种陶瓷是采用纯度较高的人工合成化合物（如 $Al_2O_3$、$ZrO_2$、$SiC$、$Si_3N_4$、$BN$），经配料、成型、烧结而制得。

**2. 按化学成分分类**

按化学成分分类可将陶瓷材料分为氮化物陶瓷、氧化物陶瓷、碳化物陶瓷等。氧化物陶瓷种类多、应用广，常用的有 $Al_2O_3$、$ZrO_2$、$SiO_2$、$MgO$、$CaO$、$BeO$、$Cr_2O_3$、$CeO_2$ 和 $ThO_2$ 等。氮化物陶瓷常用的有 $Si_3N_4$、$AlN$、$TiN$、$BN$ 等。

**3. 按用途分类**

按用途可将陶瓷材料分为日用陶瓷和工业陶瓷，工业陶瓷又可分为工程陶瓷和功能陶瓷。在工程结构上使用的陶瓷称为结构陶瓷。利用陶瓷特有的物理性能制造的陶瓷材料称为功能陶瓷，它们的物理性能差异往往很大，用途很广。

**4. 按性能分类**

陶瓷材料按性能分类可分为高强度陶瓷、高温陶瓷、耐酸陶瓷等。

## 10.1.3 陶瓷的制造工艺

陶瓷的生产制作过程虽然各不相同，但一般都要经过坯料制备、成型与烧结三个阶段。

**1. 坯料制备**

当采用天然的岩石、矿物、黏土等物质作原料时，一般要经过原料粉碎（crushing to produce powder）→精选（selecting，去掉杂质）→磨细（grinding，达到一定粒度）→配料（mixing，保证制品性能）→脱水（drying，控制坯料水分）→练坯（firing）、陈腐（去除空气）等过程。

当采用高纯度可控的人工合成的粉状化合物作原料时,如何获得成分、纯度、粒度均达到要求的粉状化合物是坯料制备的关键。制取微粉的方法有机械粉碎法、溶液沉淀法、气相沉积法等。

原料经过坯料制备后依成型工艺的要求,可以是粉料、浆料或可塑泥团。

### 2. 成型

陶瓷制品的成型方法(forming method)很多,主要有以下三类。

(1) 可塑法  可塑法又叫塑形料团成型法。它是在坯料中加入一定量的水或塑化剂,使其成为具有良好塑性的料团,然后利用料团的可塑性通过手工或机械成型。常用的工艺有挤压和压坯成型。

(2) 注浆法  注浆法又叫浆料成型法(slip casting)。它是先把原料配制成浆料,然后注入模具中成型,分为一般注浆成型和热压注浆成型。

(3) 压制法  压制法又叫粉料成型法(dry pressing)。它是将含有一定水分和添加剂的粉料在金属模中用较高的压力压制成型(和粉末冶金成型方法相同)。

### 3. 烧结

未经烧结的陶瓷制品称为生坯(green ceramics)。生坯是由许多固相粒子堆积起来的聚集体,颗粒之间除了点接触外,尚存在许多空隙,因此没有多大强度,必须经过高温烧结后才能使用。生坯经初步干燥后即可送去烧结。烧结(sintering or firing)是指生坯在高温加热时发生一系列物理化学变化(水的蒸发、硅酸盐的分解、有机物及碳化物的汽化、晶体转型及熔化),并使生坯体积收缩,强度、密度增大,最终形成致密、坚硬的具有某种显微结构烧结体的过程。烧结后颗粒之间由点接触变为面接触,粒子间也将产生物质的转移。这些变化均需一定的温度和时间才能完成,所以烧结的温度较高,所需的时间也较长。常见的烧结方法有热压(hot pressing)或热等静压法(hot isostatic pressing)、液相烧结法、反应烧结法(reaction bonding)。

## 10.2 常用工程结构陶瓷材料

### 10.2.1 普通陶瓷

普通陶瓷是用黏土($Al_2O_3 \cdot 2SiO_2 \cdot H_2O$)、长石($K_2O \cdot Al_2O_3 \cdot 6SiO_2$、$Na_2O \cdot Al_2O_3 \cdot 6SiO_2$)、石英($SiO_2$)为原料,经配料、成型、烧结而制成的。组织中主要晶相为莫来石($3Al_2O_3 \cdot SiO_2$),占25%~30%(质量分数),次晶相为$SiO_2$,玻璃相占35%~60%,气相占1%~3%。其中玻璃相是以长石为溶剂,在高温下溶解一定量的黏土和石英后经凝固而形成的。这类陶瓷质地坚硬,不会氧化生锈,不导电,能耐1200℃高温,加工成型性好,成本低廉。其缺点是因含有较多的玻璃相,故强度较低,且在高温下玻璃相易软化,所以其耐高温性能及绝缘性能不如特种陶瓷。

这类陶瓷产量大,广泛应用于电气、化工、建筑、纺织等工业部门,用来制作工作温度低于200℃的耐蚀器皿和容器、反应塔管道、供电系统的绝缘子、纺织机械中的导纱零件等。

### 10.2.2 特种陶瓷

**1. 氧化物陶瓷**

(1) **氧化铝陶瓷** 氧化铝陶瓷是以 $Al_2O_3$ 为主要成分，含有少量 $SiO_2$ 的陶瓷，$\alpha$-$Al_2O_3$ 为主晶相。根据 $Al_2O_3$ 含量的不同分为：75 瓷 [$w(Al_2O_3)=75\%$]、95 瓷 [$w(Al_2O_3)=95\%$] 和 99 瓷 [$w(Al_2O_3)=99\%$]，前者又称刚玉-莫来石瓷，后两者又称刚玉瓷。氧化铝陶瓷中 $Al_2O_3$ 含量越高，玻璃相越少，气孔也越少，其性能越好，但工艺复杂，成本高。

氧化铝陶瓷的强度比普通陶瓷高 2~3 倍，有的甚至高 5~6 倍；硬度高，仅次于金刚石、碳化硼、立方氮化硼和碳化硅；有很好的耐磨性；耐高温性能好；$Al_2O_3$ 含量高的刚玉瓷有高蠕变抗力，能在 1600℃ 高温下长期工作；耐蚀性及绝缘性好。缺点是脆性大，抗热振性差，不能承受环境温度的突然变化。主要用于制作内燃机的火花塞、火箭和导弹整流罩、轴承、切削工具，以及石油及化工用泵的密封环、纺织机上的导线器、熔化金属的坩埚及高温热电偶套管等。

(2) **氧化锆陶瓷** 氧化锆陶瓷的熔点在 2700℃ 以上，能耐 2300℃ 的高温，其推荐使用的温度为 2000~2200℃。由于它还能抗熔融金属的侵蚀，所以多用作铂、锗等金属的冶炼坩埚和 1800℃ 以上的发热体及炉子、反应堆绝热材料等。特别指出，氧化锆作添加剂可大大提高陶瓷材料的强度和韧性。各种氧化锆增韧陶瓷在工程结构陶瓷领域的研究和应用不断取得突破。氧化锆增韧氧化铝陶瓷材料的强度达 1200MPa，断裂韧度为 15MPa·$m^{1/2}$，分别比原氧化铝提高了 3 倍和近 3 倍。氧化锆增韧陶瓷可替代金属制造模具、拉丝模、泵叶轮等，还可制造汽车零件，如凸轮、推杆、连杆等。氧化锆增韧陶瓷制成的剪刀既不生锈，也不导电。

(3) **氧化镁/钙陶瓷** 氧化镁/钙陶瓷通常是由热白云石（镁/钙的碳酸盐）矿石除去 $CO_2$ 而制成的。其特点是能抗各种金属碱性渣的作用，因而常作炉衬的耐火砖。但这种陶瓷的缺点是热稳定性差，MgO 在高温下易挥发，CaO 甚至在空气中就易水化。

(4) **氧化铍陶瓷** 除了具备一般陶瓷的特性外，氧化铍陶瓷最大的特点是导热性好，因而具有很高的热稳定性。虽然其强度不高，但抗热冲击性较好。由于氧化铍陶瓷具有消散高辐射的能力强、热中子阻尼系数大等特点，所以经常用于制造坩埚，还可作为真空陶瓷和原子反应堆陶瓷等。另外，气体激光管、晶体管热片和集成电路的基片和外壳等也多用该种陶瓷制造。

(5) **氧化钍/铀陶瓷** 这是具有放射性的一类陶瓷，具有极高的熔点和密度，多用于制造熔化铑、铂、银和其他金属的坩埚及动力反应堆中的放热元件等。氧化钍陶瓷还可用于制造电炉构件。

常见氧化物陶瓷的基本性能见表 10-3。

表 10-3 常见氧化物陶瓷的基本性能

| 氧化物 | 熔点/℃ | 理论密度/($10^3$kg/$m^3$) | 强度/MPa 抗拉 | 强度/MPa 抗弯 | 强度/MPa 抗压 | 弹性模量/$10^3$MPa | 莫氏硬度 | 线胀系数/$10^{-6}$℃$^{-1}$ | 无气孔时的热导率/[W/(m·K)] | 体积电阻率/Ω·m | 抗氧化性 | 热稳定性 | 耐蚀能力 |
|---|---|---|---|---|---|---|---|---|---|---|---|---|---|
| $Al_2O_3$ | 2050 | 3.99 | 255 | 147 | 2943 | 375 | 9 | 8.4 | 28.8 | $10^{14}$ | 中 | 高 | 高 |
| $ZrO_2$ | 2715 | 5.6 | 147 | 226 | 2060 | 169 | 7 | 7.7 | 1.7 | $10^2$ (1000℃) | 中 | 低 | 高 |

(续)

| 氧化物 | 熔点/℃ | 理论密度/($10^3$kg/$m^3$) | 强度/MPa ||| 弹性模量/$10^3$MPa | 莫氏硬度 | 线胀系数/$10^{-6}$℃$^{-1}$ | 无气孔时的热导率/[W/(m·K)] | 体积电阻率/Ω·m | 抗氧化性 | 热稳定性 | 耐蚀能力 |
|---|---|---|---|---|---|---|---|---|---|---|---|---|---|
|  |  |  | 抗拉 | 抗弯 | 抗压 |  |  |  |  |  |  |  |  |
| BeO | 2570 | 3.02 | 98 | 128 | 785 | 304 | 9 | 10.6 | 209 | $10^{12}$ | 中 | 高 | 中 |
| MgO | 2800 | 3.58 | 98 | 108 | 1373 | 210 | 5~6 | 15.6 | 34.5 | $10^{13}$ | 中 | 低 | 中 |
| CaO | 2570 | 3.35 |  | 78 |  |  | 4~5 | 13.8 | 14 | $10^{12}$ | 中 | 低 | 中 |
| ThO$_2$ | 3050 | 9.69 | 98 |  | 1472 | 137 | 6.5 | 10.2 | 8.5 | $10^{11}$ | 中 | 低 | 高 |
| UO$_2$ | 2760 | 10.96 |  |  | 961 | 161 | 3.5 | 10.5 | 7.3 | 10(800℃) | 中 |  |  |

#### 2. 氮化物陶瓷

(1) 氮化硅陶瓷  它是以 Si$_3$N$_4$ 为主要成分的陶瓷，Si$_3$N$_4$ 为主晶相。按其制造工艺不同可分为热压烧结氮化硅（β-Si$_3$N$_4$）陶瓷和反应烧结氮化硅（α-Si$_3$N$_4$）陶瓷。热压烧结氮化硅陶瓷组织致密，气孔率接近于零，强度高。反应烧结氮化硅陶瓷是以 Si 粉或 Si-SiN$_4$ 粉为原料，压制成型后经氮化处理而得到的。因其有 20%~30% 的气孔，强度不及热压烧结氮化硅陶瓷，但与 95 瓷相近。氮化硅陶瓷硬度高，摩擦因数小，只有 0.1~0.2；具有自润滑性，可以在没有润滑剂的条件下使用；蠕变抗力高，线胀系数小，抗热振性能在陶瓷中最佳，比 Al$_2$O$_3$ 陶瓷高 2~3 倍；化学稳定性好，抗氢氟酸以外的各种无机酸和碱溶液的侵蚀，也能抵抗熔融非铁金属的侵蚀。此外，由于氮化硅为共价晶体，因此具有优异的电绝缘性能。

反应烧结氮化硅陶瓷因在氮化过程中可进行机加工，因此主要用于制作形状复杂、尺寸精度高、耐热、耐蚀、耐磨、绝缘的制品，如石油、化工泵的密封环、高温轴承、热电偶导管。热压烧结氮化硅陶瓷只用于制作形状简单的耐磨、耐高温零件，如切削刀具等。

近年来在氮化硅中添加一定数量的 Al$_2$O$_3$ 制成的过渡新型陶瓷材料，称为塞伦（Sialon）陶瓷。它用常压烧结方法就能达到接近热压烧结氮化硅陶瓷的性能，是目前强度最高并有优异的化学稳定性、耐磨性和热稳定性的陶瓷。

(2) 氮化硼陶瓷  氮化硼陶瓷的主晶相是 BN，属于共价晶体。其晶体结构与石墨相仿为六方晶格，故有白石墨之称。此类陶瓷具有良好的耐热性和导热性；线胀系数小（比其他陶瓷及金属均低得多），故其抗热振性和热稳定性均好；绝缘性好，在 2000℃ 的高温下仍是绝缘体；化学稳定性高，能抵抗铁、铝、镍等熔融金属的侵蚀；硬度较其他陶瓷低，可进行切削加工；有自润滑性。它常用于制作热电偶套管、熔炼半导体及金属的坩埚、冶金用高温容器和管道、玻璃制品成型模、高温绝缘材料等。此外，由于 BN 有很大的吸收中子截面，可作为核反应堆中吸收热中子的控制棒。立方氮化硼由于其硬度高，在 1925℃ 高温下不会氧化，已成为金刚石的代用品。

#### 3. 碳化物陶瓷

碳化物陶瓷包括碳化硅、碳化硼、碳化铈、碳化钼、碳化铌、碳化钛、碳化钨、碳化钽、碳化钒、碳化锆和碳化铪等。该类陶瓷的突出特点是具有很高的熔点、硬度（接近于金刚石）和耐磨性（特别是在侵蚀性介质中），缺点是耐高温氧化能力差（900~1000℃）、脆性极大。

(1) 碳化硅陶瓷　碳化硅陶瓷在碳化物陶瓷中的应用最为广泛。其密度为 $3.2 \times 10^3 kg/m^3$，抗弯强度和抗压强度分别为 200~250MPa 和 1000~1500MPa，莫氏硬度为 9.2（高于氧化物陶瓷中最高的刚玉和氧化铍的硬度）。该种材料热导率很高，线胀系数很小，但在 900~1300℃ 时会慢慢氧化。

碳化硅陶瓷通常用于制作加热元件、石墨表面保护层及砂轮和磨料等。将由有机黏结剂黏结的碳化硅陶瓷，加热至 1700℃ 后加压成型，有机黏结剂被烧掉，碳化物颗粒间呈晶态黏结，从而形成高强度、高致密度、高耐磨性和高抗化学侵蚀的耐火材料。

(2) 碳化硼陶瓷　碳化硼陶瓷的硬度极高，抗磨粒磨损能力很强，熔点高达 2450℃ 左右。但在高温下会快速氧化，并与热或熔融钢铁材料发生反应。因此其使用温度限定在 980℃ 以下。其主要用途是制作磨料，有时用于超硬质工具材料。

(3) 其他碳化物陶瓷　碳化铈、碳化钼、碳化铌、碳化钽、碳化钨和碳化锆陶瓷的熔点和硬度都很高，通常在 2000℃ 以上的中性或还原气氛中作为高温材料使用。碳化铌、碳化钛等甚至可用于 2500℃ 以上的氮气气氛。在各类碳化物陶瓷中，碳化铪的熔点最高，达 2900℃。

### 4. 硼化物陶瓷

最常见的硼化物陶瓷包括硼化铬、硼化钼、硼化钛、硼化钨和硼化锆等。其特点是高硬度，同时具有较好的耐化学侵蚀能力，其熔点范围为 1800~2500℃。比起碳化物陶瓷，硼化物陶瓷具有较高的抗高温氧化性能，使用温度达 1400℃。硼化物陶瓷主要用于高温轴承、内燃机喷嘴、各种高温器件、处理熔融非铁金属的器件等。此外，还用作防触电材料。

常用工程结构陶瓷的种类、性能和应用见表 10-4。

表 10-4　常用工程结构陶瓷的种类、性能和应用

| 名称 | | 密度/ $(g/cm^3)$ | 抗弯强度/ MPa | 抗拉强度/ MPa | 抗压强度/ MPa | 线胀系数/ $10^{-6}℃^{-1}$ | 应用举例 |
|---|---|---|---|---|---|---|---|
| 普通陶瓷 | 普通工业陶瓷 | 2.3~2.4 | 65~85 | 26~36 | 460~680 | 3~6 | 绝缘子、绝缘的机械支撑件、静电纺织导纱器 |
| | 化工陶瓷 | 2.1~2.3 | 30~60 | 7~12 | 80~140 | 4.5~6 | 受力不大、工作温度低的酸碱容器、反应塔、管道 |
| 特种陶瓷 | 氧化铝陶瓷 | 3.2~3.9 | 250~450 | 140~250 | 1200~2500 | 5~6.7 | 内燃机火花塞、轴承、化工、石油用泵的密封环，火箭和导弹整流罩，坩埚，热电偶套管，刀具等 |
| | 氮化硅陶瓷 反应烧结 热压烧结 | 2.4~2.6 3.10~3.18 | 166~206 490~590 | 141 150~275 | 1200 — | 2.99 3.28 | 耐磨、耐蚀、耐高温零件，如石油、化工泵的密封环，电磁泵管道、阀门，热电偶套管，转子发动机刮片，高温轴承，刀具等 |

(续)

| | 名称 | 密度/<br>(g/cm³) | 抗弯强度/<br>MPa | 抗拉强度/<br>MPa | 抗压强度/<br>MPa | 热胀系数/<br>$10^{-6}℃^{-1}$ | 应用举例 |
|---|---|---|---|---|---|---|---|
| 特种陶瓷 | 氮化硼陶瓷 | 2.15~2.2 | 53~109 | 25<br>(1000℃) | 233~315 | 1.5~3 | 坩埚、绝缘零件、高温轴承、玻璃制品成型模等 |
| | 氮化镁陶瓷 | 3.0~3.6 | 160~280 | 60~80 | 780 | 13.5 | 熔炼Fe、Cu、Mo、Mg等金属的坩埚及熔化高纯度U、Th及其合金的坩埚 |
| | 氮化铍陶瓷 | 2.9 | 150~200 | 97~130 | 800~1620 | 9.5 | 高绝缘电子元件,核反应堆中子减速剂和反射材料、高频电炉坩埚 |
| | 氮化锆陶瓷 | 5.5~6.0 | 1000~1500 | 140~500 | 144~2100 | 4.5~11 | 熔炼Pt、Pd、Pb等金属的坩埚、电极等 |

**【例10-1】** 为什么氮化硼陶瓷既可进行各种切削加工,又可制作耐磨切削刀具、高温磨具和磨料?

**答:** 氮化硼陶瓷有六方和立方两种晶体结构。六方晶体结构的氮化硼和石墨类似,硬度低,可进行各种切削加工。而在高压和1360℃时,六方晶体结构的氮化硼会转变为立方β-BN结构的氮化硼,硬度接近金刚石的硬度,所以又可以制作耐磨切削刀具、高温磨具和磨料。

## 10.3 金属陶瓷

金属陶瓷是以金属氧化物(如$Al_2O_3$、$ZrO_2$等)或金属碳化物(如TiC、WC、TaC、NbC等)为主要成分,再加入适量的金属粉末(如Co、Cr、Ni、Mo等),通过粉末冶金方法制成的,具有金属的某些性质的陶瓷。它是制造金属切削刀具、模具和耐磨零件的重要材料。

**【例10-2】** 简述陶瓷的性能特点及主要缺点产生的原因,并提出改进方法。

**答:** 陶瓷具有高耐热性、高化学稳定性、不老化性、高的硬度和良好的抗压能力。陶瓷的主要缺点是脆性高,抗拉和抗弯强度低,不易加工。这是因为大多数陶瓷材料晶体结构复杂,滑移系少,位错可动性差。提高陶瓷材料韧性和强度的方法主要有以下几种:

1) 获得晶粒细小、密度高、纯度高的陶瓷,消除缺陷,提高晶体的完整性。
2) 在陶瓷表面引入压应力,提高强度。
3) 消除表面缺陷。
4) 复合强化,如碳纤维增强陶瓷基复合材料。
5) 相变增韧。如组织为正方相的$ZrO_2$颗粒分布于立方相$ZrO_2$基体上,在外力作用下,裂纹尖端的正方相转变为斜方相,消耗一部分能量;同时相变产生体积膨胀,周围基体受压,减缓裂纹扩展。

### 10.3.1 粉末冶金方法及其应用

金属件一般是经过熔炼和铸造方法生产出来的，但是对于高熔点的金属和金属化合物，用上述方法制取很困难且不经济。20 世纪初研制出了一种由粉末经压制成型并烧结而制成零件或毛坯的方法，这种方法称为粉末冶金法（powder metallurgy process）。其实质是陶瓷生产工艺在冶金中的应用。

粉末冶金法是一种可以制造具有特殊性能金属件的加工方法，也是一种精密的少、无切削加工的方法。近年来，粉末冶金技术和生产迅速发展，在机械、高温金属、电气电子行业的应用日益广泛。

粉末冶金的应用主要有以下几个方面。

(1) 减摩材料  应用最早的是含油轴承。因为毛细孔可吸附大量润滑油，一般含油率为 12%～30%（质量分数），所以利用粉末冶金的多孔性能够使滑动轴承浸在润滑油中，故含油轴承有自润滑作用。一般作为中速、轻载的轴承使用，特别适于用作不能经常加油的轴承，如纺织机械、食品机械、家用电器等所用的轴承，在汽车、拖拉机、机床中也有应用。常用含油轴承有铁基（Fe+石墨、Fe+S+石墨等）和铜基（Cu+Sb+Pb+Zn+石墨等）两大类。

(2) 结构材料  用碳素钢或合金钢的粉末为原料，采用粉末冶金方法制造结构零件。该类制品的精度较高、表面光洁（径向精度 2～4 级、表面粗糙度 $Ra$ 值为 1.6～0.2μm），不需或少量切削加工即为成品零件，制品可通过热处理和后处理来提高强度和耐磨性，用来制造液压泵齿轮、电钻齿轮、凸轮、衬套等及各类仪表零件，是一种少、无切屑新工艺。

(3) 高熔点材料  一些高熔点的金属和金属化合物，如 W、Mo、WC、TiC 等，其熔点都在 2000℃ 以上，用熔炼和铸造的方法生产比较困难，而且难以保证纯度和冶金质量，可通过粉末冶金生产，如各种金属陶瓷、钨丝及 Mo、Ta、Nb 等难熔金属和高温合金。

此外，粉末冶金还用于制造特殊电磁性能材料，如硬磁材料、软磁材料；多孔过滤材料，用于空气的过滤、水的净化、液体燃料和润滑油的过滤等；假合金材料，如钨-铜、铜-石墨系等电接触材料，这类材料的组元在液态下互不溶解或各组元的密度相差悬殊，只能用粉末冶金法制取合金。

由于设备和模具的限制，粉末冶金只能生产尺寸有限和形状不很复杂的制品，烧结零件的韧性较差，生产效率不高，成本较高。

### 10.3.2 硬质合金

硬质合金是金属陶瓷的一种，它是以金属碳化物（如 WC、TiC、TaC 等）为基体，再加入适量金属粉末（如 Co、Ni、Mo 等）作黏结剂而制成的具有金属性质的粉末冶金材料。

#### 1. 硬质合金的性能特点

(1) 高硬度、耐磨性好、高热硬性  这是硬质合金的主要性能特点。由于硬质合金以高硬度、高耐磨性和高热稳定性的碳化物为骨架起坚硬耐磨作用，所以，在常温下硬度可达 86～93HRA（相当于 69～81HRC）。故作切削刀具使用时，其耐磨性、寿命和切削速度都比高速钢显著提高。

(2) 抗压强度、弹性模量高  抗压强度可达 6000MPa，高于高速钢；但抗弯强度低，只有高速钢的 1/3~1/2。其弹性模量很高，约为高速钢的 2~3 倍；但它的韧性很差，$a_K$ 仅为 2.5~6J/cm$^2$，为淬火钢的 30%~50%。此外，硬质合金还有良好耐蚀性和抗氧化性，线胀系数比钢低。

抗弯强度低、脆性大、导热性差是硬质合金的主要缺点，因此在加工、使用过程中要避免冲击和温度急剧变化。

硬质合金由于硬度高，不能用一般的切削方法进行加工，只有采用电加工（电火花、线切割）和专门的砂轮磨削。一般是将一定形状和规格的硬质合金制品，通过粘接、钎焊或机械装夹等方法固定在钢制刀体或模具体上使用。

#### 2. 硬质合金的分类、编号和应用

（1）硬质合金分类及编号 常用的硬质合金按成分和性能特点分为三类，其代号、成分与性能见表 10-5。

表 10-5 常用硬质合金的代号、成分和性能

| 类别 | 代号① | 化学成分（质量分数,%） | | | | 物理、力学性能 | | |
|---|---|---|---|---|---|---|---|---|
| | | WC | TiC | TaC | Co | 密度/(g/cm$^3$) | 硬度 HRA（不低于） | 抗弯强度/MPa（不低于） |
| 钨钴类硬质合金 | YG3X | 96.5 | — | <0.5 | 3 | 15.0~15.3 | 91.5 | 1100 |
| | YG6 | 94 | — | — | 6 | 14.6~15.0 | 89.5 | 1450 |
| | YG6X | 93.5 | — | <0.5 | 6 | 14.6~15.0 | 91 | 1400 |
| | YG8 | 92 | — | — | 8 | 14.5~14.9 | 89 | 1500 |
| | YG8C | 92 | — | — | 8 | 14.5~14.9 | 88 | 1750 |
| | YG11C | 89 | — | — | 11 | 14.0~14.4 | 86.5 | 2100 |
| | YG15 | 85 | — | — | 15 | 13.9~14.2 | 87 | 2100 |
| | YG20C | 80 | — | — | 20 | 13.4~13.8 | 82~84 | 2200 |
| | YG6A | 91 | — | 3 | 6 | 14.6~15.0 | 91.5 | 1400 |
| | YG8A | 91 | — | <1.0 | 8 | 14.5~14.9 | 89.5 | 1500 |
| 钨钴钛类硬质合金 | YT5 | 85 | 5 | — | 10 | 12.5~13.2 | 89 | 1400 |
| | YT15 | 79 | 15 | — | 6 | 11.0~11.7 | 91 | 1150 |
| | YT30 | 66 | 30 | — | 4 | 9.3~9.7 | 92.5 | 900 |
| 通用硬质合金 | YW1 | 84 | 6 | 4 | 6 | 12.8~13.3 | 91.5 | 1200 |
| | YW2 | 82 | 6 | 4 | 8 | 12.6~13.0 | 90.5 | 1300 |

① 代号中的"X"代表该合金是细颗粒合金；"C"代表粗颗粒合金；不加字母的为一般颗粒合金。"A"代表含有少量 TaC 的合金。

1）钨钴类硬质合金。由碳化钨和钴组成，常用代号有 YG3、YG6、YG8 等。代号中的"YG"为"硬""钴"两字汉语拼音首位字母，后面的数字表示钴的含量（质量分数×100）。如 YG6，表示 $w(Co)=6\%$，余量为碳化钨的钨钴类硬质合金。

2）钨钴钛类硬质合金。由碳化钨、碳化钛和钴组成，常用代号有 YT5、YT15、YT30

等。代号中"YT"为"硬""钛"两字的汉语拼音首位字母,后面的数字表示碳化钛的含量(质量分数×100)。如YT15,表示 $w(TiC)=15\%$,余量为碳化钨及钴的钨钴钛类硬质合金。

硬质合金中,碳化物含量越多,钴含量越少,则硬质合金的硬度、热硬性及耐磨性越高,但强度及韧性越低。当含钴量相同时,钨钴钛合金由于含有碳化钛,故硬度、耐磨性较高,同时,由于这类合金表面形成一层氧化钛薄膜,切削时不易粘刀,故有较高的热硬性,但其强度和韧性比钨钴类硬质合金低。

3)通用硬质合金。在成分中添加TaC或NbC取代部分TiC。其代号用"硬""万"两字汉语拼音首位字母"YW"加顺序号表示,如YW1、YW2。它的热硬性高(>900℃),其他性能介于钨钴类与钨钴钛类硬质合金之间。它既能加工钢材,又能加工铸铁和有色金属,故称为通用或万能硬质合金。

(2)硬质合金的应用 在机械制造中,硬质合金主要用于制造切削刀具、冷作模具、量具和耐磨性零件。

钨钴类硬质合金刀具主要用来切削加工产生断续切屑的脆性材料,如铸铁、有色金属、胶木及其他非金属材料。钨钴钛类硬质合金主要用来切削加工韧性材料,如各种钢。在同类硬质合金中,钴含量多的硬质合金的韧性好些,适于粗加工;钴含量少的适宜精加工。通用硬质合金既可切削脆性材料,又可切削韧性材料,特别对于不锈钢、耐热钢、高锰钢等难加工的钢材,切削加工效果更好。

硬质合金也用于冷拔模、冷冲模、冷挤压模及冷镦模。在量具的易磨损工作面上镶嵌硬质合金,使量具的使用寿命延长、可靠性提高。许多耐磨零件,如机床顶尖、无心磨导杠和导板等,也都应用硬质合金。硬质合金是一种重要的刀具材料。

### 3. 钢结硬质合金

钢结硬质合金是近年来发展的一种新型硬质合金。它是以一种或几种碳化物(WC、TiC)等为硬化相,以合金钢(高速钢、铬钼钢)粉末为黏结剂,经配料、压制成型、烧结而成的。

钢结硬质合金具有与钢一样的可加工性能,可以锻造、焊接和热处理。在锻造退火后,硬度为40~45HRC,这时能用一般切削加工方法进行加工。加工成工具后,经过淬火、低温回火后,硬度可达69~73HRC。用其作刀具,寿命与钨钴类硬质合金差不多,而大大超过合金工具钢。它可以制造各种复杂的刀具,如麻花钻、铣刀等,也可以制造在较高温度下工作的模具和耐磨零件。

脆性大、韧性低、难以加工成型是制约工程结构陶瓷发展及应用的主要原因。近年来,国内外都在陶瓷的成分设计、改变组织结构、创建新工艺等方面加强研究,以期达到增韧及扩大品种的目的。利用 $ZrO_2$ 进行相变增韧、纤维补强增韧以及应用特殊工艺及方法,制造"微米陶瓷"及"纳米陶瓷"等增韧技术都取得了一定进展。用纳米陶瓷材料可制得"摔不碎的酒杯"或"摔不碎的碗",这无疑会进一步扩大其在工程结构中的应用范围。

在结构陶瓷发展的同时,种类繁多、性能各异的功能陶瓷也不断涌现。导电陶瓷、压电陶瓷、快离子导体陶瓷、光学陶瓷(如光导纤维、激光材料)、敏感陶瓷(如光敏、气敏、热敏、湿敏陶瓷)、激光陶瓷、超导陶瓷等陶瓷材料在各个领域中正发挥着巨大的作用。

## 思考题与习题

**一、名词解释**

陶瓷、金属陶瓷、特种陶瓷、刚玉陶瓷、氮化硅陶瓷、硬质合金、玻璃、烧结、硅酸盐和陶瓷的热稳定性

**二、选择题**

1. $Al_2O_3$ 陶瓷可用作_____，SiC 陶瓷可用作_____，$Si_3N_4$ 陶瓷可用作_____。
   A. 砂轮　　B. 叶片　　C. 刀具　　D. 磨料　　E. 坩埚

2. 传统陶瓷包括_____，而特种陶瓷主要包括_____。
   A. 水泥　　B. 氧化铝　　C. 碳化硅　　D. 氮化硼　　E. 耐火材料
   F. 日用陶瓷　　G. 氮化硅　　H. 玻璃

3. 热电偶套管用_____合适，验电笔用_____合适，汽轮机叶片用_____合适。
   A. 聚氯乙烯　　B. 20Cr13　　C. 高温陶瓷　　D. 锰黄铜

4. 氧化物主要是_____，碳化物主要是_____，氮化物主要是_____。
   A. 金属键　　B. 共价键　　C. 分子键　　D. 离子键

5. 金属陶瓷的气孔率为_____，普通陶瓷的气孔率为_____，特种陶瓷的气孔率为_____。
   A. 5%~10%　　B. <5%　　C. <0.5%

6. 指出下列陶瓷的特性：石英_____，MgO_____，石英玻璃_____，石墨_____，$Al_2O_3$_____，钠硅酸盐玻璃_____。
   A. 熔点最低　　B. 线胀系数最小　　C. 透明　　D. 导热性最好
   E. 在1650℃的热空气中稳定　　F. 晶体

7. 耐火材料主要是_____，耐热材料主要是_____。
   A. 碳化物陶瓷　　B. 氧化物陶瓷　　C. 氮化物陶瓷

8. 陶瓷材料弹性模量一般比低碳钢_____，而比橡胶_____。
   A. 小　　B. 大　　C. 相同

9. 陶瓷材料晶相的晶粒越细，其抗弯强度越_____，这与金属材料中晶粒越细，强度越_____的情况_____。
   A. 高　　B. 低　　C. 相同　　D. 相反

**三、是非题**

1. 陶瓷材料中有晶相、固溶体相和气相。（　　）
2. 陶瓷材料的物理、化学性能主要取决于晶相。（　　）
3. 陶瓷材料的强度都很高。（　　）
4. 立方氮化硼（BN）的硬度与金刚石相近，是金刚石很好的代用品。（　　）
5. 陶瓷材料可以作高温材料，也可作耐磨材料。（　　）
6. 陶瓷材料可以作刀具材料，也可作保温材料。（　　）
7. 有人说用陶瓷的生产方法生产的制品都可称为陶瓷。（　　）
8. 氧化物陶瓷为密排结构，依靠强大的离子键使其具有很高的熔点和化学稳定性。（　　）
9. 玻璃的结构是硅氧四面体在空间组成的不规则网络结构。（　　）
10. 陶瓷材料的强度都很高。（　　）

**四、综合题**

1. 试述我国传统陶瓷各原料（黏土、石英、长石）的作用和其成瓷过程及所得到的组织。
2. 试述玻璃成分中各种氧化物的作用及对性能的影响。
3. 简述作为高温结构材料使用的金属陶瓷的成分和组织。

4. 何谓传统陶瓷？何谓特种陶瓷？两者在成分上有何异同？
5. 陶瓷材料的显微组织中通常有哪三种相？它们对材料的性能有何影响？
6. 简述陶瓷材料的种类、性能特点及应用。
7. 简述硬质合金的种类、性能特点及应用。
8. 钢结硬质合金的成分、性能及应用特点是什么？
9. What are the roles of stearic acid and wax in powder processing of ceramics?
10. why are sintering and hot isostatic pressing necessary for structural parts made from the powder metallurgy process?
11. List and briefly describe the five steps involved in the powder metallurgy process?

# 第 11 章 复合材料

曾经思考过这些问题吗？
1. 在我们身边有哪些复合材料？
2. 波音787主要是由什么材料制造的？
3. 鲍鱼壳和粉笔都由碳酸钙构成，为什么前者硬得多？
4. 复合材料的性能和组成材料的性能有什么关系？
5. 市场上的玻璃钢是什么材料？

## 11.1 概述

随着现代机械、电子、化工、国防等工业的发展及航天、信息、能源、激光、自动化等高科技的进步，对材料性能的要求越来越高。除了要求材料具有高的比强度、高的比模量、耐高温、耐疲劳等性能外，还对材料的耐磨性、尺寸稳定性、减振性、无磁性、绝缘性等提出了特殊要求，甚至有些构件要求材料同时具有相互矛盾的性能。如要求材料即导电又绝缘；强度比钢好而弹性又比橡胶强，并能焊接等。这对单一的金属、陶瓷及高分子材料来说是无法实现的。若采用复合技术，把一些具有不同性能的材料复合起来，取长补短，就能实现这些性能要求，于是现代复合材料应运而生。

### 11.1.1 复合材料的概念

所谓复合材料（composites），是指由两种或两种以上不同性质的材料，通过不同的工艺方法人工合成的，各组分有明显界面且性能优于各组成材料的多相材料。为满足性能要求，人们在不同的非金属之间、金属之间及金属与非金属之间进行"复合"，使其既保持组成材料的最佳特性，同时又具有组合后的新性能。有些性能往往超过各项组成材料的性能总和，从而充分地发挥了材料的性能潜力。"复合"已成为改善材料性能的一种手段，复合材料已引起人们的重视，新型复合材料的研制和应用也越来越广泛。

### 11.1.2 复合材料的分类

**1. 按照基体材料分类**

（1）非金属基复合材料（nonmetal-matrix composites） 其又分为：无机非金属基复合材料，如陶瓷基（ceramic-matrix）、水泥基（concrete-matrix）复合材料等；有机非金属材料基复合材料，如塑料基（plastic-matrix）、橡胶基（rubber-matrix）复合材料。

(2) 金属基复合材料（metal-matrix composites） 如铝基、铜基、镍基、钛基复合材料。

**2. 按照增强材料分类**

(1) 叠层复合材料（laminar composites） 如双层金属复合材料（巴氏合金-钢轴承材料）、三层复合材料（钢-铜-塑料复合无油滑动轴承材料），如图 11-1a 所示。

(2) 纤维增强复合材料（fiber-reinforced composites） 如纤维增强塑料、纤维增强橡胶、纤维增强陶瓷、纤维增强金属等，如图 11-1b 所示。

(3) 粒子增强复合材料（particle-reinforced composites） 如金属陶瓷、烧结弥散硬化合金等，如图 11-1c 所示。

(4) 混杂复合材料 由两种或两种以上增强相材料混杂于一种基体相材料中构成。与普通单一增强相复合材料相比，其冲击韧度、疲劳强度和断裂韧度显著提高，并具有特殊的热膨胀性能。分为层内混杂、层间混杂、夹芯混杂、层内/层间混杂和超混杂复合材料。

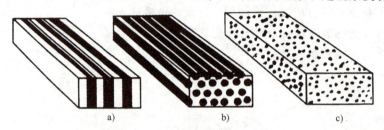

图 11-1 复合材料增强相的主要形态
a) 叠层复合 b) 纤维增强复合 c) 粒子增强复合

在上述前三类增强材料中，以纤维增强复合材料发展最快、应用最广。复合材料的分类见表 11-1。

表 11-1 复合材料的种类

| 增强体 | | | 基体 | | | | | | | |
|---|---|---|---|---|---|---|---|---|---|---|
| | | | 金属 | 无机非金属 | | | | 有机非金属 | | |
| | | | | 陶瓷 | 玻璃 | 水泥 | 碳素 | 木材 | 塑料 | 橡胶 |
| 金属 | | | 金属基复合材料 | 陶瓷基复合材料 | 金属网嵌玻璃 | 钢筋水泥 | 无 | 无 | 金属丝增强材料 | 金属丝增强橡胶 |
| 无机非金属 | 陶瓷 | 纤维 | 金属基超硬合金 | 增强陶瓷 | 陶瓷增强玻璃 | 增强水泥 | 无 | 无 | 陶瓷纤维增强塑料 | 陶瓷纤维增强橡胶 |
| | | 粒料 | | | | | | | | |
| | 碳素 | 纤维 | 碳纤维增强合金 | 增强陶瓷 | 陶瓷增强玻璃 | 增强水泥 | 碳纤维增强碳复合材料 | 无 | 碳纤维增强塑料 | 碳纤碳黑增强橡胶 |
| | | 粒料 | | | | | | | | |
| | 玻璃 | 纤维 | 无 | 无 | 无 | 增强水泥 | 无 | 无 | 玻璃纤维增强塑料 | 玻璃纤维增强橡胶 |
| | | 粒料 | | | | | | | | |
| 有机非金属 | 木材 | | 无 | 无 | 无 | 水泥木丝板 | 无 | 无 | 纤维板 | 无 |
| | 高聚物纤维 | | 无 | 无 | 无 | 增强水泥 | 无 | 塑料合板 | 高聚物纤维增强塑料 | 高聚物纤维增强橡胶 |
| | 橡胶颗粒 | | 无 | 无 | 无 | 无 | 无 | 橡胶合板 | 高聚物合金 | 高聚物合金 |

#### 3. 按性能分类

（1）**结构复合材料**　以其力学性能（如强度、刚度、形变等特性）为工程所应用，主要用于结构承力或维持结构外形。如制作飞机零部件所用的芳纶纤维、碳纤维、硼纤维增强的环氧树脂复合材料，制作汽车活塞所用的 $Al_2O_3$ 短纤维增强铝基复合材料。

（2）**功能复合材料**　功能复合材料是指除力学性能以外而提供其他物理性能的复合材料，如导电、超导、半导、磁性、压电、阻尼、吸波、透波、摩擦、屏蔽、阻燃、防热、吸声和隔热等并突显某一功能。由功能体和增强体及基体组成。功能体可由一种或一种以上功能材料组成。多元功能体的复合材料可以具有多种功能。同时，还可能具有由于复合效应而产生的新的功能。多功能复合材料是功能复合材料的发展方向。

### 11.1.3　复合材料的命名

（1）**以基体为主来命名**　强调基体时以基体（matrix）为主来命名，如金属基复合材料。

（2）**以增强材料为主命名**　强调增强材料时以增强材料（reinforcements）为主来命名，如碳纤维增强复合材料。

（3）**基体与增强材料并用**　这种命名法常用以指某一具体复合材料，一般将增强材料名称放在前面，基体材料的名称放在后面，最后加"复合材料"而成。如，"C/Al 复合材料"即为碳纤维增强铝合金复合材料。

（4）**商业名称命名**　如"玻璃钢"即为玻璃纤维增强树脂基复合材料。

## 11.2　复合材料的增强机制及性能

### 11.2.1　复合材料的增强机制

#### 1. 纤维增强复合材料的增强机制

纤维增强复合材料（fiber-reinforced composites）是由高强度、高弹性模量的连续（长）纤维或不连续（短）纤维与基体（树脂、金属或陶瓷等）复合而成。复合材料受力时，高弹性、高模量的增强纤维承受大部分载荷，而基体主要作为媒介，传递和分散载荷。

单向纤维增强复合材料的断裂强度 $\sigma_c$ 和弹性模量 $E_c$ 与各部分材料性能关系为

$$\sigma_c = k_1[\sigma_f \varphi_f + \sigma_m(1-\varphi_f)]$$
$$E_c = k_2[E_f \varphi_f + E_m(1-\varphi_f)]$$

式中，$\sigma_f$、$E_f$ 分别为纤维的断裂强度和弹性模量；$\sigma_m$、$E_m$ 分别为基体材料的强度和弹性模量；$\varphi_f$ 为纤维的体积分数；$k_1$、$k_2$ 为常数，主要与界面强度有关，也与纤维与基体界面的结合强度有关，还与纤维的排列、分布方式、断裂形式有关。

为达到强化目的，必须满足下列条件：

1）增强纤维的强度（strength）、弹性模量（elastic modulus）应远远高于基体，以保证复合材料受力时主要由纤维承受外加载荷。常用纤维的性能见表 11-2。

2）纤维和基体之间应有一定的结合强度（bond strength），这样才能保证基体所承受的载荷能通过界面传给纤维，并防止脆性断裂。

表 11-2 常用纤维的性能

| 纤维种类 | 密度/（g/cm³） | 抗拉强度/GPa | 比强度/($10^6$ N·m/kg) | 弹性模量/GPa | 比模量/($10^8$ N·m/kg) |
| --- | --- | --- | --- | --- | --- |
| 碳纤维 | 1.78~2.15 | 2.2~4.8 | 0.7~2.7 | 340~720 | 106~406 |
| 玻璃纤维 | 2.58 | 3.4 | 1.34 | 72 | 28 |
| $Al_2O_3$ 纤维 | 3.95 | 2.0 | 0.35 | 380 | 96 |
| 硼纤维 | 2.57 | 3.6 | 1.40 | 410 | 160 |
| SiC 晶须 | 3.2 | 20 | 6.25 | 480 | 150 |
| SiN 晶须 | 3.2 | 5~7 | 1.56~2.2 | 350~380 | 109~118 |
| 钨丝 | 19.3 | 2.89 | 0.15 | 407 | 21 |
| 钼丝 | 10.2 | 2.2 | 0.22 | 324 | 31.8 |
| 高强度钢丝 | 7.9 | 2.39 | 0.30 | 210 | 26.6 |

3) 纤维的排列方向 (aligning direction) 要和构件的受力方向 (loading direction) 一致，才能发挥增强作用。

4) 纤维和基体之间不能发生使界面结合强度降低的化学反应 (chemical reaction)。

5) 纤维和基体的热胀系数 (coefficient of thermal expansion) 应匹配，不能相差过大，否则在热胀冷缩过程中会引起纤维与基体的结合强度降低。图 11-2 所示为纤维和基体结合不良与良好的电镜照片。

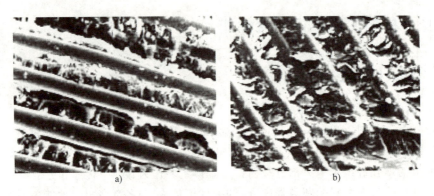

图 11-2　高分子基复合材料中基体与纤维界面结合的电镜照片
a) 结合不良　b) 结合良好

6) 纤维所占体积分数 (volume fraction)、纤维长度 $L$ (fiber length)、直径 $d$ (diameter of fiber) 及长径比 $L/d$ (the ratio of length to diameter) 等必须满足一定要求。纤维体积分数对复合材料性能的影响如图 11-3 所示。

**2. 粒子增强复合材料的增强机制**

粒子增强复合材料 (particle-reinforced composites) 按照颗粒尺寸大小和数量可以分为：弥散强化的复合材料 (dispersion-strengthened composites)，其粒子直径 $d$ 一般为 0.01~0.1μm，粒子体积分数 $\varphi_p$ 为 1%~15%；颗粒增强的复合材料 (particulate-reinfored composites)，粒子直径 $d$ 为 1~50μm，粒子体积分数 $\varphi_p>20\%$。

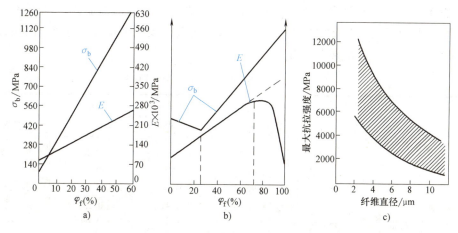

图 11-3 纤维体积分数对复合材料性能的影响

a) 硼纤维增强铝基复合材料的强度与纤维体积分数的关系 b) 纤维增强树脂的强度和弹性模量与纤维体积分数的关系 c) $Si_3N_4$ 纤维的最大抗拉强度与直径的关系（纤维长 625mm）

(1) 弥散强化的复合材料的增强机制　这类复合材料就是将一种或几种材料的颗粒（$d<0.1\mu m$）弥散、均匀地分布在基体材料内所形成的材料。其增强机制是：在外力的作用下，复合材料的基体将主要承受载荷，而弥散均匀分布的增强粒子将阻碍导致基体塑性变形的位错的运动（如金属基体的绕过机制，图 11-4）或分子链的运动（聚合物基体时）。特别是增强粒子大都是氧化物等化合物，其熔点、硬度较高，化学稳定性好，所以粒子加入后，不但使常温下材料的强度、硬度有较大提高，而且使高温下材料的强度下降幅度减小，即弥散强化复合材料的高温

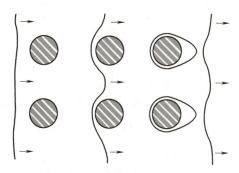

图 11-4 位错绕过增强粒子

强度高于单一材料，强化效果与粒子直径及体积分数有关，质点尺寸越小、体积分数越高，强化效果越好。通常 $d=0.01\sim 0.1\mu m$，$\varphi_p=1\%\sim 15\%$。

(2) 颗粒增强的复合材料的增强机制　这类复合材料是以金属或高分子聚合物为黏结剂，把耐热性好、硬度高但不能耐冲击的金属氧化物、碳化物、氧化物黏结在一起而形成的材料。这类材料既具有陶瓷的高硬度及耐热性，又具有脆性小、耐冲击等优点，显示了突出的复合效果。但是，由于强化相的颗粒比较大（$d>1\mu m$），它对位错的滑移（金属基）和分子链运动（聚合物基）已没有多大的阻碍作用，因此强化效果并不显著，颗粒增强复合主要不是为了提高材料强度，而是为了改善材料的耐磨性或综合的力学性能。

## 11.2.2　复合材料的性能特点

### 1. 比强度和比模量高

强度和弹性模量与密度的比值，分别称为比强度（specific strength）和比模量（specific modulus），它们是衡量材料承载能力的一个重要指标。比强度越高，在同样强度下，同一零件的自重越小；比模量越大，在质量相同的条件下零件的刚度越大。这对高速运动的机械及

要求减轻自重的构件是非常重要的。一些金属与纤维增强复合材料性能的比较见表 11-3。由表可见，复合材料都具有较高的比强度和比模量，尤其是碳纤维-环氧树脂复合材料，其比强度比钢高 7 倍，比模量比钢大 3 倍。

表 11-3 金属与纤维增强复合材料性能比较

| 性能<br>材料 | 密度/<br>(g/cm³) | 抗拉强度/<br>$10^3$MPa | 弹性模量/<br>$10^5$MPa | 比强度/<br>($10^6$N·m/kg) | 比模量/<br>($10^8$N·m/kg) |
|---|---|---|---|---|---|
| 钢 | 7.8 | 1.03 | 2.1 | 0.13 | 27 |
| 铝 | 2.8 | 0.47 | 0.75 | 0.17 | 27 |
| 钛 | 4.5 | 0.96 | 1.14 | 0.21 | 250 |
| 玻璃钢 | 2.0 | 1.06 | 0.4 | 0.539 | 20 |
| 高强度碳纤维-环氧树脂 | 1.45 | 1.5 | 1.4 | 1.03 | 97 |
| 高模量碳纤维-环氧树脂 | 1.6 | 1.07 | 2.4 | 0.67 | 150 |
| 硼纤维-环氧树脂 | 2.1 | 1.38 | 2.1 | 0.66 | 100 |
| 有机纤维-环氧树脂 | 1.4 | 1.4 | 0.8 | 1.0 | 57 |
| SiC 纤维-环氧树脂 | 2.2 | 1.09 | 1.02 | 0.5 | 46 |
| 硼纤维-铝 | 2.65 | 1.0 | 2.0 | 0.38 | 75 |

**2. 良好的抗疲劳性能**

由于纤维增强复合材料特别是纤维-树脂复合材料对缺口应力集中敏感性小，而且纤维与基体界面能够阻止疲劳裂纹扩展，因此复合材料有较高的疲劳极限，如图 11-5 所示。实验表明，碳纤维增强复合材料的疲劳极限可达抗拉强度的 70%~80%，而金属材料的只有其抗拉强度的 40%~50%，如图 11-6 所示。

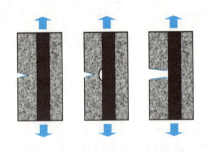

图 11-5 复合材料中疲劳裂纹扩展示意图

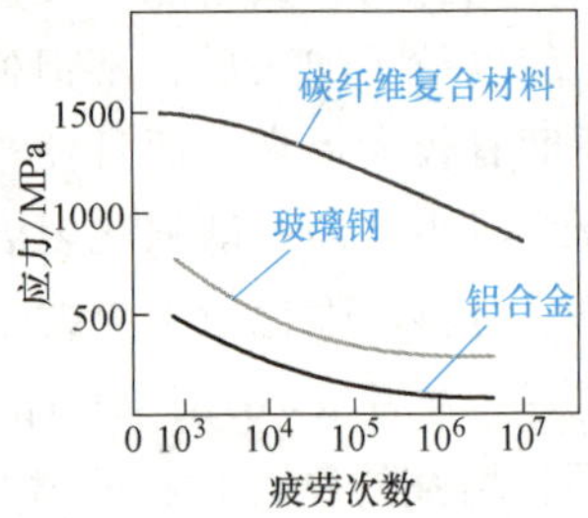

图 11-6 复合材料与铝合金的疲劳强度对比

**3. 破裂安全性好**

纤维复合材料中有大量独立的纤维，平均每立方厘米上有几千到几万根。当纤维复合材料构件由于超载或其他原因使少数纤维断裂时，载荷就会重新分配到其他未破裂的纤维上，因而构件不会在短期内突然断裂，故破裂安全性好。

**4. 优良的高温性能**

大多数增强纤维在高温下仍能保持高的强度，用其增强金属和树脂基体时能显著提高它们的耐高温性能。如铝合金的弹性模量在 400℃ 时大幅度下降并接近于零，强度也明显降低，而经碳纤维、硼纤维增强后，在同样温度下强度和弹性模量仍能保持室温下的水平，明显起到了提高基体耐高温性能的作用。几种常用纤维的强度与温度的关系如图 11-7 所示。

#### 5. 减振性好

因为结构件的自振频率与材料的比模量平方根成正比,复合材料的比模量高,因此其自振频率也高。这样可以避免构件在工作状态下产生共振,而且纤维与基体界面能吸收振动能量,即使产生了振动也会很快地衰减下来,所以纤维增强复合材料具有很好的减振性能。如用尺寸和形状相同而材料不同的梁进行试验时,金属材料制作的梁停止振动的时间为 9s,而碳纤维增强复合材料制作的梁停止振动的时间仅为 2.5s。

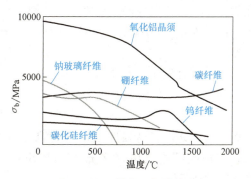

图 11-7 几种常用纤维的强度随温度变化的情况

## 11.3 常用的复合材料

### 11.3.1 纤维增强复合材料

#### 1. 常用增强纤维

纤维增强复合材料中常用的纤维有玻璃纤维、碳纤维、硼纤维、碳化硅纤维和 Kevlar 有机纤维等。这些纤维除可增强树脂外,其中的碳化硅纤维、碳纤维、硼纤维还可以增强金属和陶瓷。常用增强纤维与金属丝性能见表 11-4。

表 11-4 常用增强纤维与金属丝性能比较

| 性能<br>纤维材料 | 密度/<br>(g/cm$^3$) | 抗拉强度/<br>$10^3$MPa | 弹性模量/<br>$10^5$MPa | 比强度/<br>($10^6$N·m/kg) | 比模量/<br>($10^8$N·m/kg) |
|---|---|---|---|---|---|
| 无碱玻璃纤维 | 2.55 | 3.40 | 0.71 | 1.40 | 29 |
| 高强度碳纤维(Ⅱ型) | 1.74 | 2.42 | 2.16 | 1.80 | 130 |
| 高模量碳纤维(Ⅰ型) | 2.00 | 2.23 | 3.75 | 1.10 | 210 |
| Kevlar49 | 1.44 | 2.80 | 1.26 | 1.49 | 875 |
| 硼纤维 | 2.36 | 2.75 | 3.82 | 1.20 | 160 |
| SiC 纤维(钨芯) | 2.69 | 3.43 | 4.80 | 1.27 | 178 |
| 钢丝 | 7.74 | 4.20 | 2.00 | 0.54 | 26 |
| 钨丝 | 19.40 | 4.10 | 4.10 | 0.21 | 21 |
| 钼丝 | 10.20 | 2.20 | 3.60 | 0.22 | 36 |

(1) 玻璃纤维 玻璃纤维(glass fibers)是将熔化的玻璃以极快的速度拉成细丝而制得。按玻璃纤维中的 $Na_2O$ 和 $K_2O$ 的含量不同,可将其分为无碱纤维(碱的质量分数<2%)、中碱纤维(碱的质量分数 2%~12%)、高碱纤维(碱的质量分数>12%)。随着碱含量的增加,玻璃纤维的强度、绝缘性、耐蚀性降低,因此高强度复合材料多用无碱玻璃纤维。

玻璃纤维的特点是强度高,其抗拉强度可达 1000~3000MPa;弹性模量比金属低得多,为 (3~5)×$10^4$MPa;密度小,为 2.5~2.7g/cm$^3$,与铝相近,是钢的 1/3;比强度、比模量比钢高；化学稳定性好；不吸水、不燃烧、尺寸稳定、隔热、吸声和绝缘等。缺点是脆性较大，耐热性差，250℃以上开始软化。由于价格便宜，制作方便，是目前应用最多的增强纤维。

(2) 碳纤维　碳纤维（carbon fibers）是人造纤维（粘胶纤维、聚丙烯腈纤维等）在200～300℃空气中加热并施加一定张力进行预氧化处理，然后在氮气的保护下于1000～1500℃的高温中进行碳化处理而得到的。其碳含量 $w(C) = 85\% \sim 95\%$。由于其具有高强度因而称为高强度碳纤维，也称Ⅱ型碳纤维。这种碳纤维是由许多石墨晶体组成的多晶材料，其结构如图11-8所示。

如果将碳纤维在2500～3000℃高温的氩气中进行石墨化处理，就可获得含碳量 $w(C) > 98\%$ 的碳纤维。这种碳纤维中的石墨晶体的层面有规则地沿纤维方向排列，具有高的弹性模量，又称石墨纤维或高模量碳纤维，也称Ⅰ型碳纤维。

与玻璃纤维相比，碳纤维密度小（1.33～2.0g/cm³），弹性模量高（$2.8 \times 10^5 \sim 4 \times 10^5$ MPa）为玻璃纤维的4～6倍；高温及低温性能好，在1500℃以上的惰性气体中强度仍然保持不变，在-180℃

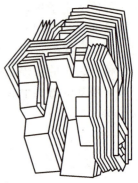

图11-8　高强度碳纤维结构图

下脆性也不增大；导电性好、化学稳定性高、摩擦因数小、自润湿性能好。缺点是脆性大、易氧化、与基体结合力差，必须用硝酸对纤维进行氧化处理以增大结合力。

(3) 硼纤维　硼纤维（boron fibers）是用化学沉积法将非晶态的硼涂覆到钨丝或碳丝上而得到的。具有高熔点（2300℃）、高强度（2450～2750 MPa）、高弹性模量（$3.8 \times 10^5 \sim 4.9 \times 10^5$ MPa）。其弹性模量是无碱玻璃纤维的5倍，与碳纤维相当，在无氧条件下1000℃时其模量值也不变。此外，它还具有良好的抗氧化性和耐蚀性。缺点是密度大、直径较大及生产工艺复杂、成本高、价格昂贵，所以它在复合材料中的应用远不及玻璃纤维和碳纤维广泛。

(4) 碳化硅纤维　碳化硅纤维（SiC fibers）是用碳纤维作底丝，通过气相沉积法而制得的。它具有高熔点、高强度（平均抗拉强度达3090MPa）、高弹性模量（$1.96 \times 10^5$ MPa）等优点。其突出特点是具有优良的高温强度，在1100℃时其强度仍高达2100MPa。主要用于增强金属及陶瓷。

(5) Kevlar有机纤维（芳纶、聚芳酰胺纤维）　目前世界上生产的芳纶纤维是由对苯二胺和对苯甲酰为原料，采用"液晶纺丝"和"干湿法纺丝"等新技术制得的。其最大的特点是比强度高、比模量高；其强度可达2800～3700MPa，比玻璃纤维高45%；密度小，只有1.45g/cm³，是钢的1/6；耐热性比玻璃纤维好，能在290℃长期使用。此外，它还具有优良的抗疲劳性、耐蚀性、绝缘性和加工性，且价格便宜。其主要纤维种类有Kevlar-29、Kevlar-49和我国的芳纶Ⅱ纤维。

**2. 纤维-树脂复合材料**

(1) 玻璃纤维-树脂复合材料　亦称玻璃纤维增强塑料，有时也称玻璃钢。按树脂性质可将其分为玻璃纤维增强热塑性塑料（thermoplastics，即热塑性玻璃钢）和玻璃纤维增强热固性塑料（thermosets，即热固性玻璃钢）。

1) 热塑性玻璃钢。热塑性玻璃钢由20%～40%（质量分数）的玻璃纤维和60%～80%

（质量分数）的热塑性树脂（如尼龙、ABS 等）组成。它具有高强度、高冲击韧度、良好的低温性能及低的热胀系数。热塑性玻璃钢的性能见表 11-5。

2) **热固性玻璃钢**。热固性玻璃钢由 60%~70%（质量分数）玻璃纤维（或玻璃布）和 30%~40%（质量分数）热固性树脂（环氧、聚酯树脂等）组成。主要优点是密度小、强度高，其比强度超过一般高强度钢和铝及钛合金，耐蚀性、绝缘性、绝热性好、吸水性低，防磁、微波穿透性好，易于加工成形。缺点是弹性模量低，热稳定性不高，只能在 300℃ 以下工作。为此更换基体材料，用环氧和酚醛树脂混溶后作基体或用有机硅和酚醛树脂混溶后为基体制成玻璃钢。前者热稳定性好、强度高；后者耐高温，可作高温结构材料。热固性玻璃钢的性能见表 11-6。

表 11-5　几种热塑性玻璃钢的性能

| 基体材料 | 性能 | | | |
|---|---|---|---|---|
| | 密度/($g/cm^3$) | 抗拉强度/MPa | 弹性模量/$10^2$MPa | 热胀系数/$10^{-5}℃^{-1}$ |
| 尼龙 60 | 1.37 | 182 | 91 | 3.24 |
| ABS | 1.28 | 101.5 | 77 | 2.88 |
| 聚苯乙烯 | 1.28 | 94.5 | 91 | 3.42 |
| 聚碳酸酯 | 1.43 | 129.5 | 84 | 2.34 |

表 11-6　几种热固性玻璃钢的性能

| 基体材料 | 性能 | | | |
|---|---|---|---|---|
| | 密度/($g/cm^3$) | 抗拉强度/MPa | 弹性模量/$10^2$MPa | 热胀系数/$10^{-5}℃^{-1}$ |
| 聚酯树脂 | 1.7~1.9 | 180~350 | 210~250 | 210~350 |
| 环氧树脂 | 1.8~2.0 | 70.3~298.5 | 180~300 | 70.3~470 |
| 酚醛树脂 | 1.6~1.85 | 70~280 | 100~270 | 270~1100 |

玻璃钢主要用于制作要求自重轻的受力构架及无磁性、绝缘、耐蚀的零件。如，直升机的机身、螺旋桨、发动机叶轮，火箭导弹发动机的壳体、液体燃料箱，轻型舰船（特别适于制作扫雷艇），机车、汽车的车身、发动机罩，重型发电机的护环、绝缘零件，以及化工容器、管道等。

(2) **碳纤维-树脂复合材料**　也称碳纤维增强塑料。最常用的是碳纤维与聚酯、酚醛、环氧、聚四氟乙烯等树脂组成的复合材料。其性能优于玻璃钢，具有高强度、高弹性模量、高比强度和比模量。如，碳纤维-环氧树脂复合材料的上述四项指标均超过了铝合金、钢和玻璃钢。此外，碳纤维-树脂复合材料还具有优良的抗疲劳性能、耐冲击性能、自润滑性、减摩耐磨性、耐蚀性及耐热性。缺点是纤维与基体结合强度低，材料在垂直于纤维方向上的强度和弹性模量较低。其用途与玻璃钢相似，如飞机机身、螺旋桨、尾翼、卫星壳体、宇宙飞船外表面防热层、机械轴承齿轮和磨床磨头等。

(3) **硼纤维-树脂复合材料**　主要由硼纤维与环氧树脂、聚酰亚胺树脂组成。具有高的比强度、比模量，良好的耐热性。如，硼纤维-环氧树脂复合材料的抗拉强度、抗压强度、抗剪强度和比强度均高于铝合金和钛合金；其弹性模量为铝的 3 倍，为钛合金的 2 倍；比模量则是铝合金和钛合金的 4 倍。缺点是各向异性明显，即纵向力学性能高而横向力学性能低，两者相差十几至几十倍，此外加工困难，价格昂贵。它主要用于航空、航天中制作要求刚度高的结构件，如飞机的机身、机翼等。

(4) **碳化硅纤维-树脂复合材料** 由碳化硅与环氧树脂组成的复合材料，具有高的比强度、比模量。其抗拉强度接近碳纤维-环氧树脂复合材料，而抗压强度为后者的2倍。因此，它是一种很有发展前途的新型材料，主要用于制作宇航器上的结构件，如飞机的门、机翼、降落传动装置箱等。

(5) **Kevlar纤维-树脂复合材料** 它是由Kevlar纤维与环氧树脂、聚乙烯、聚碳酸酯、聚酯组成。最常用的是Kevlar纤维与环氧树脂组成的复合材料，其主要性能特点是抗拉强度高于玻璃钢，而与碳纤维-环氧树脂复合材料相似；延展性好，与金属相当；耐冲击性超过碳纤维增强塑料，具有优良的疲劳抗力和减振性，其疲劳抗力高于玻璃钢和铝合金，减振能力为钢的8倍，为玻璃钢的4~5倍。它主要用于制作飞机机身、雷达天线罩、火箭发动机外壳、轻型船舰、快艇等。

### 3. 纤维-金属（或合金）复合材料

纤维增强金属复合材料由高强度、高模量的脆性纤维（碳、硼、碳化硅纤维）与具有较高韧性及低屈服强度的金属（铝及其合金、钛及其合金、镍合金、镁合金、银和铅等）组成。此类材料具有比纤维-树脂复合材料高的横向力学性能、高的层间抗剪强度，冲击韧度好，高温强度高，耐热性、耐磨性、导电性、导热性好，不吸湿，尺寸稳定性好，不老化。但是由于其工艺复杂、价格较贵，仍处于研制和试用阶段。

(1) 纤维-铝（或合金）复合材料

1) **硼纤维-铝（或合金）复合材料**。硼纤维-铝（或合金）复合材料是纤维-金属基复合材料中研究最成功、应用最广泛的一种复合材料。它由硼纤维与纯铝、变形铝合金、铸造铝合金组成。由于硼和铝在高温易形成$AlB_2$，与氧易形成$B_2O_3$，故在硼纤维表面要涂一层SiC以提高硼纤维的化学稳定性。这种硼纤维称为改性硼纤维。

2) **石墨纤维-铝（或合金）复合材料**。石墨纤维（高模量碳纤维）-铝（或合金）复合材料由Ⅰ型碳纤维与纯铝或变形铝合金、铸造铝合金组成。它具有高比强度和高温强度，在500℃时其比强度为钛合金的1.5倍。主要用于制造航天飞机的外壳，运载火箭的大直径圆锥段、级间段、接合器、油箱、飞机蒙皮、螺旋桨，以及涡轮发动机的压气机叶片等。

3) **碳化硅纤维-铝（或合金）复合材料**。碳化硅纤维-铝（或合金）复合材料是由碳化硅纤维与纯铝（或铸造铝合金、铝铜合金等）组成的复合材料。其性能特点是具有高的比强度、比模量，高硬度，用于制造飞机机身结构件及汽车发动机的活塞、连杆等。

(2) **纤维-钛合金复合材料** 这类复合材料由硼纤维或改性硼纤维、碳化硅纤维与钛合金（Ti-6Al-4V）组成。它具有低密度、高强度、高弹性模量、高耐热性、低热胀系数等特点，是理想的航空航天用结构材料。如由改性硼纤维与Ti-6Al-4V组成的复合材料，其密度为$3.6g/cm^3$，比钛密度还低，抗拉强度可达$1.21×10^3$ MPa，热胀系数为$(1.39~1.75)×10^{-6}℃^{-1}$。目前纤维增强钛合金复合材料还处于研究和试用阶段。

(3) **纤维-铜（或合金）复合材料** 纤维-铜（或合金）复合材料是由石墨纤维与铜（或铜镍合金）组成的材料。为了增强石墨纤维和基体的结合强度，常在石墨纤维表面镀镍后再镀铜。石墨纤维增强铜或铜镍合金复合材料具有高强度、高导电性、低摩擦因数和高耐磨性，以及在一定温度范围内的尺寸稳定性。主要用来制作高负荷的滑动轴承，集成电路的电刷、滑块等。

#### 4. 纤维-陶瓷复合材料

用碳（或石墨）纤维与陶瓷组成的复合材料能大幅提高陶瓷的冲击韧度和抗热振性，降低脆性，而陶瓷又能保护碳（或石墨）纤维不被氧化。因而这些材料具有很高的强度和弹性模量。如，碳纤维-氧化硅复合材料可在1400℃下长期使用，用于制造喷气飞机的涡轮叶片。又如碳纤维-石英陶瓷复合材料，冲击韧度比纯烧结石英陶瓷高40倍，抗弯强度高5~12倍，比强度、比模量成倍提高，能承受1200~1500℃高温冲击气流，是一种很有前途的复合材料。

除上述三大类纤维增强复合材料外，近年来研制了很多纤维增强复合材料，如C/C复合材料、混杂纤维复合材料等。

【例11-1】 为什么纤维增强复合材料具有很好的抗疲劳性能？
答：纤维增强复合材料中的纤维缺陷少，本身抗疲劳强度高；而基体的塑性和韧性好，能够消除或减少应力集中，不易产生微裂纹。即使有微裂纹产生，塑性变形也可使微裂纹钝化，减缓其扩展。所以复合材料具有很好的抗疲劳强度。

### 11.3.2 叠层复合材料

**叠层复合材料由两层或两层以上不同材料结合而成**。其目的是将组成材料层的最佳性能组合起来以便得到更为有用的材料。用叠层增强法可使复合材料的强度、刚度、耐磨、耐蚀、绝热、隔声和减轻自重等若干性能分别得到改善。

#### 1. 双层金属复合材料

**双层金属复合材料，是将性能不同的两种金属用胶合或熔合铸造、热压、焊接、喷漆等方法复合在一起，以满足某种性能要求的材料**。最简单的双层金属复合材料是将两块不同热胀系数的金属胶合在一起制得的。用它组成悬臂架，当温度发生变化后，由于热胀系数不同而产生翘曲变形，从而可作为测量和控温的简易测温器，如图11-9所示。

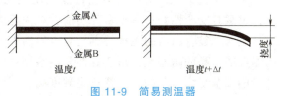

图11-9 简易测温器

此外，典型的双层金属复合材料还有不锈钢-普通钢复合钢板、合金钢-普通钢复合钢板等。

#### 2. 塑料-金属多层复合材料

这类复合材料的典型代表是SF型三层复合材料，如图11-10所示。SF型三层复合材料是以钢为基体，烧结铜网或铜球为中间层，塑料为表面层的一种自润滑材料。其整体性能取决于基体，而摩擦磨损性能取决于塑料表层，中间层为多孔性青铜，其作用是使三层之间有较强的结合力，而一旦塑料磨损露出青铜亦不致损伤基体。常用的表面塑料为聚四氟乙烯（如SF—1）和聚甲醛（如SF—2）。此类复合材料常用于无润滑的轴承，与单一的塑料相比，其承载能力提高20倍，热导率提高50倍，热胀系数降低75%，因而提高了尺寸稳定性和耐磨性。它

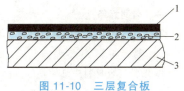

图11-10 三层复合板
1—塑料 2—多孔性青铜 3—钢

适于制作高应力（140MPa）、高温（270℃）和低温（-195℃）及无润滑条件下的滑动轴承，已在汽车、矿山机械、化工机械中应用。

### 11.3.3 粒子增强复合材料

**1. 颗粒增强复合材料**（$d$ 为 1~50μm，体积分数 $\varphi_p>20\%$）

金属陶瓷是常见的颗粒增强型复合材料。金属陶瓷是以 Ti、Cr、Ni、Co、Mo、Fe 等金属（或合金）为黏结剂与以氧化物（$Al_2O_3$、MgO、BeO）粒子或碳化物粒子（TiC、SiC、WC）为基体组成的一种复合材料。硬质合金就是以 TiC、WC（或 TaC）等碳化物为基体，以金属 Ni、Co 为黏结剂，将它们用粉末冶金方法烧结而成的金属陶瓷，它们均具有高强度、高硬度、耐磨损、耐蚀、耐高温和热胀系数小的优点，常被用于制作工具（如刀具、模具）。砂轮就是由 $Al_2O_3$ 或 SiC 粒子与玻璃（聚合物）等非金属材料为黏结剂所形成的一种复合材料。

**2. 弥散强化复合材料**（$d=0.01~0.1μm$，$\varphi_p=1\%~5\%$）

弥散强化复合材料的典型代表为 SAP 及 Th-Ni 复合材料。SAP 是在铝的基体上用 $Al_2O_3$ 进行弥散强化的复合材料。Th-Ni 材料就是在镍中加入 $w(Th)=1\%~2\%$ 的 Th，在压实烧结时使氧扩散到镍内部并氧化产生了 $ThO_2$，细小的 $ThO_2$ 质点弥散分布在镍的基上，使其高温强度显著提高。SiC/Al 材料是另外一种弥散强化复合材料。

随着科学技术的进步，一大批新型复合材料将得到应用。如，C/C 复合材料、金属化合物复合材料、纳米复合材料、功能梯度复合材料、智能复合材料及体现复合材料"精髓"的混杂复合材料将得到发展及应用。21 世纪将是复合材料大力发展的时代。

> 【例 11-2】 简述树脂基、金属基和陶瓷基三种基体纤维增强复合材料的性能特点。
> 
> 答：树脂基复合材料的性能特点是比强度高，比模量大，耐疲劳性能好，减振性能好，过载时安全性好；具有多种功能，有很好的加工工艺性。
> 
> 金属基复合材料的主要特点是导电导热性好，热膨胀系数小，尺寸稳定性好，良好的高温性能，高的耐磨性、耐疲劳性和断裂韧性，吸潮少、不老化、气密性好。
> 
> 陶瓷基复合材料的主要特点是硬度高，耐高温抗氧化，高温下抗磨损性能好，热膨胀系数和密度小。

## 思考题与习题

一、名词解释

复合材料、纤维增强复合材料、增强相、基体相、断裂安全性、比强度、比刚度和玻璃钢。

二、选择题

1. 细粒复合材料中细粒相的直径为_____。

   A. <0.01μm    B. 0.01~0.1μm    C. >0.1μm

2. 设计纤维复合材料时，对于韧性较低的基体，纤维的热胀系数可_____，对于塑性较好的基体，纤维的热胀系数可_____。

   A. 略低    B. 相差很大    C. 略高    D. 相同

3. 电视机屏用_____制造，窗户用_____制造，汽车仪表盘用_____制造。

A. 玻璃钢　　　B. 有机玻璃　　　C. 无机玻璃

4. 车辆车身可用_____制造，火箭机架可用_____制造，直升机螺旋桨叶可用_____制造。

A. 碳纤维树脂复合材料　　　B. 热固性玻璃钢　　　C. 硼纤维树脂复合材料

三、是非题

1. 金属、陶瓷、聚合物可以相互任意地组成复合材料，它们都可以作为基体相，也都可以作为增强相。(　　)

2. 纤维与基体之间的结合强度越高越好。(　　)

3. 玻璃钢是玻璃与钢组成的复合材料。(　　)

4. 纤维增强复合材料中，纤维直径越小，纤维增强的效果越好。(　　)

5. 复合材料为了获得高的强度，其纤维的弹性模量必须很高。(　　)

四、综合题

1. 复合材料的分类方法有哪些？

2. 纤维增强、粒子增强复合材料的增强机制是什么？

3. 碳复合材料中，碳纤维的长度是多少？碳纤维的直径应该是多少？碳纤维的体积分数应该在什么范围内？

4. 常用的纤维增强体有哪些？它们各自的性能特点是什么？

5. 影响复合材料广泛应用的因素是什么？通过什么途径来进一步提高其性能，扩大其使用范围？

6. 复合材料按照性能分为几类？按照增强材料的种类和形状又可分为几类？

7. Most fiber-reinforced composites consist of three "parts": the fibers, the matrix, and the interfaces. Describe the major functions of each of these "parts".

8. Briefly describe each of the following composite classes:

a. Unidirectional fiber-reinforced composite

b. Particulate composite

c. Transversely isotropic composite

9. Suggest an appropriate matrix to be used with each of the following fiber types:

a. E-glass

b. Boron

c. Oriented polyethylene

d. SiC

# 第 12 章

# 工程材料的选用

曾经思考过这些问题吗?
1. 要掌握哪些知识和技能才能正确合理地选用材料?
2. 对一个零件进行选材要考虑哪些因素?
3. 汽车零件服役多久就要定期进行检查、维修和保养?
4. 多大的生产成本是可接受的?

随着材料研究和开发（research and development）水平的不断提高，可供选用的工程材料（selected engineering materials）品种越来越多。正确选用工程材料，达到最佳的使用效果，需要遵循一定的材料选用规律。

## 12.1 材料选用时要考虑的因素

为某一产品或零件选用材料（materials selection）时，必须考虑一系列的因素（factors）：首先材料必须具有所需要的物理和力学性能（desired physical and mechanical properties）；其次必须能加工成所需的形状，即具有良好的工艺性能；还必须具有合适的经济性（economic issues），即合适的性价比。除了满足以上需求（requirements）外，还要考虑材料的生产、使用过程中及失效后对环境的影响（environment issues）。

### 12.1.1 使用性能因素

使用性能（performance characteristics）指零件在使用状态下，材料应具备的力学性能、物理性能和化学性能，是材料选用时首先要考虑的因素。不同零件所要求的使用性能不同，对于大量的机器零件和工程构件，使用过程中承受各种形式的外力作用，要求材料在规定的期限内，不超过规定的变形度或不产生破坏，即要求具有良好的力学性能。

强度（strength）是材料的基本力学性能，而材料的塑性（ductility）、韧性（toughness）等是保证材料使用安全性的重要指标。以强度为设计依据时，应按零件的实际要求选用材料，如轧钢机架除要求具有一定的强度外，还要满足特定尺寸、形状和一定的重量要求，以保持设备的稳定性，可选用中低强度材料；而航空、航天材料为保证飞行速度，则要尽量减小尺寸，降低重量，必须选用高强度材料。

承受不同类型的载荷（load），材料的选择也不同。如承受拉伸载荷（tensile load）的零件，表层和心部应力分布均匀，材料应具有均一的组织和性能，选用的钢必须具有良好的淬透性。承受弯曲和扭转载荷（bending and torsional load）的零件，表层和心部应力相差较大，可选用淬透性低的钢种进行表面热处理或化学处理。承受交变载荷（repeated load）的零件，除要求具有高的疲劳强度（fatigue strength）外，缺口敏感性（notch sensitivity）也十分重要。

不同环境下工作的零件，对材料的要求也不同。高温条件下工作的零件，要选择组织稳定性好的材料；低温条件下工作的零件，要选择韧脆转变温度低的材料；腐蚀环境下工作的零件，要选择具有良好耐蚀性的材料。

还有一些工程零件，除要求具有良好的力学性能外，还对其物理和化学性能有特别的要求，如要求具有良好的导电性（electric conductivity）、磁性（magnetism）、导热性（heat conductivity）、热膨胀性（thermal expansivity）、密度（density）和外观（appearance）等。

### 12.1.2　工艺性能因素

工艺性能（processing properties）是指材料在加工过程中被加工成形（shaped）的能力。金属零件通常是经过铸造、锻造、焊接、热处理及切削加工等方式成形，因而金属材料的工艺性能包括铸造性能、锻造性能、焊接性能、切削加工性能和热处理工艺性能等；高分子零件是通过热压、注射、热挤压等方法成型，有些还经过切削、焊接等后续加工，其加工性能包括可挤压性、可模塑性、可延展性和可纺性等；陶瓷零件则是通过粉末压制烧结成型，有些还需热处理或磨削加工。

材料的工艺性能决定了零件成形的可行性（feasibility）、生产效率（efficiency）及成本（cost），有些还直接影响零件的使用性能，因此选用材料时一定要考虑其工艺性能。一个零件的加工制造方法可能有几种选择（several options），如齿轮可以用棒料切削加工，也可以采用精密铸造，还可以用模锻坯切削加工。采用哪种方法应从产量上考虑，大批量生产时，采用模锻齿轮既能达到性能要求，又可保证产品质量，提高生产效率和降低成本。每种加工方法又有其特殊的加工对象，如铸铁只能采用铸造工艺，陶瓷只能用粉末冶金方法，高碳钢采用热压力加工，钢可以采用淬火方式强化，而变形铝合金只能采用形变或时效方式来强化。

### 12.1.3　经济性因素

在满足使用性能和工艺性能的前提下，保证用最低的成本、最小的能量消耗，产生最少的废料和环境污染，实现最高的劳动生产率来获得最优质的产品是工程师的最高追求目标。零件的总成本包括制造成本（材料的价格、零件的自重、零件的加工费用、试验研究费用等）和附加成本（零件的寿命，即更换零件的费用、停机损失费和维修费用等）。在保证零件使用性能的前提下，尽量选用价格便宜的材料，可降低零件总成本。但是有时选用性能好的材料，尽管价格较贵，但是可通过减轻零件的自重、延长使用寿命、降低维修费用等使得总成本降低。

材料的选用要立足于我国的资源和国情，考虑材料的供应情况。按照国家标准，尽量选购少而集中的种类和规格的材料，以便于采购和管理。

### 12.1.4　环境因素

材料在加工、制造、使用和再生过程中会耗用自然资源和能源，并向环境体系排放各种废弃物。那些可节约能源、节约资源、可重复使用、可循环再生、结构可靠性高、可替代有毒物质，能清洁、治理环境的工程材料正在成为人们关注和首选的材料。

## 12.2 材料的选用内容及方法

### 12.2.1 材料的选用内容

#### 1. 化学成分及组织结构

在材料的化学成分、组织结构和性能之间的关系方面已经积累了大量研究、使用结果和数据，为材料的选择提供了条件。改变化学成分和组成相的数量、尺寸、形状及分布等，都可以改变材料的性能。因此，材料的成分和组织结构是材料设计和选用的核心问题。

材料的化学成分是根据零件的使用性能确定的，但是仅凭材料的成分还不能完全控制性能，因为组织结构起着更直接的作用。所以运用组织与性能的关系，可以更有效地预测材料的性能。组织结构与性能的关系包括材料的强化方法，如沉淀强化、细晶强化等。

相图是确定材料成分与组织结构关系的依据。由于合金成分与组织结构互为因果关系，所以根据性能可以选定合金成分，从而确定组织状态；同样根据性能选定材料的组织状态，也可以确定成分。

#### 2. 材料的加工工艺

材料的加工工艺选择首先要保证零件所要求的使用性能，其次是达到规定的生产效率，最后是低的经济成本。对于金属材料，加工过程中材料的组织将发生变化，很好地控制加工工艺可以获得更高的力学性能。如控制浇注工艺可以改变晶粒的尺寸、形状和分布，采用定向凝固可以提高叶片高温强度，淬火加高温回火可以获得二次硬化效果等。

材料加工工艺设计除考虑产品性能外，产品的形状、尺寸、重量及产量等也必须要考虑到。产量不同，生产的手段也不一样。小批量生产可用简易设备，操作技术简单、投资少，但是产量低、单件产品成本高、产品质量稳定性差；大量生产时采用机械化、自动化程度高的设备，虽然投资多、技术复杂，但是产量高、单件产品成本低、产品的质量稳定性好。

零件尺寸与重量是确定材料加工工艺的重要因素。如对于钢铁零件，虽然合适的热处理可以提高性能，但是对于大型零件，是否进行热处理要同时考虑产品的成本问题。又如铸件受尺寸和重量的限制较小，而锻件则具有较高的局限性。

### 12.2.2 材料的选用方法

#### 1. 分析零件的工作条件，确定使用性能

(1) 受力状态  包括应力的种类（拉、压、弯、扭、剪切等）、大小、分布及载荷的性质（静载荷、动载荷、交变载荷等）。

(2) 工作环境  包括温度、湿度、介质等条件。工作温度分为低温、室温、高温及交变温度等。湿度包括在水中长期浸泡或间歇浸泡、露天雨淋或干燥状态。介质包括各种腐蚀介质（海水、酸、碱、盐等）和摩擦介质（粉尘、磨粒等）。还有一些特殊的工作环境，如光照、核辐射、磁场等。

(3) 特殊要求  有些零件除承受载荷外，还要求具有特殊的物理化学性能，如导电性、

导热性、磁性、耐燃性、抗氧化性、耐蚀性及外观等。

不同的受力状态、不同的环境下工作的零件,其使用性能要求也不同。如静载时,材料对弹性或塑性变形的抗力是主要使用性能,而在交变载荷下,疲劳抗力是主要的使用性能。因此,必须根据具体情况进行充分、细致地分析,确定使用性能。

**2. 分析零件的失效原因,确定主要使用性能**

零件失效分析(failure analysis)的目的是找出产生失效的主导因素,为较准确地确定零件的主要使用性能提供经过实践检验的可靠依据。如,长期以来,人们认为发动机曲轴的主要使用性能是高的冲击抗力和耐磨性,选用45钢来制造。经过失效分析,发现其失效方式主要为疲劳断裂,其主要使用性能应为疲劳抗力。以疲劳强度为主要失效抗力设计和制造曲轴,其质量和寿命都显著提高,并且可以选用价格更为低廉的球墨铸铁来制造。

零件失效方式主要有三大类:过量变形、断裂和表面损伤,如图12-1所示。

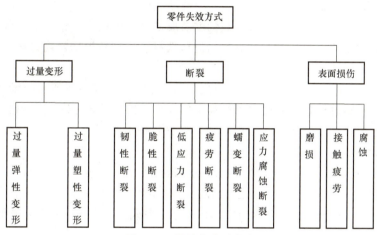

图12-1 零件的失效分类

失效分析的基本步骤如下:

1) <u>取样</u>。收集失效零件的残骸,确定重点分析部位和失效的发源部位,在该处取样,并记录实况。

2) <u>整理有关资料</u>。详细整理失效零件的有关资料,包括零件的设计、加工、安装、使用等资料。

3) <u>检验</u>。检验(examination)包括金相组织分析、内部缺陷分析、断口形貌分析、化学成分分析、力学性能测试和断裂力学分析等,从材料的成分、组织、性能判断工艺是否合理,从受力状态、断口形貌及断裂力学的计算判断裂纹萌生、扩展及断裂机理。

4) <u>撰写分析报告</u>。综合上述各方面的资料进行充分分析,作出判断,确定失效的具体原因,提出改进措施,写出分析报告。

明确了失效的原因,可以提出主要的使用性能要求。为满足相应的要求,可从零件的设计、选材、加工和安装等环节进行改进,使零件的质量和可靠性不断提高。

**3. 提出材料的力学性能要求**

在明确了零件的使用性能要求以后,通过分析、计算、试验等手段将使用性能转化成可测量的性能指标和具体数值,再比照这些数值查找手册中具有相同性能的材料进行选择。初步选定材料的牌号后，再决定其加工工艺和强化方法。

按照力学性能选材时还应注意以下问题：

1) <u>充分考虑尺寸效应</u>。尺寸效应（size effect）是指随着材料截面积的增大，材料的力学性能下降的现象。这是因为材料的截面积越大，材料内部可能出现的缺陷（flaws）数量越多。而对于钢铁材料制作的零件，截面积越大，需要材料的淬透性越好，否则未能淬透的心部强度将下降很多，会导致失效。

2) <u>综合考虑材料的力学性能指标</u>。零件设计时通常以材料的强度为主要设计指标，提高材料的强度，可减轻零件的重量，延长零件的使用寿命。但是对于大多数材料，强度提高的同时，塑性、韧性会有所下降，增大了零件脆性断裂的危险性。因此，在选材时，要综合考虑各种性能指标，既要考虑到零件的承载能力，减小零件的尺寸，又要保证零件使用中的安全可靠性，即要同时考虑常规的力学性能指标硬度（HRC 或 HBW）、强度（$\sigma_s$ 或 $\sigma_b$）、塑性（$\delta$ 或 $\psi$）和韧性（$a_k$）。

对于非常规的力学性能指标，如断裂韧度及腐蚀介质中的力学性能等，可通过模拟实验取得数据，或借助于相关资料中的已有数据进行选材。盲目地根据常规力学性能数据来代替非常规力学性能数据是不合理的。

3) <u>正确运用试验结果和数据</u>。目前世界上许多国家都颁布了大量试验研究结果与数据（databases），为材料设计与选用提供了便利条件。但是这些数据是在规定的试验条件下得到的，与实际产品服役条件相差很大。利用同一种材料做成的零件，其尺寸与试样相差越大，性能相差也越大。

材料在加工过程中，不可避免地会出现化学成分波动、温度波动等现象，另外，加工过程中还可能出现各向异性，这些因素也会在同一材料加工的零件内部产生性能的偏差。因此，考虑到材料在制备、加工过程中会有一定的缺陷，设计时要考虑增加一定的安全系数。

## 12.3 典型零件的材料选用举例

### 12.3.1 金属材料的选用举例

以齿轮为例，齿轮的作用是传递动力、改变运动速度和方向。

#### 1. 受力状态

1) 传递动力时齿根承受交变弯曲应力。
2) 起动、换挡时齿面承受冲击载荷和滑动摩擦力；
3) 齿面相互滚动时承受很大的交变接触压应力和摩擦力。

以上各力的大小与齿轮具体服役的机械设备有关，如矿山开采设备中的齿轮和手表中的齿轮会有很大的差异。其工作环境也与齿轮具体服役的机械设备的工况有关。

#### 2. 失效方式

1) 疲劳断裂。交变弯曲载荷作用下引起的弯曲疲劳。
2) 齿面磨损。由滑动和滚动的摩擦力引起。
3) 齿面接触疲劳破坏。在交变的接触压应力作用下，齿面产生微裂纹并扩展，引起点状剥落。

4) 过载断裂。承受过大冲击载荷时导致失效。

### 3. 性能要求

根据工作条件和失效方式分析，提出以下性能要求：

1) 高的弯曲疲劳强度。
2) 高的接触疲劳强度。
3) 足够的强度和冲击韧度。
4) 良好的工艺性能。

### 4. 材料选用

(1) 确定材料的化学成分和组织结构

1) 含碳量的确定。含碳量是决定钢的强度、硬度的主要元素。通常含碳量越高，钢的强度、硬度越高，而塑性和韧性越差。对于齿轮这种既要保证心部具有一定的强度、好的韧性和高的弯曲疲劳强度，又要保证表面具有高的硬度、高的耐磨性和高的接触疲劳强度的零件，就要选取先满足心部性能的低、中碳钢，再经过表面渗碳处理使表面成为高碳钢，达到同时满足不同部位的不同性能要求的目的。

2) 合金元素的确定。加入的合金元素的种类和数量取决于对淬透性的要求和对成本的考虑。齿轮的尺寸越大，为使心部能淬火成为马氏体所要求加入的合金元素的量越大，钢的价格也将越贵。前已述及，常用的提高淬透性、提高耐回火性的合金元素为 Mn、Si、Cr、Ni 等，常用的细化组织元素为 W、Mo、V、Ti、Nb 等。比较 20、20Cr、20CrNiMo 和 18Cr2Ni4W，我们知道，它们的淬透性依次升高，价格也依次提高。

3) 齿轮的组织结构的确定。满足使用性能要求的最合适的组织结构是心部为低碳回火马氏体，表面为高碳回火马氏体。

(2) 确定材料的加工工艺　加工工艺的选择要结合成分的选择，既要考虑满足使用性能的要求，也要考虑成本和生产率。

对于工作条件较好、受力不大的齿轮，可直接选用中碳钢或中碳合金钢制造。其工艺路线相对简单：下料→锻造→正火→粗加工→调质→精加工→轮齿表面高频感应淬火及回火→精磨。

正火得到的铁素体+珠光体组织具有良好的切削加工性，同时经过正火处理，可消除锻造应力，改善锻后组织的均匀性。调质处理可使整体得到回火索氏体组织，具有较高的综合力学性能，即具有足够的强度和良好的韧性，能承受较大的交变弯曲应力和冲击载荷，并消除了淬火变形开裂倾向。通过高频感应淬火和回火处理，表面获得了回火马氏体，具有高的硬度、耐磨性和接触疲劳抗力。

对于工作条件更严格、受力较大的齿轮，其常见的工艺路线为：下料→锻造→正火→切削加工→渗碳、淬火和低温回火→喷丸→磨削加工。

经渗碳、淬火和低温回火后，心部为低碳的回火马氏体，表面为高碳的回火马氏体。根据对齿轮性能要求的不同及化学成分的不同，淬火处理还分为渗碳后预冷直接淬火+低温回火、渗碳后缓冷加一次淬火处理+低温回火、渗碳后空冷+两次淬火处理+低温回火和渗碳后淬火前进行多次高温回火+淬火加低温回火。工艺越复杂，使用性能越好，生产成本越高，生产效率越低。

**【例12-1】** 有一直径为10mm的杆类零件，受中等交变拉压载荷作用，要求截面性能一致。供选择材料有：Q345、45钢、40Cr和T12。要求：①选择合适材料；②制定简明工艺路线；③说明各热处理工序的主要作用；④指出最终组织。

答：①Q345为低碳的工程构件用钢，T12为高碳工具钢，都不适合用作杆类零件。从碳含量的角度看，中碳的45钢和40Cr合适。合金元素Cr的加入会带来淬透性的升高和成本的增大。而此杆类零件直径仅为10mm，无需合金元素加入也可以淬透，故选用45钢即可。②简明工艺路线为：锻造—退火—粗加工—调质处理—精加工—成品。③退火的目的是消除锻造应力，保证切削加工性，为后续热处理作组织准备；调质处理的目的是保证零件整个截面性能均匀一致，具有良好的综合力学性能，满足使用要求。④最终组织为回火索氏体。

### 12.3.2 高分子材料的选用举例

以汽车中常见的高分子零件为例。

#### 1. 仪表板

仪表板是汽车内饰件中最为复杂、承载件最多、最难加工制造的部件。它集安全性、功能性、舒适性和装饰性于一身，除了要求有良好的刚性及吸能性外，人们对其手感、皮纹、色泽、色调的要求也越来越高。它要求原材料流动性、成型性、尺寸稳定性好；由于仪表板接受阳光的直接照射，所以它要具备高耐热性；仪表板要有良好的刚性及吸能性，所以它要具备高耐冲击性、柔韧性；同时要避免光线影响驾驶员视线，还要具备低光泽性。它可选用如下塑料：PP+Talc、耐热ABS、PC/ABS、PA/ABS和PBT/ABS。

#### 2. 前、后保险杠，外侧围护板

由于外侧围护板处于汽车的周围，对汽车起保护的作用，要求防撞、吸能，应具有超高的耐冲击性和韧性。并且由于它是汽车外部工作件，工作环境较为恶劣，这就要求其具有耐高、低温性，以及耐老化性能和耐蚀性；又由于它体积比较大，制造时成型困难，表面易形成流痕、熔接痕，这就要求材料流动性好、具有优良的成型性。保险杠是外观件，对表面外观有较高的要求，有的要进行喷漆处理，因此还需要涂装性好。此外，保险杠的最大尺寸接近2m，收缩变形较大，尺寸难以保证在公差要求的范围内，所以还要求其具有尺寸稳定性。据此，结合塑料材质的特点，保险杠的原材料可以选用如下材料：PP+EPDM+Talc、PBT/ABS、PC/ABS、PA/ABS和PC/PBT。

**【例12-2】** 指出下列零件在选材及制定热处理技术条件中的错误，并提出修改意见。

1) 表面耐磨的凸轮，材料选用45钢，热处理技术条件：淬火+回火，硬度为50~60HRC。

2) 要求良好的综合力学性能、直径为30mm的传动轴，材料选用40Cr，热处理技术条件：调质处理，硬度为40~45HRC。

3) 直径为15mm的弹簧，材料选用45钢，热处理技术条件：淬火+回火，硬度为55~60HRC。

4) 要求直径为70mm的拉杆截面上性能均匀，心部抗拉强度大于900MPa。材料选用40Cr，热处理技术条件：调质，硬度为200~300HBW。

5) 转速低、表面耐磨及心部要求不高的齿轮，材料选用45钢，热处理技术条件：渗碳后淬火+低温回火，硬度为58~62HRC。

**答**：1）45钢经淬火和回火后硬度达不到要求，技术条件中硬度要求可改为40～45HRC；或者保留硬度要求，更换材料，选择渗碳钢，经渗碳后淬火+低温回火，可达到要求。

2）技术条件中硬度要求太高，可修改为调质后硬度32～36HRC。

3）选材和硬度要求都不合理，应为65Mn，硬度为42～48HRC。

4）40Cr的淬透性不够，经调质处理后不能满足拉杆截面上性能均匀，心部抗拉强度大于900MPa的要求，可选用淬透性更好的材料，如40CrMnMo、40CrNiMo等。

5）应选用渗碳钢，如20钢进行渗碳后淬火+低温回火。

## 思考题与习题

**综合题**

1. 在材料选择时应考虑哪些因素？
2. 失效分析的一般程序是什么？造成零件失效的原因有哪些？
3. 现有下列材料：Q235-AF、42CrMo、65、H68、T8、W18Cr4V、ZG310-570、HT200、6A02、60Si2Mn、20CrMnTi。请按用途选材：①机床床身；②汽车板弹簧；③承受重载、大冲击载荷的机车动力传动齿轮；④高速切削刀具；⑤大功率柴油机曲轴（大截面、传动大转矩、轴颈处要耐磨）。
4. 为下列零件从括号内选择合适的制造材料，说明理由，并指出应采用的热处理方法。

汽车板弹簧（45、60Si2Mn、2A01）

机床床身（60、T10A、HT150）

受冲击载荷的齿轮（40MnB、20CrMnTi、KT350-4）

桥梁构架（20Mn2、40、30Cr13）

滑动轴承（GCr15、ZSnSb11Cu6、KmTBCr2）

热作模具（Cr12MoV、5CrNiMo、HTRSi5）

高速切削刀具（W18Cr4V、T8、Cr12MoV）

凸轮轴（9SiCr、QT500-7、40Cr）

5. 有一轴类零件，工作中主要承受交变弯曲应力和交变扭转应力，同时还承受振动和冲击，轴颈部分还受到摩擦磨损。该轴直径30mm，选用45钢制造（45钢的$D_0$=18mm）。

1）试拟定该零件的加工工艺路线。

2）说明每项热处理工艺的作用。

3）试述轴颈部分从表面到心部的组织变化。

6. What properties should the head of a carpenter's hammer possess? How would you manufacture a hammer head?

7. You would like to design an aircraft that can be flown by human power nonstop for a distance of 30km. What types of material properties would you recommend? What materials might be appropriate?

8. Name the important factors in selecting materials for the frame of a mountain bike.

# 参 考 文 献

[1] 潘强,朱美华,童建华. 工程材料 [M]. 上海:上海科学技术出版社,2003.
[2] 崔占全,孙振国. 工程材料 [M]. 2版. 北京:机械工业出版社,2007.
[3] 崔占全,孙振国. 工程材料学习指导 [M]. 2版. 北京:机械工业出版社,2007.
[4] 束德林. 工程材料力学性能 [M]. 北京:机械工业出版社,2006.
[5] ASKELAND D R, PHULE P P. Essentials of Materials Science and Engineering [M]. 北京:清华大学出版社,2005.
[6] SCHAFFER, SAXENA, ANTOLOVICH. The Science and Design of Engineering Materials [M]. 北京:高等教育出版社,2003.
[7] 郑明新. 工程材料 [M]. 2版. 北京:清华大学出版社,1991.
[8] 朱张校. 工程材料 [M]. 3版. 北京:清华大学出版社,2003.
[9] 胡赓祥,蔡珣,戎咏华. 材料科学基础 [M]. 2版. 上海:上海交通大学出版社,2006.
[10] 马泗春. 材料科学基础 [M]. 西安:陕西科学技术出版社,1998.
[11] REED-HILL R E, ABBASCHIAN R. Physical Metallurgy Principles [M]. 3rd ed. Boston:PWS Publishing Company, 1994.
[12] 温秉权,黄勇. 金属材料手册 [M]. 北京:电子工业出版社,2009.
[13] 王笑天. 金属材料学 [M]. 北京:机械工业出版社,1987.
[14] 崔崑. 钢铁材料及有色金属材料 [M]. 北京:机械工业出版社,1980.
[15] 宋余九. 金属材料的设计·选用·预测 [M]. 北京:机械工业出版社,1998.
[16] 韩永生. 工程材料性能与选用 [M]. 北京:化学工业出版社,2004.
[17] SMITH W F, HASHEMI J. Foundations of Materials Science and Engineering [M]. 北京:机械工业出版社,2005.
[18] 于永泗,齐民. 机械工程材料 [M]. 大连:大连理工大学出版社,2007.
[19] 杨觉明,上官晓峰,要玉宏. 材料热加工基础理论 [M]. 北京:化学工业出版社,2011.
[20] 束德林. 金属力学性能 [M]. 北京:机械工业出版社,1994.
[21] 冯端. 金属物理学 [M]. 北京:科学出版社,2000.
[22] 林兆荣. 金属超塑性成形原理及应用 [M]. 北京:航空工业出版社,1990.
[23] 王晓敏. 工程材料学 [M]. 哈尔滨:哈尔滨工业大学出版社,2005.
[24] 尹洪峰. 复合材料及其应用 [M]. 西安:陕西科学技术出版社,2003.
[25] 殷景华. 功能材料概论 [M]. 哈尔滨:哈尔滨工业大学出版社,2002.
[26] 黄培云. 粉末冶金原理 [M]. 北京:冶金工业出版社,1997.
[27] 李世普. 特种陶瓷工艺学 [M]. 武汉:武汉理工大学出版社,2007.
[28] 方昆凡. 工程材料手册 [M]. 北京:北京出版社,2002.
[29] 机械工程师手册编辑委员会. 机械工程师手册 [M]. 北京:机械工业出版社,2000.
[30] 李春胜,黄德彬. 金属材料手册 [M]. 北京:化学工业出版社,2005.
[31] 马元庚,任陵柏. 现代工程材料手册 [M]. 北京:国防工业出版社,2005.
[32] 侯玉山,李俊才. 金属材料及热处理学习指导书 [M]. 北京:机械工业出版社,1987.
[33] 王宏宇. 工程材料及成型基础学习指导 [M]. 北京:化学工业出版社,2012.
[34] 朱张校. 工程材料考研辅导与复习要点 [M]. 北京:清华大学出版社,2014.
[35] 申荣华. 工程材料及其成型技术基础学习指导与习题详解 [M]. 北京:北京大学出版社,2015.